高职高专规划教材

Gao Zhi Xian Xing Dai Shu

高职线性代数

主　编　俞兰芳

图书在版编目(CIP)数据

高职线性代数 / 俞兰芳主编. —杭州：
浙江大学出版社，2020.11(2024.7)
ISBN 978-7-308-20851-2

Ⅰ.①高… Ⅱ.①俞… Ⅲ.①线性代数—高等职业教
育—教材 Ⅳ.①O151.2

中国版本图书馆 CIP 数据核字(2020)第 237786 号

高职线性代数
俞兰芳 **主编**

责任编辑 王 波
责任校对 吴昌雷
封面设计 春天书装
出版发行 浙江大学出版社
(杭州市天目山路 148 号 邮政编码 310007)
(网址：http://www.zjupress.com)
排　　版 杭州星云光电图文制作有限公司
印　　刷 广东虎彩云印刷有限公司绍兴分公司
开　　本 787mm×1092mm 1/6
印　　张 11
字　　数 260 千
版 印 次 2020 年 11 月第 1 版 2024 年 7 月第 4 次印刷
书　　号 ISBN 978-7-308-20851-2
定　　价 32.00 元

版权所有 翻印必究 印装差错 负责调换

浙江大学出版社市场运营中心联系方式:0571—88925591;http://zjdxcbs.tmall.com

前　言

党的二十大报告提出教育、科技、人才是全面建设社会主义现代化国家的基础性、战略性支撑，对加快建设教育强国、科技强国、人才强国作出全面而系统的部署。教材建设是创新人才培养建设中必不可少的重要环节，为了适应高职高专教育发展的需要，满足高职高专教育应用型人才培养目标的要求，我们根据高职高专教学基本要求，贯彻“必需够用、专业结合”的原则编写了这本教材.

本书适合作为少学时的高职高专经济类专业的教材，内容包括行列式、矩阵、向量、线性方程组. 内容难易适当，通俗易懂，循序渐进，重点突出. 每章内容从有利于教和学出发做了更加合理的调整，如向量和向量组线性关系单独编写了一章. 在教材设计上，各章首先设置了该章摘要及学习目标，以明确学习者应达到的知识目标和能力目标. 为了巩固每章的知识与能力，每章的内容都有小结、学习重点和建议，并配有阅读材料、复习题和自测题，每一节都配有同步练习题，按不同的要求分为 A 和 B 两个层次，突出“做中学，学中做”，供课堂练习和课后作业选用.

本书由俞兰芳任主编，张新德、陈玫伊任副主编，参与编写的还有郑伟洁和刘芸恺.

本书在编写过程中参考了许多文献资料，在此向相关的作者表示由衷的感谢，同时，向对本书的出版提供帮助的宁业勤老师表示诚挚的谢意.

由于编者水平有限，书中疏漏与不当之处在所难免，敬请广大读者批评指正.

编　者

目　录

第一章　行列式

【本章摘要】

行列式是一种常用的计算工具，在本门课程中，行列式又是研究后面矩阵、向量组的线性相关性及线性方程组的重要工具.

本章从介绍二阶、三阶行列式的概念入手，得出 n 阶行列式的展开规律，导出了 n 阶行列式的概念. 为方便计算高阶行列式，介绍了行列式按行(列) 展开定理及行列式的性质，阐述了行列式在解线性方程组中的应用，即克莱姆法则理论. 为了更好地掌握行列式计算，在本章阅读材料中介绍了行列式的基本计算方法.

【学习目标】

确切了解行列式定义；熟练计算二阶与三阶行列式；掌握行列式中元素的余子式及代数余子式的定义；熟记行列式按一行(列) 展开结论；掌握并熟练运用行列式性质；熟记三角形行列式及范德蒙德行列式的计算公式；掌握行列式的基本计算方法；会用克莱姆法则求解简单的线性方程组.

§1.1　二阶、三阶行列式

一、二阶行列式

定义 1　由 $a_{11},a_{12},a_{21},a_{22}$ 构成的两行两列的记号

$$\begin{vmatrix} a_{11} & a_{12} \\ a_{21} & a_{22} \end{vmatrix} \text{称为\textbf{二阶行列式}},$$

它表示两项的代数和 $a_{11}a_{22}-a_{12}a_{21}$，即

$$\begin{vmatrix} a_{11} & a_{12} \\ a_{21} & a_{22} \end{vmatrix} = a_{11}a_{22}-a_{12}a_{21}.$$

其中，构成行列式 $\begin{vmatrix} a_{11} & a_{12} \\ a_{21} & a_{22} \end{vmatrix}$ 的每个 $a_{ij}\ (i=1,2;j=1,2)$ 称为该行列式的**元素**；横排称

为该行列式的**行**，记号 $r_i(i=1,2)$，如第一行记为 r_1；竖排称为该行列式的**列**，记号 $c_j(j=1,2)$，如第二列记为 c_2，依次类推，之后行列式中的行 r_i、列 c_j 记号不另作解释.

通常行列式 $\begin{vmatrix} a_{11} & a_{12} \\ a_{21} & a_{22} \end{vmatrix}$ 中从左上角到右下角的元素所在的直线为**主对角线**，右上角到左下角的元素所在的直线为**次对角线**，其上的元素分别称为**主对角线元**和**次对角线元**.

$$\begin{vmatrix} a_{11} & a_{12} \\ a_{21} & a_{22} \end{vmatrix} = a_{11}a_{22} - a_{12}a_{21}$$

于是二阶行列式的概念可表达为：主对角线元的乘积减去次对角线元的乘积.

例 1 $\begin{vmatrix} -1 & 5 \\ 2 & 3 \end{vmatrix} = (-1)\times 3 - 5\times 2 = -13.$

例 2 设 $D = \begin{vmatrix} \lambda^2 & \lambda \\ 3 & 1 \end{vmatrix}$，问：当 λ 为何值时可使 $D=0$?

解 因为 $D = \begin{vmatrix} \lambda^2 & \lambda \\ 3 & 1 \end{vmatrix} = \lambda^2 - 3\lambda = \lambda(\lambda-3)$，得 $\lambda=0$ 或 $\lambda=3$ 时，$D=0$.

二、二元线性方程组

根据二阶行列式的概念，含两个未知量 x_1, x_2 及两个方程的线性方程组

$$\begin{cases} a_{11}x_1 + a_{12}x_2 = b_1 \\ a_{21}x_1 + a_{22}x_2 = b_2 \end{cases},$$

当未知数系数满足 $a_{11}a_{22} - a_{12}a_{21} \neq 0$ 时，由加减消元法可得该方程组的解为

$$\begin{cases} x_1 = \dfrac{b_1a_{22} - a_{12}b_2}{a_{11}a_{22} - a_{12}a_{21}} \\ x_2 = \dfrac{a_{11}b_2 - b_1a_{21}}{a_{11}a_{22} - a_{12}a_{21}} \end{cases}.$$

记 $D = \begin{vmatrix} a_{11} & a_{12} \\ a_{21} & a_{22} \end{vmatrix}, D_1 = \begin{vmatrix} b_1 & a_{12} \\ b_2 & a_{22} \end{vmatrix}, D_2 = \begin{vmatrix} a_{11} & b_1 \\ a_{21} & b_2 \end{vmatrix}$，

则系数行列式 $D \neq 0$ 时，该方程组有唯一解为

$$x_1 = \frac{D_1}{D}, x_2 = \frac{D_2}{D}.$$

例 3 用行列式解线性方程组 $\begin{cases} 2x_1 - x_2 = 3 \\ x_1 + 3x_2 = -1 \end{cases}$.

解 $D = \begin{vmatrix} 2 & -1 \\ 1 & 3 \end{vmatrix} = 7 \neq 0, D_1 = \begin{vmatrix} 3 & -1 \\ -1 & 3 \end{vmatrix} = 8, D_2 = \begin{vmatrix} 2 & 3 \\ 1 & -1 \end{vmatrix} = -5,$

则该方程组有唯一解为

$$x_1 = \frac{D_1}{D} = \frac{8}{7},\ x_2 = \frac{D_2}{D} = \frac{-5}{7}.$$

三、三阶行列式

定义 2　由 9 个元素 $a_{ij}(i=1,2,3;j=1,2,3)$ 构成的三行三列的记号

$$\begin{vmatrix} a_{11} & a_{12} & a_{13} \\ a_{21} & a_{22} & a_{23} \\ a_{31} & a_{32} & a_{33} \end{vmatrix}$$ 称为**三阶行列式**，

它表示六项的代数和 $a_{11}a_{22}a_{33}+a_{12}a_{23}a_{31}+a_{13}a_{21}a_{32}-a_{13}a_{22}a_{31}-a_{12}a_{21}a_{33}-a_{11}a_{23}a_{32}$，即

$$\begin{vmatrix} a_{11} & a_{12} & a_{13} \\ a_{21} & a_{22} & a_{23} \\ a_{31} & a_{32} & a_{33} \end{vmatrix} = a_{11}a_{22}a_{33}+a_{12}a_{23}a_{31}+a_{13}a_{21}a_{32}-a_{13}a_{22}a_{31}-a_{12}a_{21}a_{33}-a_{11}a_{23}a_{32}.$$

类同于二阶行列式，读者不难确定三阶行列式 $\begin{vmatrix} a_{11} & a_{12} & a_{13} \\ a_{21} & a_{22} & a_{23} \\ a_{31} & a_{32} & a_{33} \end{vmatrix}$ 中的主对角线、次对角线及对应的主对角线元和次对角线元. 依对角线展开，三阶行列式的值可形象地表示为图 1-1 所示.

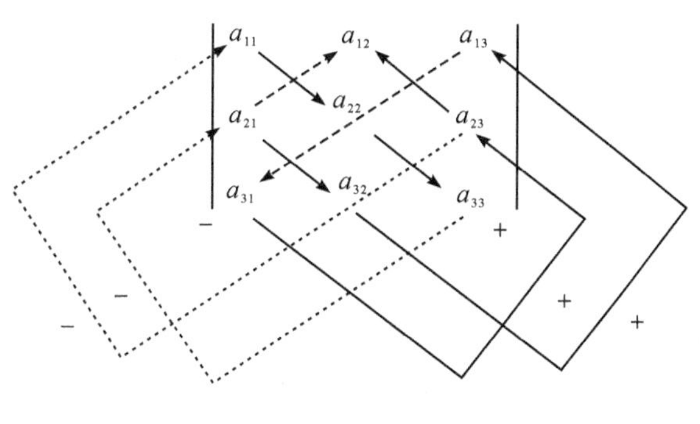

图 1-1　三阶行列式的值

四、三元线性方程组

类似于二元线性方程组的讨论，对三元线性方程组

$$\begin{cases} a_{11}x_1 + a_{12}x_2 + a_{13}x_3 = b_1 \\ a_{21}x_1 + a_{22}x_2 + a_{23}x_3 = b_2, \\ a_{31}x_1 + a_{32}x_2 + a_{33}x_3 = b_3 \end{cases}$$

记 $D = \begin{vmatrix} a_{11} & a_{12} & a_{13} \\ a_{21} & a_{22} & a_{23} \\ a_{31} & a_{32} & a_{33} \end{vmatrix}, D_1 = \begin{vmatrix} b_1 & a_{12} & a_{13} \\ b_2 & a_{22} & a_{23} \\ b_3 & a_{32} & a_{33} \end{vmatrix}, D_2 = \begin{vmatrix} a_{11} & b_1 & a_{13} \\ a_{21} & b_2 & a_{23} \\ a_{31} & b_3 & a_{33} \end{vmatrix}, D_3 = \begin{vmatrix} a_{11} & a_{12} & b_1 \\ a_{21} & a_{22} & b_2 \\ a_{31} & a_{32} & b_3 \end{vmatrix}$,

若系数行列式 $D \neq 0$,则该方程组有唯一解：

$$x_1 = \frac{D_1}{D},\ x_2 = \frac{D_2}{D},\ x_3 = \frac{D_3}{D}.$$

例 4 用行列式解线性方程组 $\begin{cases} x_1 + 2x_2 + 2x_3 = 3 \\ 3x_1 + 7x_2 + 4x_3 = 3 \\ 2x_1 + 3x_2 + 5x_3 = 10 \end{cases}$.

解 $D = \begin{vmatrix} 1 & 2 & 2 \\ 3 & 7 & 4 \\ 2 & 3 & 5 \end{vmatrix} = 1\times 7\times 5 + 2\times 4\times 2 + 2\times 3\times 3 - 2\times 7\times 2 - 1\times 4\times 3 - 2\times 3\times 5 = -1 \neq 0$,

$$D_1 = \begin{vmatrix} 3 & 2 & 2 \\ 3 & 7 & 4 \\ 10 & 3 & 5 \end{vmatrix} = -3, D_2 = \begin{vmatrix} 1 & 3 & 2 \\ 3 & 3 & 4 \\ 2 & 10 & 5 \end{vmatrix} = 2, D_3 = \begin{vmatrix} 1 & 2 & 3 \\ 3 & 7 & 3 \\ 2 & 3 & 10 \end{vmatrix} = -2,$$

则该方程组有唯一解为

$$x_1 = \frac{D_1}{D} = 3, x_2 = \frac{D_2}{D} = -2, x_3 = \frac{D_3}{D} = 2.$$

五、行列式展开规律

定义 3 在一个 n 级排列 $(i_1 i_2 \cdots i_t \cdots i_s \cdots i_n)$ 中,若数 $i_t > i_s$,则称 i_t 与 i_s 构成一个**逆序**.一个 n 级排列中逆序的总数称为该排列的**逆序数**,记为 $N(i_1 i_2 \cdots i_n)$.

行列式展开存在以下三点规律：

1. n 阶行列式展开式有 $n!$ 项；

2. 每项有不同行不同列的 n 个元素 $a_{i_1 j_1} a_{i_2 j_2} \cdots a_{i_n j_n}$ 相乘；

3. 项的符号满足 $(-1)^{N(i_1 i_2 \cdots i_n) + N(j_1 j_2 \cdots j_n)}$,其中 n 个元素 $a_{i_1 j_1} a_{i_2 j_2} \cdots a_{i_n j_n}$ 乘积中的行下标排列 $i_1 i_2 \cdots i_n$ 的逆序数为 $N(i_1 i_2 \cdots i_n)$,列下标排列 $j_1 j_2 \cdots j_n$ 的逆序数为 $N(j_1 j_2 \cdots j_n)$.

因此,n 阶行列式表示所有取自不同行、不同列的 n 个元素乘积 $a_{i_1 j_1} a_{i_2 j_2} \cdots a_{i_n j_n}$ 的代数

和，各项的符号满足$(-1)^{N(i_1 i_2 \cdots i_n)+N(j_1 j_2 \cdots j_n)}$.

例 5　在相应行列式展开中，以下各元素连乘积前面应冠以什么符号？

(1)$a_{11}a_{23}a_{32}$；(2)$a_{21}a_{32}a_{13}$；(3)$a_{12}a_{21}a_{34}a_{45}a_{53}$；(4)$a_{25}a_{43}a_{51}a_{34}a_{17}a_{66}a_{72}$.

解　(1) 因为$(-1)^{N(i_1 i_2 \cdots i_n)+N(j_1 j_2 \cdots j_n)}=(-1)^{N(123)+N(132)}=(-1)^1=-1$,

所以元素 $a_{11}a_{23}a_{32}$ 连乘积前应冠以负号；

(2) 因为$(-1)^{N(i_1 i_2 \cdots i_n)+N(j_1 j_2 \cdots j_n)}=(-1)^{N(231)+N(123)}=(-1)^2=1$,

所以元素 $a_{21}a_{32}a_{13}$ 连乘积前应冠以正号；

(3) 因为$(-1)^{N(i_1 i_2 \cdots i_n)+N(j_1 j_2 \cdots j_n)}=(-1)^{N(12345)+N(21453)}=(-1)^3=-1$,

所以元素 $a_{12}a_{21}a_{34}a_{45}a_{53}$ 连乘积前应冠以负号；

(4) 因为$(-1)^{N(i_1 i_2 \cdots i_n)+N(j_1 j_2 \cdots j_n)}=(-1)^{N(2453167)+N(5314762)}=(-1)^{16}=1$,

所以元素 $a_{25}a_{43}a_{51}a_{34}a_{17}a_{66}a_{72}$ 连乘积前应冠以正号.

例 6　按照行列式展开规律，行列式$\begin{vmatrix} 0 & 0 & 0 & 1 \\ 0 & 0 & 2 & 0 \\ 0 & 3 & 0 & 0 \\ 4 & 0 & 0 & 0 \end{vmatrix}$展开式中的项 $a_{14}a_{23}a_{32}a_{41}$ 应冠以

$(-1)^{N(i_1 i_2 \cdots i_n)+N(j_1 j_2 \cdots j_n)}=(-1)^{N(1234)+N(4321)}=(-1)^6=1$，即冠以正号，并且得

$$\begin{vmatrix} 0 & 0 & 0 & 1 \\ 0 & 0 & 2 & 0 \\ 0 & 3 & 0 & 0 \\ 4 & 0 & 0 & 0 \end{vmatrix}=24 .$$

练习一

(A)

1. 计算二阶行列式：

(1)$\begin{vmatrix} 3 & 4 \\ 5 & 6 \end{vmatrix}$；(2)$\begin{vmatrix} \cos x & \sin x \\ \sin x & -\cos x \end{vmatrix}$；(3)$\begin{vmatrix} a-1 & 3 \\ 3 & a-1 \end{vmatrix}$.

2. 计算三阶行列式：

(1)$\begin{vmatrix} 1 & 2 & 3 \\ 0 & 1 & 2 \\ 1 & 1 & 1 \end{vmatrix}$；(2)$\begin{vmatrix} 1 & 2 & 3 \\ 0 & 4 & 6 \\ 0 & 0 & -4 \end{vmatrix}$；(3)$\begin{vmatrix} 2 & 0 & 0 \\ -1 & 3 & 0 \\ 1 & -6 & 4 \end{vmatrix}$.

3.用行列式解下列方程组：

(1)$\begin{cases}4x-3y=1\\3x-2y=5\end{cases}$；(2)$\begin{cases}x_1+x_2-2x_3=-3\\5x_1-2x_2+7x_3=22\\2x_1-5x_2+4x_3=4\end{cases}$.

4.计算下列各排列的逆序数：

(1)1423；(2)54321；(3)3125467；(4)$n(n-1)(n-2)\cdots321$.

(B)

1.计算下列各行列式：

(1)$\begin{vmatrix}a & b\\a^2 & b^2\end{vmatrix}$；(2)$\begin{vmatrix}1 & \log_b a\\\log_a b & 1\end{vmatrix}$；(3)$\begin{vmatrix}a_{11} & a_{12} & a_{13}\\0 & a_{22} & a_{23}\\0 & 0 & a_{33}\end{vmatrix}$；(4)$\begin{vmatrix}1 & 1 & 1\\2 & 3 & 5\\4 & 9 & 25\end{vmatrix}$.

2.用行列式解下列方程组：

(1)$\begin{cases}2x_1+5x_2=1\\3x_1+7x_2=2\end{cases}$；(2)$\begin{cases}x+y-2z=-2\\y+2z=1\\x-y=2\end{cases}$.

3.求解方程$\begin{vmatrix}1 & 1 & 1\\2 & 3 & x\\4 & 9 & x^2\end{vmatrix}=0$.

4.按行列式展开规律，计算下列行列式：

(1)$|a_{11}|$；(2)$\begin{vmatrix}b_{11} & 0 & 0\\0 & b_{22} & 0\\0 & 0 & b_{33}\end{vmatrix}$；(3)$\begin{vmatrix}0 & 0 & 1 & 0\\1 & 0 & 0 & 0\\0 & 1 & 0 & 1\\0 & 1 & 0 & 0\end{vmatrix}$；(4)$\begin{vmatrix}0 & 0 & 0 & 1\\0 & 0 & 1 & 0\\0 & 1 & 0 & 0\\1 & 0 & 1 & 1\end{vmatrix}$.

§1.2　n 阶行列式

一、n 阶行列式

定义1　由 n^2 个元素 $a_{ij}(i=1,2,\cdots,n;j=1,2,\cdots,n)$ 所构成的 n 行 n 列记号

$$\begin{vmatrix} a_{11} & a_{12} & \cdots & a_{1n} \\ a_{21} & a_{22} & \cdots & a_{2n} \\ \cdots & \cdots & \cdots & \cdots \\ a_{n1} & a_{n2} & \cdots & a_{nn} \end{vmatrix}$$ 称为 **n 阶行列式**.

由 §1.1 中的行列式展开规律,可得

$$\begin{vmatrix} a_{11} & a_{12} & \cdots & a_{1n} \\ a_{21} & a_{22} & \cdots & a_{2n} \\ \cdots & \cdots & \cdots & \cdots \\ a_{n1} & a_{n2} & \cdots & a_{nn} \end{vmatrix} = \sum (-1)^{N(i_1 i_2 \cdots i_n)+N(j_1 j_2 \cdots j_n)} a_{i_1 j_1} a_{i_2 j_2} \cdots a_{i_n j_n}.$$

通常,我们把 $n=1,2,3$ 时相应的行列式称为**低阶行列式**;当 $n \geqslant 4$ 时相应的行列式称为**高阶行列式**.

例 1　用行列式的定义计算 $D = \begin{vmatrix} 0 & 1 & 0 & 1 \\ 1 & 0 & 1 & 0 \\ 0 & 1 & 0 & 0 \\ 0 & 0 & 1 & 1 \end{vmatrix}$.

解　根据行列式定义,其展开式中各项元素须取自不同行不同列,所以在行列式 $\begin{vmatrix} 0 & 1 & 0 & 1 \\ 1 & 0 & 1 & 0 \\ 0 & 1 & 0 & 0 \\ 0 & 0 & 1 & 1 \end{vmatrix}$ 的展开式中,唯有元素 $a_{32}a_{14}a_{43}a_{21}$ 连乘积不为 0,其余各项的元素连乘积均为 0,因此

$$D = \begin{vmatrix} 0 & 1 & 0 & 1 \\ 1 & 0 & 1 & 0 \\ 0 & 1 & 0 & 0 \\ 0 & 0 & 1 & 1 \end{vmatrix} = (-1)^{N(3142)+N(2431)} a_{32}a_{14}a_{43}a_{21} = -1.$$

例 2　用定义计算 9 阶行列式 $D_9 = \begin{vmatrix} 0 & 0 & \cdots & 0 & 1 & 0 \\ 0 & 0 & \cdots & 2 & 0 & 0 \\ \cdots & \cdots & \cdots & \cdots & \cdots & \cdots \\ 8 & 0 & \cdots & 0 & 0 & 0 \\ 0 & 0 & \cdots & 0 & 0 & 9 \end{vmatrix}$.

解　根据行列式定义,其展开式中唯有元素 $a_{99}a_{18}a_{27}\cdots a_{81}$ 连乘积不为 0,其余各项的元素连乘积均为 0,因此,该行列式

$$D_9 = (-1)^{N(9123\cdots 8)+N(98\cdots 321)} a_{99}a_{18}a_{27}\cdots a_{81} = (-1)^{44}9! = 9!$$

例 3 计算上三角形行列式 $\begin{vmatrix} a_{11} & a_{12} & \cdots & a_{1n} \\ 0 & a_{22} & \cdots & a_{2n} \\ \cdots & \cdots & \cdots & \cdots \\ 0 & 0 & \cdots & a_{nn} \end{vmatrix}$，其中 $a_{11}a_{22}\cdots a_{nn} \neq 0$.

解 根据行列式定义，只有元素 $a_{11}a_{22}\cdots a_{nn}$ 连乘积不为 0 且其对应的项前面应冠以正号，而其余各项的元素连乘积均为 0，因此

$\begin{vmatrix} a_{11} & a_{12} & \cdots & a_{1n} \\ 0 & a_{22} & \cdots & a_{2n} \\ \cdots & \cdots & \cdots & \cdots \\ 0 & 0 & \cdots & a_{nn} \end{vmatrix} = a_{11}a_{22}\cdots a_{nn}$，即上三角形行列式值等于其主对角线元乘积.

同理，下三角形行列式值也等于其主对角线元乘积，即

$$\begin{vmatrix} a_{11} & 0 & \cdots & 0 \\ a_{21} & a_{22} & \cdots & 0 \\ \cdots & \cdots & \cdots & \cdots \\ a_{n1} & a_{n2} & \cdots & a_{nn} \end{vmatrix} = a_{11}a_{22}\cdots a_{nn}.$$

例 4 已知 $f(x) = \begin{vmatrix} x & 1 & 1 & 2 \\ 1 & x & 1 & -1 \\ 3 & 2 & x & 1 \\ 1 & 1 & 2x & 1 \end{vmatrix}$，求 x^3 的系数.

解 根据行列式定义，$\begin{vmatrix} x & 1 & 1 & 2 \\ 1 & x & 1 & -1 \\ 3 & 2 & x & 1 \\ 1 & 1 & 2x & 1 \end{vmatrix}$ 展开式中只有两项含有 x^3，即元素 $a_{11}, a_{22}, a_{33}, a_{44}$ 和 $a_{11}, a_{22}, a_{43}, a_{34}$ 连乘积，其余的项均不合要求. 对应的项为

$$(-1)^{N(1234)+N(1234)}a_{11}a_{22}a_{33}a_{44} + (-1)^{N(1243)+N(1234)}a_{11}a_{22}a_{43}a_{34}$$
$$= (-1)^0x^3 + (-1)^1 2x^3 = -x^3.$$

因此，所求 x^3 的系数为 -1.

二、行列式按一行(或列)展开

定义 2 在 n 阶行列式 D 中，去掉元素 a_{ij} 所在的第 i 行和第 j 列后，余下的 $n-1$ 阶行

列式,称为 D 中元素 a_{ij} 的**余子式**,记为 M_{ij}.

再记　$A_{ij}=(-1)^{i+j}M_{ij}$,称 A_{ij} 为元素 a_{ij} 的**代数余子式**.

例如,四阶行列式 $\begin{vmatrix} a_{11} & a_{12} & a_{13} & a_{14} \\ a_{21} & a_{22} & a_{23} & a_{24} \\ a_{31} & a_{32} & a_{33} & a_{34} \\ a_{41} & a_{42} & a_{43} & a_{44} \end{vmatrix}$ 中,元素 a_{23} 的余子式是 $M_{23}=\begin{vmatrix} a_{11} & a_{12} & a_{14} \\ a_{31} & a_{32} & a_{34} \\ a_{41} & a_{42} & a_{44} \end{vmatrix}$,

其代数余子式是 $A_{23}=(-1)^{2+3}M_{23}=-\begin{vmatrix} a_{11} & a_{12} & a_{14} \\ a_{31} & a_{32} & a_{34} \\ a_{41} & a_{42} & a_{44} \end{vmatrix}$.

例 5　计算行列式 $D=\begin{vmatrix} 1 & 2 & 3 & 4 \\ 1 & 0 & 1 & 2 \\ 3 & -1 & -1 & 0 \\ 1 & 2 & 0 & -5 \end{vmatrix}$ 中的 M_{13},M_{23} 及 A_{33},A_{43}.

解　$M_{13}=\begin{vmatrix} 1 & 0 & 2 \\ 3 & -1 & 0 \\ 1 & 2 & -5 \end{vmatrix}=19$,$M_{23}=\begin{vmatrix} 1 & 2 & 4 \\ 3 & -1 & 0 \\ 1 & 2 & -5 \end{vmatrix}=63$,

$A_{33}=(-1)^{3+3}M_{33}=(-1)^{3+3}\begin{vmatrix} 1 & 2 & 4 \\ 1 & 0 & 2 \\ 1 & 2 & -5 \end{vmatrix}=18$,$A_{43}=(-1)^{4+3}M_{43}=$ $(-1)^{4+3}\begin{vmatrix} 1 & 2 & 4 \\ 1 & 0 & 2 \\ 3 & -1 & 0 \end{vmatrix}=-10$.

定理 1　n 阶行列式 D 等于它的任一行(或列)的各元素 a_{ij} 与其对应的代数余子式 A_{ij} 乘积之和,即　$D=a_{i1}A_{i1}+a_{i2}A_{i2}+\cdots+a_{in}A_{in}$,$i=1,2,\cdots,n$,

或　$D=a_{1j}A_{1j}+a_{2j}A_{2j}+\cdots+a_{nj}A_{nj}$,$j=1,2,\cdots,n$.

由定理 1,可得例 5 中的行列式 D,其值为

$D=a_{13}A_{13}+a_{23}A_{23}+a_{33}A_{33}+a_{43}A_{43}$

$=3\times 19+1\times(-63)+(-1)\times 18+0\times(-10)=-24$.

例 6　设四阶行列式 D 的第三行元素分别为 $-1,0,2,4$. 当 $D=4$ 且第三行元素所对应的余子式依次为 $5,10,a,4$,求 a 的值.

解　由定理 1,可得 $D=a_{31}A_{31}+a_{32}A_{32}+a_{33}A_{33}+a_{34}A_{34}$,

而 $A_{3i}=(-1)^{3+i}M_{3i}$，代入数据得 $4=(-1)\times 5+0\times(-10)+2\times a+4\times(-4)$，

解得 $a=\frac{25}{2}$.

推论1 n 阶行列式 D 中的某一行(或列)的各元素与另一行(或列)的对应元素的代数余子式的乘积的和等于零，即 $a_{i1}A_{j1}+a_{i2}A_{j2}+\cdots+a_{in}A_{jn}=0,i\neq j$,

或 $a_{1i}A_{1j}+a_{2i}A_{2j}+\cdots+a_{ni}A_{nj}=0,i\neq j$.

三、拉普拉斯定理*

定义3 在 n 阶行列式 D 中，任意选定 k 行 k 列 $(1\leqslant k\leqslant n)$，位于这些行和列交叉处的 k^2 个元素，按原来顺序构成一个 k 阶行列式 M，称为 D 的一个 k 阶子式，划去这 k 行 k 列，余下的元素按原来的顺序构成 $n-k$ 阶行列式，在其前面冠以符号 $(-1)^{i_1+i_2+\cdots+i_k+j_1+j_2+\cdots+j_k}$，称为 M 的代数余子式，其中 $i_1,i_2,\cdots,i_k$ 为 k 阶子式 M 在 D 中的行标，$j_1,j_2,\cdots,j_k$ 为 M 在 D 中的列标.

注意 行列式 D 的 k 阶子式与其代数余子式之间有类似行列式按一行(列)展开的性质.

定理2(拉普拉斯定理) 在 n 阶行列式 D 中，任意取定 k 行(列) $(1\leqslant k\leqslant n-1)$，由这 k 行(列)组成的所有 k 阶子式与它们的代数余子式的乘积之和等于行列式 D.

例7 行列式 $D=\begin{vmatrix}2&3&0&0\\1&2&3&0\\0&1&3&4\\0&0&2&1\end{vmatrix}$ 按第一行和第二行展开，写出 D 中相应的2阶子式 M 及对应的代数余子式并计算行列式 D.

解 行列式 D 按第一行和第二行展开，可得

2阶子式 $M=\begin{vmatrix}2&3\\1&2\end{vmatrix}$，其代数余子式为 $(-1)^{1+2+1+2}\begin{vmatrix}3&4\\2&1\end{vmatrix}=-5$；

2阶子式 $M=\begin{vmatrix}2&0\\1&3\end{vmatrix}$，其代数余子式为 $(-1)^{1+2+1+3}\begin{vmatrix}1&4\\0&1\end{vmatrix}=-1$；

2阶子式 $M=\begin{vmatrix}2&0\\1&0\end{vmatrix}$，其代数余子式为 $(-1)^{1+2+1+4}\begin{vmatrix}1&3\\0&2\end{vmatrix}=2$；

2阶子式 $M=\begin{vmatrix}3&0\\2&3\end{vmatrix}$，其代数余子式为 $(-1)^{1+2+2+3}\begin{vmatrix}0&4\\0&1\end{vmatrix}=0$；

2阶子式 $M=\begin{vmatrix}3&0\\2&0\end{vmatrix}$，其代数余子式为 $(-1)^{1+2+2+4}\begin{vmatrix}0&3\\0&2\end{vmatrix}=0$；

2 阶子式 $M=\begin{vmatrix}0&0\\3&0\end{vmatrix}$，其代数余子式为 $(-1)^{1+2+3+4}\begin{vmatrix}0&1\\0&0\end{vmatrix}=0$.

由拉普拉斯定理，得行列式

$$D=\begin{vmatrix}2&3\\1&2\end{vmatrix}\times(-5)+\begin{vmatrix}2&0\\1&3\end{vmatrix}\times(-1)+\begin{vmatrix}2&0\\1&0\end{vmatrix}\times 2+\begin{vmatrix}3&0\\2&3\end{vmatrix}\times 0+\begin{vmatrix}3&0\\2&0\end{vmatrix}\times 0+$$
$$\begin{vmatrix}0&0\\3&0\end{vmatrix}\times 0=-11$$

练习二

(A)

1. 求出 $D=\begin{vmatrix}2&-1&0\\4&1&2\\-1&1&-1\end{vmatrix}$ 中第三列元素的余子式和代数余子式的值，并计算 D 的值.

2. 已知四阶行列式 D 中的第一列元素依次为 $-1,2,0,1$，它们在 D 中的余子式依次为 $5,3,-7,4$. 计算第一列元素的代数余子式并求出 D 的值.

3. 按某行或某列展开，计算以下行列式的值：

(1) $\begin{vmatrix}-1&2&5&4\\0&3&2&0\\0&4&1&-1\\0&1&1&3\end{vmatrix}$；　　(2) $\begin{vmatrix}a_1&a_2&a_3&a_4\\b_1&b_2&b_3&b_4\\c&0&0&0\\d&0&0&0\end{vmatrix}$.

4. 计算 $f(x)=\begin{vmatrix}1&1&1&1\\0&1&-1&-1\\0&-1&1&-1\\x&-1&-1&1\end{vmatrix}$.

(B)

1. 用行列式定义计算下列行列式：

(1) $\begin{vmatrix}0&0&0&1\\0&1&0&0\\1&0&0&0\\0&0&1&0\end{vmatrix}$；　　(2) $\begin{vmatrix}1&1&1&0\\0&1&0&1\\0&0&1&1\\0&0&1&0\end{vmatrix}$.

2. 求行列式 $D=\begin{vmatrix}-3 & 0 & 4\\ 5 & 0 & 3\\ 2 & -2 & 1\end{vmatrix}$ 中元素 2 和 -2 的代数余子式的值.

3. 求四阶行列式 $D=\begin{vmatrix}1 & 0 & 4 & 0\\ 2 & -1 & -1 & 2\\ 0 & -6 & 0 & 0\\ 2 & 4 & -1 & 2\end{vmatrix}$ 中的第四行各元素的代数余子式之和，即求 $A_{41}+A_{42}+A_{43}+A_{44}$ 的值.

4. 按某行或某列展开，计算以下行列式的值：

(1) $\begin{vmatrix}-1 & 0 & 0 & 0\\ -1 & -1 & 0 & 0\\ 0 & -1 & -2 & -2\\ 2 & 2 & 4 & 2\end{vmatrix}$；　　(2) $\begin{vmatrix}1 & 1 & 0 & 0\\ 1 & x & 1 & 0\\ 0 & 0 & x & 2\\ 0 & 0 & 2 & x\end{vmatrix}$.

5. 验证行列式 $D=\begin{vmatrix}1 & 1 & 1 & 1\\ 1 & 2 & 0 & 0\\ 1 & 0 & 3 & 0\\ 1 & 0 & 0 & 4\end{vmatrix}$ 中的第三行的元素与第四行对应元素的代数余子式乘积的和等于零，即 $a_{31}A_{41}+a_{32}A_{42}+a_{33}A_{43}+a_{34}A_{44}=0$.

§1.3　行列式性质

一、行列式转置及三种变换

定义 1　把行列式 D 中的行 $r_i(i=1,2,\cdots,n)$ 与列 $c_j(j=1,2,\cdots,n)$ 依次互换，所得的行列式称为原行列式 D 的**转置行列式**，记为 D^{T} 或 D'.

行列式 D 的三种变换及相应的记号：

1. 行列式 D 中的某两行或某两列互换位置，记为 $r_i \leftrightarrow r_j$（或 $c_i \leftrightarrow c_j$），其中 $i \neq j$；

2. 常数 $k \neq 0$ 乘以某行或某列，记为 $k \cdot r_i$（或 $k \cdot c_i$）；

3. 行列式某行 r_i 加上常数 $k(k \neq 0)$ 乘以另一行 r_j，记为 $r_i+k \cdot r_j$，它表示 r_i 各元素做了相应的改变而 r_j 行各元素不改变；类似的，某列 c_i 加上常数 $k(k \neq 0)$ 乘以另一列 c_j，记为 $c_i+k \cdot c_j$，其中 $i \neq j$.

例 1　设三阶行列式 $D=\begin{vmatrix} a & b & c \\ x & y & z \\ d & e & f \end{vmatrix}$，

若对行列式 D 做 $c_1 \leftrightarrow c_3$ 变换，则行列式变为 $\begin{vmatrix} c & b & a \\ z & y & x \\ f & e & d \end{vmatrix}$；

若对行列式 D 做 $(-3)r_2$ 变换，则行列式变为 $\begin{vmatrix} a & b & c \\ -3x & -3y & -3z \\ d & e & f \end{vmatrix}$；

若对行列式 D 做 r_1-3r_2 变换，则行列式变为 $\begin{vmatrix} a-3x & b-3y & c-3z \\ x & y & z \\ d & e & f \end{vmatrix}$.

二、行列式的性质

性质 1　行列式 D 与它的转置行列式 D^{T}，它们的值相等，即 $D=D^{\mathrm{T}}$.

注意　由性质 1 知道，行列式中的行与列具有相同的地位，行列式的行具有的性质，它的列也同样具有相应的性质.

性质 2　交换行列式的某两行(列)，行列式值变号.

推论 1　若行列式中有两行(列)的对应元素相同，则此行列式为零.

性质 3　常数 $k(k\neq 0)$ 乘行列式的某一行(列)，等于用数 k 乘此行列式.

如例 1，对行列式 D 做 $(-3)r_2$ 变换，根据性质 3，

可得 $\begin{vmatrix} a & b & c \\ -3x & -3y & -3z \\ d & e & f \end{vmatrix}=(-3)\times\begin{vmatrix} a & b & c \\ x & y & z \\ d & e & f \end{vmatrix}=(-3)D.$

推论 2　行列式的某一行(列)中所有元素的公因子可以提到行列式符号的外面.

例如，$\begin{vmatrix} -ab & ac & ae \\ bd & -cd & de \\ bf & cf & -ef \end{vmatrix}=a\begin{vmatrix} -b & c & e \\ bd & -cd & de \\ bf & cf & -ef \end{vmatrix}$；

$\begin{vmatrix} -ab & ac & ae \\ bd & -cd & de \\ bf & cf & -ef \end{vmatrix}=adf\begin{vmatrix} -b & c & e \\ b & -c & e \\ b & c & -e \end{vmatrix}$；

$$\begin{vmatrix} -ab & ac & ae \\ bd & -cd & de \\ bf & cf & -ef \end{vmatrix} = bce\begin{vmatrix} -a & a & a \\ d & -d & d \\ f & f & -f \end{vmatrix};$$

$$\begin{vmatrix} -ab & ac & ae \\ bd & -cd & de \\ bf & cf & -ef \end{vmatrix} = adfbce\begin{vmatrix} -1 & 1 & 1 \\ 1 & -1 & 1 \\ 1 & 1 & -1 \end{vmatrix}.$$

推论 3 行列式中若有两行(列)元素成比例,则此行列式为零.

性质 4 若行列式的某一行 r_i(列 c_j)的元素都是两数之和 $b_{ij}+c_{ij}$,则该行列式按行 r_i(列 c_j)可拆分为两个行列式之和.

例如,设行列式为 $D=\begin{vmatrix} a_{11} & a_{12} & a_{13} & a_{14} \\ a_{21} & a_{22} & a_{23} & a_{24} \\ b_{31}+c_{31} & b_{32}+c_{32} & b_{33}+c_{33} & b_{34}+c_{34} \\ a_{41} & a_{42} & a_{43} & a_{44} \end{vmatrix}$,则

$$\begin{vmatrix} a_{11} & a_{12} & a_{13} & a_{14} \\ a_{21} & a_{22} & a_{23} & a_{24} \\ b_{31}+c_{31} & b_{32}+c_{32} & b_{33}+c_{33} & b_{34}+c_{34} \\ a_{41} & a_{42} & a_{43} & a_{44} \end{vmatrix} = \begin{vmatrix} a_{11} & a_{12} & a_{13} & a_{14} \\ a_{21} & a_{22} & a_{23} & a_{24} \\ b_{31} & b_{32} & b_{33} & b_{34} \\ a_{41} & a_{42} & a_{43} & a_{44} \end{vmatrix} + \begin{vmatrix} a_{11} & a_{12} & a_{13} & a_{14} \\ a_{21} & a_{22} & a_{23} & a_{24} \\ c_{31} & c_{32} & c_{33} & c_{34} \\ a_{41} & a_{42} & a_{43} & a_{44} \end{vmatrix}.$$

性质 5 若行列式某行 r_i 加上常数 $k(k\neq 0)$ 乘以另一行 r_j,则行列式不变.

如本例 1 中,对行列式 D 做 r_1-3r_2 变换,有

$$\begin{vmatrix} a & b & c \\ x & y & z \\ d & e & f \end{vmatrix} = \begin{vmatrix} a-3x & b-3y & c-3z \\ x & y & z \\ d & e & f \end{vmatrix}.$$

注意 利用性质 5,可使行列式中的元素 a_{ij} 变为你设定的元素.

例 2 计算行列式 $\begin{vmatrix} 2011 & 2010 \\ 2009 & 2008 \end{vmatrix}$ 值.

解 $\begin{vmatrix} 2011 & 2010 \\ 2009 & 2008 \end{vmatrix} \xlongequal{c_1-c_2} \begin{vmatrix} 1 & 2010 \\ 1 & 2008 \end{vmatrix} \xlongequal{r_2-r_1} \begin{vmatrix} 1 & 2010 \\ 0 & -2 \end{vmatrix} =-2.$

备注 本例 2 解答中,第一个等号上方(或下方)的记号 c_1-c_2 表示了行列式 $\begin{vmatrix} 2011 & 2010 \\ 2009 & 2008 \end{vmatrix}$ 中的第一列 c_1 加上常数 $k=-1$ 乘以第二列 c_2;第二个等号上方(或下方)的记号 r_2-r_1 表示了行列式 $\begin{vmatrix} 1 & 2010 \\ 1 & 2008 \end{vmatrix}$ 中的第二行 r_2 加上常数 $k=-1$ 乘以第一行 r_1. 本教材等

号上下方类似的记号不再解释.

例 3 先把行列式 $D=\begin{vmatrix}-1&1&1\\1&-1&1\\1&1&-1\end{vmatrix}$ 中的元素 $a_{21}=1$ 及 $a_{31}=1$ 变为0,再按 c_1 展开计算行列式 D 的值.

解 要使行列式 D 中的元素 $a_{21}=1$ 变为0,从行的角度看,对策有 r_2+r_1 或 r_2-r_3;从列的角度看,对策有 c_1+c_2 或 c_1-c_3.

类似的,要使行列式 D 中的元素 $a_{31}=1$ 变为0,从行的角度看,对策有 r_3+r_1 或 r_3-r_2;从列的角度看,对策有 c_1-c_2 或 c_1+c_3.

因此,要使行列式 D 中的元素 $a_{21}=1$ 及 $a_{31}=1$ 变为0,我们采取 r_2+r_1,同时 r_3+r_1,再按 c_1 展开,即

$$D=\begin{vmatrix}-1&1&1\\1&-1&1\\1&1&-1\end{vmatrix}\xlongequal[r_3+r_1]{r_2+r_1}\begin{vmatrix}-1&1&1\\0&0&2\\0&2&0\end{vmatrix}=(-1)\times(-1)^{1+1}\begin{vmatrix}0&2\\2&0\end{vmatrix}=4.$$

例 4 利用行列式性质,把行列式 $D=\begin{vmatrix}1&2&3&4\\2&3&4&1\\3&4&1&2\\4&1&2&3\end{vmatrix}$ 先变为上三角形行列式,再计算其值.

解 $D=\begin{vmatrix}1&2&3&4\\2&3&4&1\\3&4&1&2\\4&1&2&3\end{vmatrix}\xlongequal{c_1+c_2+c_3+c_4}\begin{vmatrix}10&2&3&4\\10&3&4&1\\10&4&1&2\\10&1&2&3\end{vmatrix}=10\times\begin{vmatrix}1&2&3&4\\1&3&4&1\\1&4&1&2\\1&1&2&3\end{vmatrix}$,

接着从第二行起每行都减第一行,即 r_i-r_1,其中 $i=2,3,4$,可得

$$D=10\times\begin{vmatrix}1&2&3&4\\0&1&1&-3\\0&2&-2&-2\\0&-1&-1&-1\end{vmatrix}\xlongequal[r_4+r_2]{r_3-2r_2}10\times\begin{vmatrix}1&2&3&4\\0&1&1&-3\\0&0&-4&4\\0&0&0&-4\end{vmatrix},$$

其中行列式 $\begin{vmatrix}1&2&3&4\\0&1&1&-3\\0&0&-4&4\\0&0&0&-4\end{vmatrix}$ 为上三角形行列式,且 $\begin{vmatrix}1&2&3&4\\0&1&1&-3\\0&0&-4&4\\0&0&0&-4\end{vmatrix}=1\times1\times$

$(-4)\times(-4)=16$.

因此，原行列式 $D=\begin{vmatrix}1&2&3&4\\2&3&4&1\\3&4&1&2\\4&1&2&3\end{vmatrix}=10\times\begin{vmatrix}1&2&3&4\\0&1&1&-3\\0&0&-4&4\\0&0&0&-4\end{vmatrix}=160$.

备注 在计算高阶行列式时，通常会利用行列式性质，先把高阶行列式变为三角形行列式再求出其值，如本例4；或者，利用行列式性质，先把某行 r_i(或某列 c_i) 的元素尽可能变为0，再按该行 r_i(或列 c_i) 展开，可多次反复，直到求出值，如下例5.

例5 计算行列式 $D=\begin{vmatrix}1&2&-1&2\\3&0&1&5\\1&-2&0&3\\-2&-4&1&6\end{vmatrix}$.

解

$$D=\begin{vmatrix}1&2&-1&2\\3&0&1&5\\1&-2&0&3\\-2&-4&1&6\end{vmatrix}=\begin{vmatrix}1&2&-1&2\\0&-6&4&-1\\0&-4&1&1\\0&0&-1&10\end{vmatrix}=\begin{vmatrix}-6&4&-1\\-4&1&1\\0&-1&10\end{vmatrix}=$$

$$\begin{vmatrix}-6&4&39\\-4&1&11\\0&-1&0\end{vmatrix}=\begin{vmatrix}-6&39\\-4&11\end{vmatrix}=90.$$

例6 证明行列式 $\begin{vmatrix}1&1&1\\x&y&z\\x^2&y^2&z^2\end{vmatrix}=(z-y)(z-x)(y-x)$.

证明 利用行列式性质，可得

$$\begin{vmatrix}1&1&1\\x&y&z\\x^2&y^2&z^2\end{vmatrix}=\begin{vmatrix}1&0&0\\x&y-x&z-x\\x^2&y^2-x^2&z^2-x^2\end{vmatrix}=\begin{vmatrix}y-x&z-x\\y^2-x^2&z^2-x^2\end{vmatrix}=(y-x)(z-x)\begin{vmatrix}1&1\\y+x&z+x\end{vmatrix}.$$

因此，$\begin{vmatrix}1&1&1\\x&y&z\\x^2&y^2&z^2\end{vmatrix}=(z-y)(z-x)(y-x)$，即结论成立.

备注 类似于本例6中的行列式，称为**范德蒙德行列式**. 有兴趣的读者可证明四阶范德蒙德行列式结果为

$$D_4=\begin{vmatrix}1&1&1&1\\x_1&x_2&x_3&x_4\\x_1^2&x_2^2&x_3^2&x_4^2\\x_1^3&x_2^3&x_3^3&x_4^3\end{vmatrix}=\prod_{1\leqslant i<j\leqslant 4}(x_j-x_i).$$

例 7　计算行列式(1)$\begin{vmatrix}1&a^2&a\\1&b^2&b\\1&c^2&c\end{vmatrix}$;(2)$\begin{vmatrix}1&3&9&27\\1&1&1&1\\1&4&16&64\\1&5&25&125\end{vmatrix}$.

解　(1)$\begin{vmatrix}1&a^2&a\\1&b^2&b\\1&c^2&c\end{vmatrix}=\begin{vmatrix}1&1&1\\a^2&b^2&c^2\\a&b&c\end{vmatrix}=-\begin{vmatrix}1&1&1\\a&b&c\\a^2&b^2&c^2\end{vmatrix}=-(c-a)(c-b)(b-a)$;

(2)$\begin{vmatrix}1&3&9&27\\1&1&1&1\\1&4&16&64\\1&5&25&125\end{vmatrix}=\begin{vmatrix}1&1&1&1\\3&1&4&5\\9&1&16&25\\27&1&64&125\end{vmatrix}$

$=(5-3)(5-1)(5-4)(4-3)(4-1)(1-3)=-48.$

练习三

(A)

1. 设行列式 $D=\begin{vmatrix}a_{11}&a_{12}&a_{13}\\a_{21}&a_{22}&a_{23}\\a_{31}&a_{32}&a_{33}\end{vmatrix}=3$,则 $D_1=\begin{vmatrix}a_{11}&5a_{11}+2a_{12}&a_{13}\\a_{21}&5a_{21}+2a_{22}&a_{23}\\a_{31}&5a_{31}+2a_{32}&a_{33}\end{vmatrix}=$________.

2. 设行列式$\begin{vmatrix}a_1&b_1\\a_2&b_2\end{vmatrix}=1$,$\begin{vmatrix}a_1&c_1\\a_2&c_2\end{vmatrix}=2$,则$\begin{vmatrix}a_1&b_1+c_1\\a_2&b_2+c_2\end{vmatrix}=$________.

3. 行列式 $D=\begin{vmatrix}a_1b_1&a_1b_2&a_1b_3\\a_2b_1&a_2b_2&a_2b_3\\a_3b_1&a_3b_2&a_3b_3\end{vmatrix}=$________.

4. 计算行列式 $D=\begin{vmatrix}123&23&3\\249&49&9\\367&67&7\end{vmatrix}$.

5. 计算行列式$\begin{vmatrix} 1 & 1 & 1 & 1 \\ 1 & 2 & 0 & 0 \\ 1 & 0 & 3 & 0 \\ 1 & 0 & 0 & 4 \end{vmatrix}$的值.

6. 将行列式$\begin{vmatrix} 1 & 1 & 1 & 4 \\ 1 & 1 & 3 & 1 \\ 1 & 2 & 1 & 1 \\ 1 & 1 & 1 & 1 \end{vmatrix}$转化为上三角形行列式并计算其值.

(B)

1. 利用行列式性质计算下列行列式：

(1) $\begin{vmatrix} 34215 & 35215 \\ 28092 & 29092 \end{vmatrix}$；　　(2) $\begin{vmatrix} x & y & x+y \\ y & x+y & x \\ x+y & x & y \end{vmatrix}$.

2. 求出以下行列式值：

(1) $\begin{vmatrix} 0 & 1 & 1 & 1 \\ 1 & 0 & 1 & 1 \\ 1 & 1 & 0 & 1 \\ 1 & 1 & 1 & 0 \end{vmatrix}$；　　(2) $\begin{vmatrix} x & a & a & a & a \\ a & x & a & a & a \\ a & a & x & a & a \\ a & a & a & x & a \\ a & a & a & a & x \end{vmatrix}$.

3. 将行列式$\begin{vmatrix} 3 & 1 & -1 & 2 \\ -5 & 1 & 3 & -4 \\ 2 & 0 & 1 & -1 \\ 1 & -5 & 3 & -3 \end{vmatrix}$转化为上三角形行列式并计算其值.

4. 设五阶行列式$D = |a_{ij}| = m\ (i,j = 1,2,3,4,5)$，依下列次序对$D = |a_{ij}|$进行变换后，求其结果.

交换第一行与第五行，再转置，用 2 乘以所有元素，再用(－3)乘第二列加于第四列，最后用 4 除第二行各元素.

5. 设a,b,c为互异实数，证明行列式$\begin{vmatrix} a & b & c \\ a^2 & b^2 & c^2 \\ b+c & c+a & a+b \end{vmatrix} = 0$的充要条件是$a+b+c=0$.

6. 计算 n 阶行列式 $D_n = \begin{vmatrix} x & y & 0 & \cdots & 0 & 0 \\ 0 & x & y & \cdots & 0 & 0 \\ \cdots & \cdots & \cdots & \cdots & \cdots & \cdots \\ 0 & 0 & 0 & \cdots & x & y \\ y & 0 & 0 & \cdots & 0 & x \end{vmatrix}$.

§1.4 克莱姆法则

一、n 元线性方程组的概念

含有 n 个未知数 $x_1, x_2, \cdots, x_n$ 的线性方程组

$$\begin{cases} a_{11}x_1 + a_{12}x_2 + \cdots + a_{1n}x_n = b_1 \\ a_{21}x_1 + a_{22}x_2 + \cdots + a_{2n}x_n = b_2 \\ \cdots\cdots\cdots\cdots\cdots\cdots\cdots\cdots \\ a_{n1}x_1 + a_{n2}x_2 + \cdots + a_{nn}x_n = b_n \end{cases} \tag{1}$$

称为 **n 元线性方程组**. 当其右端的常数项 $b_1, b_2, \cdots, b_n$ 不全为零时,线性方程组(1) 称为 **n 元非齐次线性方程组**,当 $b_1, b_2, \cdots, b_n$ 全为零时,线性方程组(1) 称为 **n 元齐次线性方程组**,即

$$\begin{cases} a_{11}x_1 + a_{12}x_2 + \cdots + a_{1n}x_n = 0 \\ a_{21}x_1 + a_{22}x_2 + \cdots + a_{2n}x_n = 0 \\ \cdots\cdots\cdots\cdots\cdots\cdots\cdots\cdots \\ a_{n1}x_1 + a_{n2}x_2 + \cdots + a_{nn}x_n = 0 \end{cases} \tag{2}$$

线性方程组(1) 的系数 a_{ij} 构成的行列式称为该方程组的**系数行列式** D,即

$$D = \begin{vmatrix} a_{11} & a_{12} & \cdots & a_{1n} \\ a_{21} & a_{22} & \cdots & a_{2n} \\ \cdots & \cdots & \cdots & \cdots \\ a_{n1} & a_{n2} & \cdots & a_{nn} \end{vmatrix}.$$

二、克莱姆法则

由本章 §1.1 知,对三元线性方程组

$$\begin{cases} a_{11}x_1 + a_{12}x_2 + a_{13}x_3 = b_1 \\ a_{21}x_1 + a_{22}x_2 + a_{23}x_3 = b_2, \\ a_{31}x_1 + a_{32}x_2 + a_{33}x_3 = b_3 \end{cases}$$

记 $D = \begin{vmatrix} a_{11} & a_{12} & a_{13} \\ a_{21} & a_{22} & a_{23} \\ a_{31} & a_{32} & a_{33} \end{vmatrix}, D_1 = \begin{vmatrix} b_1 & a_{12} & a_{13} \\ b_2 & a_{22} & a_{23} \\ b_3 & a_{32} & a_{33} \end{vmatrix}, D_2 = \begin{vmatrix} a_{11} & b_1 & a_{13} \\ a_{21} & b_2 & a_{23} \\ a_{31} & b_3 & a_{33} \end{vmatrix}, D_3 = \begin{vmatrix} a_{11} & a_{12} & b_1 \\ a_{21} & a_{22} & b_2 \\ a_{31} & a_{32} & b_3 \end{vmatrix},$

若系数行列式 $D \neq 0$，则该方程组有唯一解：

$$x_1 = \frac{D_1}{D}, x_2 = \frac{D_2}{D}, x_3 = \frac{D_3}{D}.$$

类似于三元线性方程组，对 n 元线性方程组有以下结论：

定理 1（克莱姆法则） 若 n 元线性方程组(1) 的系数行列式 $D \neq 0$，则线性方程组(1) 有唯一解，且解为 $x_j = \frac{D_j}{D}(j = 1,2,\cdots,n)$.

其中 $D_j(j = 1,2,\cdots,n)$ 是把 D 中第 j 列元素 $a_{1j},a_{2j},\cdots,a_{nj}$ 对应地换成常数项 $b_1,b_2,\cdots,b_n$，而其余各列保持不变所得到的行列式.

证明 首先证明当 n 元线性方程组(1) 的系数行列式 $D \neq 0$ 时，方程组有解.

用 D 中第 j 列元素的代数余子式 $A_{1j},A_{2j},\cdots,A_{nj}$ 分别乘 n 元线性方程组(1) 中各个方程的两边，然后将 n 个方程相加，有

$$(a_{11}A_{1j} + a_{21}A_{2j} + \cdots + a_{n1}A_{nj})x_1 + \cdots + (a_{1j}A_{1j} + a_{2j}A_{2j} + \cdots + a_{nj}A_{nj})x_j + \cdots +$$
$$(a_{1n}A_{1j} + a_{2n}A_{2j} + \cdots + a_{nn}A_{nj})x_n = b_1A_{1j} + b_2A_{2j} + \cdots + b_nA_{nj} \quad (3)$$

根据本章 §1.2 定理 1 及推论 1，在(3) 式中，方程左端各项除了未知数 x_j 的系数为 D 外，其余各项系数均为 0，而方程右端恰为 D_j 按第 j 列元素展开的结果，从而，有 $Dx_j = D_j$.

由题设 $D \neq 0$，故 $x_j = \frac{D_j}{D}(j = 1,2,\cdots,n)$，即

当 $D \neq 0$ 时，n 元线性方程组(1) 有解，且解可表示为 $x_j = \frac{D_j}{D}(j = 1,2,\cdots,n)$.

下面再证明表达式 $x_j = \frac{D_j}{D}(j = 1,2,\cdots,n)$，满足 n 元线性方程组(1). 为此，只需将 $x_j = \frac{D_j}{D}$ 代入线性方程组(1) 中的每个方程看两端是否相等. 验证过程较繁，故略去.

定理 1 说明了 n 元线性方程组(1) 只要满足系数行列式 $D \neq 0$，则其一定有解且解是唯一的.

例 1　用克莱姆法则解线性方程组$\begin{cases} x_2+x_3+x_4=1 \\ x_1+x_3+x_4=2 \\ x_1+x_2+x_4=3 \\ x_1+x_2+x_3=4 \end{cases}$.

解　$D=\begin{vmatrix} 0 & 1 & 1 & 1 \\ 1 & 0 & 1 & 1 \\ 1 & 1 & 0 & 1 \\ 1 & 1 & 1 & 0 \end{vmatrix} \xlongequal{c_1+c_2+c_3+c_4} \begin{vmatrix} 3 & 1 & 1 & 1 \\ 3 & 0 & 1 & 1 \\ 3 & 1 & 0 & 1 \\ 3 & 1 & 1 & 0 \end{vmatrix} \xlongequal[r_4-r_1]{r_2-r_1 \\ r_3-r_1} \begin{vmatrix} 3 & 1 & 1 & 1 \\ 0 & -1 & 0 & 0 \\ 0 & 0 & -1 & 0 \\ 0 & 0 & 0 & -1 \end{vmatrix} =-3$

$\neq 0$,

$$D_1=\begin{vmatrix} 1 & 1 & 1 & 1 \\ 2 & 0 & 1 & 1 \\ 3 & 1 & 0 & 1 \\ 4 & 1 & 1 & 0 \end{vmatrix} \xlongequal{c_1 \leftrightarrow c_4} (-1)\times \begin{vmatrix} 1 & 1 & 1 & 1 \\ 1 & 0 & 1 & 2 \\ 1 & 1 & 0 & 3 \\ 0 & 1 & 1 & 4 \end{vmatrix} \xlongequal[r_3-r_1]{r_2-r_1} (-1)\times \begin{vmatrix} 1 & 1 & 1 & 1 \\ 0 & -1 & 0 & 1 \\ 0 & 0 & -1 & 2 \\ 0 & 1 & 1 & 4 \end{vmatrix}$$

$$\xlongequal{r_4+r_2+r_3} (-1)\times \begin{vmatrix} 1 & 1 & 1 & 1 \\ 0 & -1 & 0 & 1 \\ 0 & 0 & -1 & 2 \\ 0 & 0 & 0 & 7 \end{vmatrix} =-7.$$

类似的，经计算可得

$$D_2=\begin{vmatrix} 0 & 1 & 1 & 1 \\ 1 & 2 & 1 & 1 \\ 1 & 3 & 0 & 1 \\ 1 & 4 & 1 & 0 \end{vmatrix} =-4, D_3=\begin{vmatrix} 0 & 1 & 1 & 1 \\ 1 & 0 & 2 & 1 \\ 1 & 1 & 3 & 1 \\ 1 & 1 & 4 & 0 \end{vmatrix} =-1, D_4=\begin{vmatrix} 0 & 1 & 1 & 1 \\ 1 & 0 & 1 & 2 \\ 1 & 1 & 0 & 3 \\ 1 & 1 & 1 & 4 \end{vmatrix} =2,$$

所以，$x_1=\dfrac{D_1}{D}=\dfrac{7}{3}, x_2=\dfrac{D_2}{D}=\dfrac{4}{3}, x_3=\dfrac{D_3}{D}=\dfrac{1}{3}, x_4=\dfrac{D_4}{D}=-\dfrac{2}{3}$.

定理 2　若 n 元齐次线性方程组(2)的系数行列式 $D\neq 0$，则方程组只有零解.

推论 1　若 n 元齐次线性方程组(2)有非零解，则它的系数行列式 $D=0$.

例 2　讨论齐次线性方程组$\begin{cases} 3x_1+5x_2-x_3=0 \\ -x_1+3x_2+2x_3=0 \\ 2x_1+x_2+x_3=0 \end{cases}$的解.

解　因为 $D=\begin{vmatrix} 3 & 5 & -1 \\ -1 & 3 & 2 \\ 2 & 1 & 1 \end{vmatrix} \xlongequal[r_3+r_1]{r_2+2r_1} \begin{vmatrix} 3 & 5 & -1 \\ 5 & 13 & 0 \\ 5 & 6 & 0 \end{vmatrix} =(-1)\begin{vmatrix} 5 & 13 \\ 5 & 6 \end{vmatrix} =35\neq 0$,

所以,该齐次线性方程组只有零解.

例 3　问 λ 为何值时，齐次线性方程组 $\begin{cases} x_1 + 2x_2 - 2x_3 = 0 \\ 3x_1 + x_2 - x_3 = 0 \\ 2x_1 - x_2 + \lambda x_3 = 0 \end{cases}$ 有非零解?

解　因为 $D = \begin{vmatrix} 1 & 2 & -2 \\ 3 & 1 & -1 \\ 2 & -1 & \lambda \end{vmatrix} \xlongequal[c_3 + 2c_1]{c_2 - 2c_1} \begin{vmatrix} 1 & 0 & 0 \\ 3 & -5 & 5 \\ 2 & -5 & \lambda + 4 \end{vmatrix} = \begin{vmatrix} -5 & 5 \\ -5 & \lambda + 4 \end{vmatrix} = -5(\lambda - 1)$,

根据本节推论 1,令 $D = 0$,即 $-5(\lambda - 1) = 0$,得 $\lambda = 1$.

所以当 $\lambda = 1$ 时,该齐次线性方程组有非零解.

例 4　求一个二次多项式 $f(x)$,使 $f(1) = 0, f(2) = 3, f(-3) = 28$.

解　设二次多项式为 $f(x) = a_0 + a_1 x + a_2 x^2$.

由题意,可得方程组

$$\begin{cases} a_0 + a_1 + a_2 = 0 \\ a_0 + 2a_1 + 4a_2 = 3 \\ a_0 - 3a_1 + 9a_2 = 28 \end{cases},$$

因为　$D = \begin{vmatrix} 1 & 1 & 1 \\ 1 & 2 & 4 \\ 1 & -3 & 9 \end{vmatrix} \xlongequal[r_3 - r_1]{r_2 - r_1} \begin{vmatrix} 1 & 1 & 1 \\ 0 & 1 & 3 \\ 0 & -4 & 8 \end{vmatrix} = \begin{vmatrix} 1 & 3 \\ -4 & 8 \end{vmatrix} = 20 \neq 0$,经计算可得

$$D_0 = \begin{vmatrix} 0 & 1 & 1 \\ 3 & 2 & 4 \\ 28 & -3 & 9 \end{vmatrix} = 20, D_1 = \begin{vmatrix} 1 & 0 & 1 \\ 1 & 3 & 4 \\ 1 & 28 & 9 \end{vmatrix} = -60, D_2 = \begin{vmatrix} 1 & 1 & 0 \\ 1 & 2 & 3 \\ 1 & -3 & 28 \end{vmatrix} = 40,$$

所以　$a_0 = \dfrac{D_0}{D} = 1, a_1 = \dfrac{D_1}{D} = -3, a_2 = \dfrac{D_2}{D} = 2$.

故所求二次多项式为 $f(x) = 1 - 3x + 2x^2$.

练习四

(A)

1. 用克莱姆法则解下列线性方程组:

(1) $\begin{cases} 2x_1 + 3x_2 + 5x_3 = 2 \\ x_1 + 2x_2 = 5 \\ 3x_2 + 5x_3 = 4 \end{cases}$;　　(2) $\begin{cases} x_1 + x_2 + x_3 + x_4 = 1 \\ 2x_1 + 3x_2 + 4x_3 + 5x_4 = 1 \\ 4x_1 + 9x_2 + 16x_3 + 25x_4 = 1 \\ 8x_1 + 27x_2 + 64x_3 + 125x_4 = 1 \end{cases}$.

2. 问 a_1,a_2,a_3 满足什么条件时，齐次线性方程组 $\begin{cases} x+a_1y+a_1^2z=0 \\ x+a_2y+a_2^2z=0 \\ x+a_3y+a_3^2z=0 \end{cases}$ 只有零解？

3. 问 λ 为何值时，齐次线性方程组 $\begin{cases} \lambda x+y+z=0 \\ x+\lambda y+z=0 \\ x+y+\lambda z=0 \end{cases}$ 有非零解？

(B)

1. 用克莱姆法则求解下列线性方程组：

(1) $\begin{cases} x_1-2x_2+4x_3=0 \\ 2x_1+2x_2-x_3=0 \\ 4x_1-2x_2+3x_3=0 \end{cases}$；　　(2) $\begin{cases} x=0.5x+0.3y+0.4z+10 \\ y=0.4x+0.5z+20 \\ z=0.2x+0.1y+12 \end{cases}$.

2. 问 λ 为何值时，齐次线性方程组 $\begin{cases} (1-\lambda)x_1-2x_2+4x_3=0 \\ 2x_1+(3-\lambda)x_2+x_3=0 \\ x_1+x_2+(1-\lambda)x_3=0 \end{cases}$ 有非零解？

3. 已知线性方程组 $\begin{cases} x_1+x_2+x_3=a+b+c \\ ax_1+bx_2+cx_3=a^2+b^2+c^2 \\ bcx_1+cax_2+abx_3=3abc \end{cases}$，试问常数 a,b,c 满足什么条件时，方程组有唯一解，并求出其唯一解.

4. 若曲线 $y=a_0+a_1x+a_2x^2+a_3x^3$ 通过四点 $(1,3)$、$(2,4)$、$(3,3)$、$(4,-3)$，求系数 a_0,a_1,a_2,a_3.

5. 某公司人员有主管与职员两类，其月薪分别为 5000 元与 2500 元，以前公司每月工资支出 6 万元，现在经营状况不佳，为将月工资支出减少到 3.8 万元，公司决定将主管月薪降至 4000 元，并裁减 $\frac{2}{5}$ 职员，问公司原有主管与职员各多少人？

【阅读材料一】　行列式的计算方法

一、利用行列式定义计算行列式

在计算 n 阶行列式 D_n 时，如果 $n=1,2,3$，即低阶行列式 D_n，它们可以直接根据定义计

算. 其中 $n=1$ 时,则按规定得 $D_1=|a_{11}|=a_{11}$,即一阶行列式等于其元素 a_{11};$n=2$ 或 $n=3$ 时,均可参考其主对角线或次对角线得出它们的结果,即

$$\begin{vmatrix} a_{11} & a_{12} \\ a_{21} & a_{22} \end{vmatrix} = a_{11}a_{22}-a_{12}a_{21},$$

$$\begin{vmatrix} a_{11} & a_{12} & a_{13} \\ a_{21} & a_{22} & a_{23} \\ a_{31} & a_{32} & a_{33} \end{vmatrix} = a_{11}a_{22}a_{33}+a_{12}a_{23}a_{31}+a_{13}a_{21}a_{32}-a_{13}a_{22}a_{31}-a_{12}a_{21}a_{33}-a_{11}a_{23}a_{32};$$

如果 $n \geqslant 4$,即高阶行列式,计算 D_n 一般不用行列式定义,往往通过其他途径来完成计算. 特殊的,当高阶行列式 D_n 中零元素相当多,而其展开式中非零的项又极少时,我们直接采用行列式定义来计算.

例 1 计算 $D_6=\begin{vmatrix} 6 & 0 & 0 & 0 & 0 & 6 \\ 0 & 5 & 0 & 0 & 5 & 0 \\ 0 & 0 & 4 & 4 & 0 & 0 \\ 0 & 3 & 3 & 0 & 0 & 0 \\ 2 & 2 & 0 & 0 & 0 & 0 \\ 0 & 0 & 0 & 0 & 1 & 1 \end{vmatrix}$.

解 根据行列式定义,D_6 展开式中唯有元素 $a_{11}a_{52}a_{43}a_{34}a_{25}a_{66}$ 及 $a_{16}a_{65}a_{22}a_{51}a_{43}a_{34}$ 连乘积不为 0,其余各项的元素连乘积均为 0,因此,行列式

$$D_6 = (-1)^{N(154326)+N(123456)}a_{11}a_{52}a_{43}a_{34}a_{25}a_{66} + (-1)^{N(162543)+N(652134)}a_{16}a_{65}a_{22}a_{51}a_{43}a_{34}$$
$$= 6!+(-1)6!=0.$$

二、利用行列式按某一行(列)展开计算行列式

在行列式计算中,可直接采用按某一行(列)展开法来计算行列式,但运算量较大,尤其是高阶行列式. 因此,计算行列式时,一般会先用行列式的性质将行列式中某一行(列)化为仅含有一个非零元素,再按此行(列)展开,转化为低一阶的行列式,如此反复直到化为三阶或二阶行列式.

例 1(解法二) 挑选 0 元素最多的一行或一列展开,根据需要可多次使用此方法.

$$D_6=\begin{vmatrix} 6 & 0 & 0 & 0 & 0 & 6 \\ 0 & 5 & 0 & 0 & 5 & 0 \\ 0 & 0 & 4 & 4 & 0 & 0 \\ 0 & 3 & 3 & 0 & 0 & 0 \\ 2 & 2 & 0 & 0 & 0 & 0 \\ 0 & 0 & 0 & 0 & 1 & 1 \end{vmatrix} = a_{11}\times\begin{vmatrix} 5 & 0 & 0 & 5 & 0 \\ 0 & 4 & 4 & 0 & 0 \\ 3 & 3 & 0 & 0 & 0 \\ 2 & 0 & 0 & 0 & 0 \\ 0 & 0 & 0 & 1 & 1 \end{vmatrix} + a_{16}\times(-1)\begin{vmatrix} 0 & 5 & 0 & 0 & 5 \\ 0 & 0 & 4 & 4 & 0 \\ 0 & 3 & 3 & 0 & 0 \\ 2 & 2 & 0 & 0 & 0 \\ 0 & 0 & 0 & 0 & 1 \end{vmatrix}$$

$$=6\times2\times(-1)\times\begin{vmatrix}0&0&5&0\\4&4&0&0\\3&0&0&0\\0&0&1&1\end{vmatrix}+6\times(-1)\times1\times\begin{vmatrix}0&5&0&0\\0&0&4&4\\0&3&3&0\\2&2&0&0\end{vmatrix}$$

$$=6\times2\times(-1)\times3\times\begin{vmatrix}0&5&0\\4&0&0\\0&1&1\end{vmatrix}+6\times(-1)\times1\times5\times(-1)\times\begin{vmatrix}0&4&4\\0&3&0\\2&0&0\end{vmatrix}=0.$$

例 1（解法三）　先使某一行或某一列元素尽可能变为0后，再按这一行或这一列展开，根据需要可反复使用此方法.

$$D_6=\begin{vmatrix}6&0&0&0&0&6\\0&5&0&0&5&0\\0&0&4&4&0&0\\0&3&3&0&0&0\\2&2&0&0&0&0\\0&0&0&0&1&1\end{vmatrix}\xlongequal{c_6-c_1}\begin{vmatrix}6&0&0&0&0&0\\0&5&0&0&5&0\\0&0&4&4&0&0\\0&3&3&0&0&0\\2&2&0&0&0&-2\\0&0&0&0&1&1\end{vmatrix}=6\times\begin{vmatrix}5&0&0&5&0\\0&4&4&0&0\\3&3&0&0&0\\2&0&0&0&-2\\0&0&0&1&1\end{vmatrix}$$

$$\xlongequal{c_4-c_1}6\times\begin{vmatrix}5&0&0&0&0\\0&4&4&0&0\\3&3&0&-3&0\\2&0&0&-2&-2\\0&0&0&1&1\end{vmatrix}=6\times5\times\begin{vmatrix}4&4&0&0\\3&0&-3&0\\0&0&-2&-2\\0&0&1&1\end{vmatrix}=0.$$

例 2　计算四阶行列式 $D_4=\begin{vmatrix}1&1&1&4\\1&1&3&1\\1&2&1&1\\1&1&1&1\end{vmatrix}$.

解　$$D_4=\begin{vmatrix}1&1&1&4\\1&1&3&1\\1&2&1&1\\1&1&1&1\end{vmatrix}\xlongequal[i=2,3,4]{r_i-r_1}\begin{vmatrix}1&1&1&4\\0&0&2&0\\0&1&0&-3\\0&0&0&-3\end{vmatrix}=\begin{vmatrix}0&2&0\\1&0&-3\\0&0&-3\end{vmatrix}=6.$$

三、利用上三角形行列式计算行列式

三角形行列式计算公式：

$$\begin{vmatrix} a_{11} & a_{12} & \cdots & a_{1n} \\ 0 & a_{22} & \cdots & a_{2n} \\ \cdots & \cdots & \cdots & \cdots \\ 0 & 0 & \cdots & a_{nn} \end{vmatrix} = a_{11}a_{22}\cdots a_{nn}，或 \begin{vmatrix} a_{11} & 0 & \cdots & 0 \\ a_{21} & a_{22} & \cdots & 0 \\ \cdots & \cdots & \cdots & \cdots \\ a_{n1} & a_{n2} & \cdots & a_{nn} \end{vmatrix} = a_{11}a_{22}\cdots a_{nn}.$$

由于行列式与其转置行列式值相等，因此计算行列式时，常用行列式的性质把行列式先转化为上三角形行列式，再求出其值. 一般说，行列式转化为上三角形行列式的步骤是：

1. 利用行列式性质先使 $a_{11} \neq 0$（最理想的使 $a_{11} = 1$ 或 $a_{11} = -1$），紧跟着利用行列式性质 $r_i + kr_1, i \geqslant 2$，使 a_{11} 所在列的其他元素化为零，即 $a_{i1} = 0, i \geqslant 2$.

2. 在保证第一步结果不变的前提下，再利用行列式性质使 $a_{22} \neq 0$（最理想的使 $a_{22} = 1$ 或 $a_{22} = -1$），紧跟着利用行列式性质 $r_i + kr_2, i \geqslant 3$，使 a_{22} 所在列的其他元素变成零，即 $a_{i1} = 0, i \geqslant 3$.

3. 同理，在保证第一步及第二步结果不变的前提下，继续使 $a_{33} \neq 0$（最理想使 $a_{33} = 1$ 或 $a_{33} = -1$），使 a_{33} 所在列的其他元素变成零，即 $a_{i1} = 0, i \geqslant 4$；…；如此反复，直至使原行列式转化为上三角形行列式，从而求出原行列式的值.

例 3 将行列式 $D_4 = \begin{vmatrix} 2 & -5 & 3 & 1 \\ 1 & 3 & -1 & 3 \\ 0 & 1 & 1 & -5 \\ -1 & -4 & 2 & -3 \end{vmatrix}$ 转化为三角形行列式，并求其值.

解 $D_4 = \begin{vmatrix} 2 & -5 & 3 & 1 \\ 1 & 3 & -1 & 3 \\ 0 & 1 & 1 & -5 \\ -1 & -4 & 2 & -3 \end{vmatrix} \xlongequal{r_1 \leftrightarrow r_2} (-1) \times \begin{vmatrix} 1 & 3 & -1 & 3 \\ 2 & -5 & 3 & 1 \\ 0 & 1 & 1 & -5 \\ -1 & -4 & 2 & -3 \end{vmatrix} \xlongequal[r_4 + r_1]{r_2 - 2r_1}$

$(-1) \times \begin{vmatrix} 1 & 3 & -1 & 3 \\ 0 & -11 & 5 & -5 \\ 0 & 1 & 1 & -5 \\ 0 & -1 & 1 & 0 \end{vmatrix} \xlongequal{r_2 \leftrightarrow r_4} \begin{vmatrix} 1 & 3 & -1 & 3 \\ 0 & -1 & 1 & 0 \\ 0 & 1 & 1 & -5 \\ 0 & -11 & 5 & -5 \end{vmatrix} \xlongequal[r_4 - 11r_2]{r_3 + r_2} \begin{vmatrix} 1 & 3 & -1 & 3 \\ 0 & -1 & 1 & 0 \\ 0 & 0 & 2 & -5 \\ 0 & 0 & -6 & -5 \end{vmatrix}$

$\xlongequal{r_4 + 3r_3} \begin{vmatrix} 1 & 3 & -1 & 3 \\ 0 & -1 & 1 & 0 \\ 0 & 0 & 2 & -5 \\ 0 & 0 & 0 & -20 \end{vmatrix}$

$= 1 \times (-1) \times 2 \times (-20) = 40.$

备注 从本例 3 的解题过程看，行列式转化为上三角形行列式，目标是使相应的行列式

中的主对角线元 $a_{ii}\neq 0$(最好使 $a_{ii}=1$ 或 $a_{ii}=-1$,这样后面计算简单),同时使 a_{ii} 正下方的元素全变为 0,其中 $i=1,2,\cdots,n$.

例 4　将行列式 $\begin{vmatrix}1&2&3&4\\2&3&4&1\\3&4&1&2\\4&1&2&3\end{vmatrix}$ 转化为三角形行列式,并求其值.

解　本行列式特征为:每行(列)元素之和相等,称它为等行(列)行列式.先利用行列式性质 $r_1+r_2+\cdots+r_n$(或 $c_1+c_2+\cdots+c_n$),可提取公因子 10,然后再使相应的行列式转化为上三角形行列式,并求出值.

$$\begin{vmatrix}1&2&3&4\\2&3&4&1\\3&4&1&2\\4&1&2&3\end{vmatrix}\xlongequal{c_1+c_2+c_3+c_4}\begin{vmatrix}10&2&3&4\\10&3&4&1\\10&4&1&2\\10&1&2&3\end{vmatrix}=10\times\begin{vmatrix}1&2&3&4\\1&3&4&1\\1&4&1&2\\1&1&2&3\end{vmatrix}$$

$$\xlongequal[i=2,3,4]{r_i-r_1}10\times\begin{vmatrix}1&2&3&4\\0&1&1&-3\\0&2&-2&-2\\0&-1&-1&-1\end{vmatrix}\xlongequal[r_4+r_2]{r_3-2r_2}10\times\begin{vmatrix}1&2&3&4\\0&1&1&-3\\0&0&-4&4\\0&0&0&-4\end{vmatrix}=160.$$

例 5　将行列式 $\begin{vmatrix}x&a_1&a_2&a_3&a_4\\a_1&x&a_2&a_3&a_4\\a_1&a_2&x&a_3&a_4\\a_1&a_2&a_3&x&a_4\\a_1&a_2&a_3&a_4&x\end{vmatrix}$ 转化为三角形行列式,并求其值.

解　本行列式每行元素之和相等.

$$\begin{vmatrix}x&a_1&a_2&a_3&a_4\\a_1&x&a_2&a_3&a_4\\a_1&a_2&x&a_3&a_4\\a_1&a_2&a_3&x&a_4\\a_1&a_2&a_3&a_4&x\end{vmatrix}\xlongequal{c_1+c_2+c_3+c_4}\left(x+\sum_{i=1}^{4}a_i\right)\begin{vmatrix}1&a_1&a_2&a_3&a_4\\1&x&a_2&a_3&a_4\\1&a_2&x&a_3&a_4\\1&a_2&a_3&x&a_4\\1&a_2&a_3&a_4&x\end{vmatrix}$$

$$\xlongequal[c_5-a_4c_1]{\substack{c_2-a_1c_1\\c_3-a_2c_1\\c_4-a_3c_1}}\left(x+\sum_{i=1}^{4}a_i\right)\begin{vmatrix}1&0&0&0&0\\1&x-a_1&0&0&0\\1&a_2-a_1&x-a_2&0&0\\1&a_2-a_1&a_3-a_2&x-a_3&0\\1&a_2-a_1&a_3-a_2&a_4-a_3&x-a_4\end{vmatrix}=\left(x+\sum_{i=1}^{4}a_i\right)\prod_{i=1}^{4}(x-a_i).$$

四、利用范德蒙德行列式计算行列式

范德蒙德行列式计算公式：$D_n=\begin{vmatrix}1&1&1&\cdots&1\\x_1&x_2&x_3&\cdots&x_n\\x_1^2&x_2^2&x_3^2&\cdots&x_n^2\\\cdots&\cdots&\cdots&\cdots&\cdots\\x_1^{n-1}&x_2^{n-1}&x_3^{n-1}&\cdots&x_n^{n-1}\end{vmatrix}=\prod_{1\leqslant i<j\leqslant n}(x_j-x_i).$

在计算行列式中，若相应的行列式可转化为范德蒙德行列式，则可直接套用其结论.

例 6 计算行列式$\begin{vmatrix}1&1&a+b+c\\a&b&a^2+b^2+c^2\\bc&ca&3abc\end{vmatrix}$，其中 $abc\neq 0$.

解 $\begin{vmatrix}1&1&a+b+c\\a&b&a^2+b^2+c^2\\bc&ca&3abc\end{vmatrix}\xlongequal{c_3-ac_1-bc_2}\begin{vmatrix}1&1&c\\a&b&c^2\\bc&ca&abc\end{vmatrix}\xlongequal[bc_2]{ac_1}\frac{1}{ab}\times\begin{vmatrix}a&b&c\\a^2&b^2&c^2\\abc&abc&abc\end{vmatrix}$

$=c\times\begin{vmatrix}a&b&c\\a^2&b^2&c^2\\1&1&1\end{vmatrix}\xlongequal{c_3\leftrightarrow c_2}c\times(-1)\times\begin{vmatrix}a&b&c\\1&1&1\\a^2&b^2&c^2\end{vmatrix}\xlongequal{c_1\leftrightarrow c_2}c\times\begin{vmatrix}1&1&1\\a&b&c\\a^2&b^2&c^2\end{vmatrix}$

$=c(c-b)(c-a)(b-a).$

五、综合运用行列式性质计算行列式

行列式计算方法非常灵活，如果能综合运用行列式的有关性质，则能大大减少计算量.

例 7 计算五阶行列式 $D_5=\begin{vmatrix}1-a&a&0&0&0\\-1&1-a&a&0&0\\0&-1&1-a&a&0\\0&0&-1&1-a&a\\0&0&0&-1&1-a\end{vmatrix}$.

解　先将行列式 D_5 按第 5 列拆开，

$$D_5=\begin{vmatrix}1-a&a&0&0&0\\-1&1-a&a&0&0\\0&-1&1-a&a&0\\0&0&-1&1-a&a\\0&0&0&-1&1-a\end{vmatrix}$$

$$=\begin{vmatrix}1-a&a&0&0&0\\-1&1-a&a&0&0\\0&-1&1-a&a&0\\0&0&-1&1-a&a\\0&0&0&-1&-a\end{vmatrix}+\begin{vmatrix}1-a&a&0&0&0\\-1&1-a&a&0&0\\0&-1&1-a&a&0\\0&0&-1&1-a&0\\0&0&0&-1&1\end{vmatrix},$$

将右端第一个行列式做如下处理：先 r_4+r_5，再 r_3+r_4，…，最后 r_1+r_2，可得结果

$$\begin{vmatrix}1-a&a&0&0&0\\-1&1-a&a&0&0\\0&-1&1-a&a&0\\0&0&-1&1-a&a\\0&0&0&-1&-a\end{vmatrix}=\begin{vmatrix}-a&0&0&0&0\\-1&-a&0&0&0\\0&-1&-a&0&0\\0&0&-1&-a&0\\0&0&0&-1&-a\end{vmatrix}=(-1)^5a^5;$$

将右端第二个行列式按最后一列展开，可得其值

$$\begin{vmatrix}1-a&a&0&0&0\\-1&1-a&a&0&0\\0&-1&1-a&a&0\\0&0&-1&1-a&0\\0&0&0&-1&1\end{vmatrix}=\begin{vmatrix}1-a&a&0&0\\-1&1-a&a&0\\0&-1&1-a&a\\0&0&-1&1-a\end{vmatrix}=D_4.$$

于是，推得 $D_5=(-1)^5a^5+D_4$.

同理，可得 $D_4=(-1)^4a^4+D_3$，$D_3=(-1)^3a^3+D_2$，

$D_2=(-1)^2a^2+D_1=(-1)^2a^2+(1-a)$，

所以，$D_5=1-a+a^2-a^3+a^4-a^5$.

本章小结

一、本章内容

本章的内容包括二阶、三阶行列式，n 阶行列式，行列式的性质和克莱姆法则等四个部分.

1.“二阶、三阶行列式”部分介绍了相应的定义、低阶行列式的对角线展开法，应用行列式解线性方程组，概括了行列式展开原则.

2.“n 阶行列式”部分介绍了它的定义，给出了行列式元素的余子式及代数余子式，介绍了行列式按一行(列)展开定理及它在高阶行列式计算中的应用.

3.“行列式的性质”部分介绍了转置行列式及行列式的三种变换概念和记号，概括了行列式运算中所具有的规律，还介绍了特殊行列式如三角形行列式和范德蒙德行列式的计算公式.

4.“克莱姆法则”部分介绍了应用行列式求解线性方程组的条件及结论.

二、学习建议

1. 熟记二阶、三阶行列式的对角线展开法，提高低阶行列式的计算准确度.

2. 熟记行列式的性质，尤其利用性质先使行列式中的某些元素转化为 0，可简化行列式的计算.

3. 高阶行列式的计算应充分运用行列式的性质及行列式按一行(列)展开定理，可降低计算难度.

4. 应用行列式求解线性方程组时，要熟记克莱姆法则的结论及使用范围.

三、本章重点

二阶、三阶行列式的计算；行列式元素的余子式及代数余子式；行列式按一行(列)展开定理；行列式的性质；三角形行列式、范德蒙德行列式的结论；克莱姆法则的应用.

复习题一

一、填空题

1. 三阶行列式$\begin{vmatrix} a & 0 & 0 \\ 0 & 0 & b \\ 0 & c & 0 \end{vmatrix}=$________.

2. 三级排列 231 的逆序数是________,它是________排列.

3. 六级排列 342651 的逆序数是________,它是________排列.

4. 五阶行列式 D 中,项 $a_{32}a_{51}a_{43}a_{25}a_{14}$ 前面应取________号.

5. 设$\begin{vmatrix} a_{11} & a_{12} & a_{13} \\ a_{21} & a_{22} & a_{23} \\ a_{31} & a_{32} & a_{33} \end{vmatrix}=1$,则$\begin{vmatrix} 2a_{11} & -4a_{12} & 2a_{13} \\ a_{21} & -2a_{22} & a_{23} \\ a_{31} & -2a_{32} & a_{33} \end{vmatrix}=$________.

6. 如果三阶行列式$\begin{vmatrix} a_{11} & a_{12} & a_{13} \\ a_{21} & a_{22} & a_{23} \\ a_{31} & a_{32} & a_{33} \end{vmatrix}=1$,则$\begin{vmatrix} a_{11} & 2a_{12} & a_{13}+3a_{11} \\ a_{21} & 2a_{22} & a_{23}+3a_{21} \\ a_{31} & 2a_{32} & a_{33}+3a_{31} \end{vmatrix}=$________.

7. $\begin{vmatrix} 2a_1 & 2a_2 & 2a_3 \\ -2b_1 & -2b_2 & -2b_3 \\ c_1 & c_2 & c_3 \end{vmatrix}=$________$\begin{vmatrix} a_2 & a_3 & a_1 \\ b_2 & b_3 & b_1 \\ c_2 & c_3 & c_1 \end{vmatrix}$.

8. $\begin{vmatrix} x_1 & x_2 & x_3 \\ y_1 & y_2 & y_3 \\ z_1 & z_2 & z_3 \end{vmatrix}=$________$\begin{vmatrix} y_1 & x_1 & z_1 \\ y_2 & x_2 & z_2 \\ y_3 & x_3 & z_3 \end{vmatrix}$.

9. 设 $D=\begin{vmatrix} 5 & 2 & -1 \\ 2 & 0 & 0 \\ -2 & 4 & 1 \end{vmatrix}$,则 $-2A_{31}+4A_{32}+A_{33}=$________;$5A_{31}+2A_{32}-A_{33}=$________.

10. 已知四阶行列式 D 中的第二行的元素依次为 $1,-2,3,1$,它们的代数余子式分别为 $3,4,2,1$,则 $D=$________.

11. 设 D 为一个三阶行列式,第 3 列元素分别为 $-2,3,1$,其余子式分别为 $9,6,24$,则 D

$=$ ________.

12. 已知四阶行列式 D 中的第 3 列的元素依次为 1,3,2,1,它们的余子式分别为 4,7,8,5,则 $D=$ ________.

13. 已知三阶行列式 $D=\begin{vmatrix}1 & -2 & 1\\0 & 3 & 0\\3 & 1 & 2\end{vmatrix}$,元素 a_{21} 的余子式是 $M_{21}=$ ________,代数余子式 $A_{21}=$ ________.

14. 已知 $D=\begin{vmatrix}4 & 2 & 1\\1 & 3 & 2\\3 & 1 & 4\end{vmatrix}$,则元素 a_{23} 的代数余子式 $A_{23}=$ ________.

15. 行列式 $\begin{vmatrix}2 & 1 & 3\\x & y & z\\1 & 3 & 2\end{vmatrix}$ 中元素 x 的系数是________.

16. 设 $D=\begin{vmatrix}-1 & 1 & 1\\1 & -1 & x\\1 & 1 & 1\end{vmatrix}$ 是关于 x 的一次多项式,一次项 x 的系数是________.

17. 已知 $D=\begin{vmatrix}1 & 1 & 2 & 3\\0 & 4-x^2 & 2 & 3\\0 & 0 & 1 & 3\\0 & 0 & 0 & 1\end{vmatrix}=0$,则 $x=$ ________.

18. 四阶行列式 $D=\begin{vmatrix}1 & 0 & 0 & 0\\0 & 0 & -2 & 0\\0 & 3 & 0 & 2\\0 & 0 & 0 & -1\end{vmatrix}=$ ________.

19. n 阶行列式 $\begin{vmatrix}-a & 0 & \cdots & 0\\0 & -a & \cdots & 0\\\vdots & \vdots & & \vdots\\0 & 0 & \cdots & -a\end{vmatrix}=$ ________.

20. 五阶行列式 $\begin{vmatrix}0 & 1 & 0 & 0 & 0\\0 & 0 & 1 & 0 & 0\\0 & 0 & 0 & 1 & 0\\0 & 0 & 0 & 0 & 1\\1 & 0 & 0 & 0 & 0\end{vmatrix}=$ ________.

21. n 阶行列式 $\begin{vmatrix} a-b & b & b & \cdots & b \\ 0 & a-b & b & \cdots & b \\ \vdots & \vdots & \vdots & & \vdots \\ 0 & 0 & 0 & 0 & a-b \end{vmatrix} =$ ________.

22. 行列式 $\begin{vmatrix} -1 & 0 & 1 \\ k & 0 & -2 \\ 1 & 2 & 3 \end{vmatrix} \neq 0$，则 k 为________.

23. 已知行列式 $D=2$，则 $3D^{\mathrm{T}} =$ ________.

24. 行列式 $D = \begin{vmatrix} 1 & 2 & 3 & \cdots & n \\ 0 & 2 & 3 & \cdots & n \\ \vdots & \vdots & \vdots & & \vdots \\ 0 & 0 & 0 & \cdots & n \end{vmatrix} =$ ________.

25. 行列式 $D = \begin{vmatrix} 1-x & 0 & \cdots & 0 \\ 0 & 2-x & \cdots & 0 \\ \vdots & \vdots & & \vdots \\ 0 & 0 & \cdots & n-x \end{vmatrix} =$ ________.

26. 设 $D = \begin{vmatrix} a_1 & a_2 & a_3 \\ b_1 & b_2 & b_3 \\ c_1 & c_2 & c_3 \end{vmatrix} = 2$，则 $D_1 = \begin{vmatrix} a_1 & a_2 & a_3 \\ 3a_1-b_1 & 3a_2-b_2 & 3a_3-b_3 \\ c_1 & c_2 & c_3 \end{vmatrix} =$ ________.

27. 已知 $D = \begin{vmatrix} 0 & 0 & 0 & 1 \\ 0 & 0 & a & 0 \\ 0 & 2 & 0 & 0 \\ 3 & 0 & 0 & a \end{vmatrix} = 1$，则 $a =$ ________.

28. 已知 $D = \begin{vmatrix} 0 & 0 & 3 & 0 \\ 1 & 0 & 0 & 0 \\ 0 & -2 & 0 & 0 \\ 2 & 0 & 0 & a \end{vmatrix} = 24$，则 $a =$ ________.

29. 齐次线性方程组 $\begin{cases} x_1 - x_3 = 0 \\ -2x_1 - kx_3 = 0 \\ 3x_1 + 2x_2 + x_3 = 0 \end{cases}$ 有非零解，则 $k =$ ________.

30. 设齐次线性方程组 $\begin{cases} x_1 + x_2 + x_3 = 0 \\ ax_1 + bx_2 + cx_3 = 0 \\ a^2x_1 + b^2x_2 + c^2x_3 = 0 \end{cases}$，则当 a,b,c 满足__________时，方程组仅有零解.

二、选择题

1. 若 $a_{24}a_{1l}a_{45}a_{3k}a_{51}$ 是五阶行列式的一项，则 k,l 的值及该项符号为(　　).

A. $k=2,l=3,+$　　B. $k=3,l=2,-$

C. $k=2,l=3,-$　　D. $k=3,l=2,+$

2. 若 $a_{21}a_{4m}a_{53}a_{1l}a_{34}$ 是五阶行列式的一项，则 l,m 的值及该项符号为(　　).

A. $l=2,m=5,+$　　B. $l=5,m=2,-$

C. $l=2,m=5,-$　　D. $l=5,m=2,+$

3. 如果三阶行列式 $\begin{vmatrix} a_1 & a_2 & a_3 \\ b_1 & b_2 & b_3 \\ c_1 & c_2 & c_3 \end{vmatrix} = 1$，则 $\begin{vmatrix} 3a_1 & 4a_2-6a_1 & a_3+2a_2 \\ 3b_1 & 4b_2-6b_1 & b_3+2b_2 \\ 3c_1 & 4c_2-6c_1 & c_3+2c_2 \end{vmatrix}$ (　　).

A. 8　　B. -18　　C. 12　　D. 6

4. 若 $\begin{vmatrix} x_1 & x_2 & x_3 \\ 3y_1-2x_1 & 3y_2-2x_2 & 3y_3-2x_3 \\ z_1 & z_2 & z_3 \end{vmatrix} = 6$，则 $\begin{vmatrix} x_1 & x_2 & x_3 \\ y_1 & y_2 & y_3 \\ z_1 & z_2 & z_3 \end{vmatrix} =$ (　　).

A. 3　　B. -3　　C. -2　　D. 2

5. 行列式 $\begin{vmatrix} 0 & 0 & 0 & 1 \\ 0 & 0 & a & 0 \\ 0 & 2 & 0 & 0 \\ 1 & 0 & 0 & a \end{vmatrix} = -1$，则 $a=$ (　　).

A. $\frac{1}{2}$　　B. -1　　C. $-\frac{1}{2}$　　D. 1

6. 已知 $A = \begin{vmatrix} -1 & 0 & x & 1 \\ 1 & 1 & -1 & -1 \\ 1 & -1 & 1 & -1 \\ 1 & -1 & -1 & 1 \end{vmatrix}$，则 A 中一次项 x 的系数是(　　).

A. 1　　B. -1　　C. 4　　D. -4

7. 下列行列式的值必为零的是(　　).

A. $\begin{vmatrix} 0 & 0 & a_3 & 0 \\ 0 & 0 & 0 & b_4 \\ c_1 & 0 & 0 & 0 \\ 0 & d_2 & 0 & 0 \end{vmatrix}$　　B. $\begin{vmatrix} a_1 & a_2 & a_3 & a_4 \\ b_1 & b_2 & b_3 & b_4 \\ 0 & 0 & 0 & 0 \\ c_1 & c_2 & c_3 & c_4 \end{vmatrix}$

C. $\begin{vmatrix} a_1 & a_2 & a_3 & a_4 \\ b_1 & b_2 & b_3 & b_4 \\ c_1 & c_2 & c_3 & c_4 \\ 2b_1 & 2b_2 & 2b_3 & 2b_4 \end{vmatrix}$　　D. $\begin{vmatrix} a_1 & 0 & 0 & a_4 \\ 0 & 0 & b_3 & 0 \\ 0 & c_3 & 0 & 0 \\ d_1 & 0 & 0 & 0 \end{vmatrix}$

8. 四阶行列式 $\begin{vmatrix} 0 & 1 & 2 & 0 \\ 1 & 0 & 0 & 2 \\ 2 & 0 & 0 & 1 \\ 0 & 2 & 1 & 0 \end{vmatrix} =$ (　　).

A. 15　　B. -15　　C. 9　　D. -9

9. 二阶行列式 $\begin{vmatrix} 1 & \log_a b \\ \log_b a & 1 \end{vmatrix} =$ (　　).

A. 1　　B. 0　　C. 2　　D. -2

10. 二阶行列式 $\begin{vmatrix} a_{11} & a_{12} \\ a_{21} & a_{22} \end{vmatrix}$ 的元素 a_{21} 的代数余子式 $A_{21} =$ (　　).

A. a_{12}　　B. $-a_{12}$　　C. a_{22}　　D. $-a_{22}$

11. 已知 A 是三阶矩阵，$|A| = 1$，则 $|2A| =$ (　　).

A. -2　　B. 2　　C. -8　　D. 8

12. 四阶行列式 $\begin{vmatrix} a_1 & 0 & 0 & 0 \\ 0 & a_2 & b_2 & 0 \\ 0 & b_1 & a_3 & 0 \\ 0 & 0 & 0 & a_4 \end{vmatrix} =$ (　　).

A. $a_1a_2a_3a_4$　　B. $a_1a_2a_3a_4 - b_1b_2$

C. $a_1a_2a_3a_4 - a_1a_4b_1b_2$　　D. $a_1b_1b_2a_4 - a_1a_2$

三、计算题

1. 计算下列行列式：

(1) $\begin{vmatrix} 2 & 1 \\ -2 & 3 \end{vmatrix}$；　　(2) $\begin{vmatrix} 1 & 2 & 3 \\ 3 & 1 & 2 \\ 2 & 3 & 1 \end{vmatrix}$；

(3) $\begin{vmatrix} 2 & -4 & 0 \\ 3 & -6 & 1 \\ 4 & -8 & 0 \end{vmatrix}$；　　(4) $\begin{vmatrix} 1 & 1 & 1 \\ a & b & c \\ a^2 & b^2 & c^2 \end{vmatrix}$；

(5) $\begin{vmatrix} 0 & 0 & 0 & 4 \\ 1 & 0 & 0 & 0 \\ 0 & 2 & 0 & 0 \\ 0 & 0 & 3 & 0 \end{vmatrix}$；　　(6) $\begin{vmatrix} 0 & 0 & 0 & a \\ 0 & 0 & b & 0 \\ 0 & c & 0 & 0 \\ d & 0 & 0 & 0 \end{vmatrix}$.

2.证明：

(1) $\begin{vmatrix} a_1+kb_1 & b_1+c & c_1 \\ a_2+kb_2 & b_2+c_2 & c_2 \\ a_3+kb_3 & b_3+c_3 & c_3 \end{vmatrix} = \begin{vmatrix} a_1 & b_1 & c_1 \\ a_2 & b_2 & c_2 \\ a_3 & b_3 & c_3 \end{vmatrix}$；

(2) $\begin{vmatrix} b_1+c_1 & c_1+a_1 & a_1+b_1 \\ b_2+c_2 & c_2+a_2 & a_2+b_2 \\ b_3+c_3 & c_3+a_3 & a_3+b_3 \end{vmatrix} = 2\begin{vmatrix} a_1 & b_1 & c_1 \\ a_2 & b_2 & c_2 \\ a_3 & b_3 & c_3 \end{vmatrix}$；

(3) $\begin{vmatrix} a^2 & ab & b^2 \\ 2a & a+b & 2b \\ 1 & 1 & 1 \end{vmatrix} = (a-b)^3$

(4) $\begin{vmatrix} y+z & z+x & x+y \\ x+y & y+z & z+x \\ z+x & x+y & y+z \end{vmatrix} = 2\begin{vmatrix} x & y & z \\ z & x & y \\ y & z & x \end{vmatrix}$.

3.已知行列式 $D = \begin{vmatrix} -3 & 0 & 4 \\ 5 & 0 & 3 \\ 2 & -2 & 1 \end{vmatrix}$，求行列式 D 中元素 2 和 -2 的代数余子式.

4.设四阶行列式 D 的第 3 列元素分别为 $-2,2,0,1$，相应的余子式依次为 $5,3,-7,4$，求 D 的值.

5.求下列排序的逆序数：

(1)21354；

(2)6731254；

(3)$n(n-1)(n-2)\cdots21$.

6.下列各元素乘积是六阶行列式的项,应取什么符号?

(1)$a_{11}a_{26}a_{32}a_{44}a_{53}a_{65}$;

(2)$a_{21}a_{53}a_{16}a_{42}a_{65}a_{34}$;

(3)$a_{51}a_{32}a_{13}a_{44}a_{65}a_{26}$.

7.选择 k,l,使 $a_{13}a_{2k}a_{34}a_{4l}$ 是四阶行列式中带负号的项.

8.当 a 为何值时,

(1)$\begin{vmatrix} a & 5 & 4 \\ 1 & a & 0 \\ 0 & a & 1 \end{vmatrix} = 0$;　　(2)$\begin{vmatrix} 2 & 1 & a \\ 1 & a & 0 \\ 1 & 0 & a \end{vmatrix} \neq 0$.

9.计算下列行列式:

(1)$\begin{vmatrix} 1 & 1 & 1 & 1 \\ -1 & 1 & 1 & 1 \\ -1 & -1 & 1 & 1 \\ -1 & -1 & -1 & 1 \end{vmatrix}$;

(2)$\begin{vmatrix} 1 & 2 & 3 & 4 \\ 2 & 3 & 4 & 1 \\ 3 & 4 & 1 & 2 \\ 4 & 1 & 2 & 3 \end{vmatrix}$;

(3)$\begin{vmatrix} 1 & 1 & 1 & 1 \\ 1 & 2 & 1 & 1 \\ 1 & 1 & 3 & 1 \\ 1 & 1 & 1 & 4 \end{vmatrix}$;

(4)$\begin{vmatrix} 1 & 1 & 1 & 1 \\ 1 & 2 & 3 & 4 \\ 1 & 3 & 6 & 10 \\ 1 & 4 & 10 & 20 \end{vmatrix}$;

(5)$\begin{vmatrix} 2 & 1 & 3 & 7 \\ 1 & 0 & -1 & 2 \\ -3 & 1 & -1 & 1 \\ 1 & 1 & 3 & 2 \end{vmatrix}$;

(6)$\begin{vmatrix} x & y & x+y \\ y & x+y & x \\ x+y & x & y \end{vmatrix}$;

(7) $\begin{vmatrix} 0 & 1 & 2 & -1 & 4 \\ -1 & 4 & 4 & 2 & 6 \\ 3 & 3 & 1 & 2 & 1 \\ 2 & 1 & 0 & 3 & 5 \\ -1 & 3 & 5 & 1 & 2 \end{vmatrix}$.

10. 化下列行列式为三角形行列式，然后计算：

(1) $\begin{vmatrix} -2 & 2 & 4 & 0 \\ 4 & -1 & 3 & 5 \\ 3 & 1 & -2 & -3 \\ 2 & 0 & 5 & 1 \end{vmatrix}$；

(2) $\begin{vmatrix} 0 & 4 & 5 & -1 & 2 \\ -5 & 0 & 2 & 0 & 1 \\ 7 & 2 & 0 & 3 & -4 \\ -3 & 1 & -1 & -5 & 0 \\ 2 & -3 & 0 & 1 & 3 \end{vmatrix}$；

(3) $\begin{vmatrix} 1 & 2 & 2 & \cdots & 2 \\ 2 & 2 & 2 & \cdots & 2 \\ 2 & 2 & 3 & \cdots & 2 \\ \vdots & \vdots & \vdots & & \vdots \\ 2 & 2 & 2 & \cdots & n \end{vmatrix}$；

(4) $\begin{vmatrix} 1 & 2 & 3 & \cdots & n \\ -1 & 0 & 3 & \cdots & n \\ -1 & -2 & 0 & \cdots & n \\ \vdots & \vdots & \vdots & & \vdots \\ -1 & -2 & -3 & \cdots & 0 \end{vmatrix}$；

(5) $\begin{vmatrix} 0 & 1 & 2 & 3 \\ 1 & 2 & 3 & 0 \\ 2 & 3 & 0 & 1 \\ 3 & 0 & 1 & 2 \end{vmatrix}$；

(6) $\begin{vmatrix} x-1 & 2 & 3 & \cdots & n \\ 1 & x-2 & 1 & \cdots & 1 \\ 1 & 1 & x-3 & \cdots & 1 \\ \vdots & \vdots & \vdots & & \vdots \\ 1 & 1 & 1 & \cdots & x-n \end{vmatrix}$.

11. 计算下列行列式：

(1) $\begin{vmatrix} a & b & 0 & \cdots & 0 & 0 \\ 0 & a & b & \cdots & 0 & 0 \\ \vdots & \vdots & \vdots & & \vdots & \vdots \\ 0 & 0 & 0 & \cdots & a & b \\ b & 0 & 0 & \cdots & 0 & a \end{vmatrix}$；

(2) $\begin{vmatrix} a_1 & b_1 & 0 & \cdots & 0 & 0 \\ 0 & a_2 & b_2 & \cdots & 0 & 0 \\ \vdots & \vdots & \vdots & & \vdots & \vdots \\ 0 & 0 & 0 & \cdots & a_{n-1} & b_{n-1} \\ b_n & 0 & 0 & \cdots & 0 & a_n \end{vmatrix}$；

(3) $\begin{vmatrix} 1 & 2 & 2 & \cdots & 2 \\ 2 & 2 & 2 & \cdots & 2 \\ \vdots & \vdots & \vdots & & \vdots \\ 2 & 2 & 2 & \cdots & n \end{vmatrix}$；

(4) $\begin{vmatrix} 1 & a_1 & a_2 & \cdots & a_n \\ 1 & a_1+b_1 & a_2 & \cdots & a_n \\ a & a_1 & a_2+b_2 & \cdots & a_n \\ \vdots & \vdots & \vdots & & \vdots \\ 1 & a_1 & a_2 & \cdots & a_n+b_n \end{vmatrix}$；

(5) $\begin{vmatrix} x & a & a & \cdots & a \\ a & x & a & \cdots & a \\ a & a & x & \cdots & a \\ \vdots & \vdots & \vdots & & \vdots \\ a & a & a & \cdots & x \end{vmatrix}$；

(6) $\begin{vmatrix} 1+a_1 & 1 & 1 & \cdots & 1 & 1 \\ 1 & 1+a_2 & 1 & \cdots & 1 & 1 \\ \vdots & \vdots & \vdots & & \vdots & \vdots \\ 1 & 1 & 1 & \cdots & 1 & 1+a_n \end{vmatrix}$.

12. 解以下方程：

(1) $\begin{vmatrix} 3 & 1 & x \\ 4 & x & 0 \\ 1 & 0 & x \end{vmatrix}=0$；

(2) $\begin{vmatrix} 1 & 1 & 2 & 3 \\ 1 & 2-x^2 & 2 & 3 \\ 2 & 3 & 1 & 5 \\ 2 & 3 & 1 & 9-x^2 \end{vmatrix}=0$.

13. 用克莱姆法则解下列方程组：

(1) $\begin{cases} 5x_1-7x_2=1 \\ x_1-2x_2=0 \end{cases}$

(2) $\begin{cases} 3x_1-x_2=-4 \\ x_1+2x_2=1 \end{cases}$

(3) $\begin{cases} x_1+x_2-2x_3=-3 \\ 5x_1-2x_2+7x_3=22 \\ 2x_1-5x_2+4x_3=4 \end{cases}$

(4) $\begin{cases} x_1+2x_2+4x_3=31 \\ 5x_1+x_2+2x_3=29 \\ 3x_1-x_2+x_3=10 \end{cases}$

(5) $\begin{cases} 2x_1+4x_2+x_3=1 \\ x_1+5x_2+2x_3=2 \\ x_1+x_2+x_3=-1 \end{cases}$

14. 判断齐次线性方程组$\begin{cases} 2x_1+2x_2-x_3=0 \\ x_1-2x_2+4x_3=0 \\ 5x_1+8x_2-2x_3=0 \end{cases}$是否仅有零解.

15. 若齐次线性方程组有非零解，k 应取何值？

(1)$\begin{cases} kx+y+z=0 \\ x+ky-z=0 \\ 2x-y+z=0 \end{cases}$

(2)$\begin{cases} x_1+kx_2+x_3=0 \\ x_1-x_2+x_3=0 \\ kx_1+x_2+2x_3=0 \end{cases}$

(3)$\begin{cases} kx_1+x_2+5x_3=0 \\ x_1+kx_2+x_3=0 \\ x_1+x_2+kx_3=0 \end{cases}$

(4)$\begin{cases} (k+2)x_1-x_2+4x_4=0 \\ kx_1+x_4=0 \\ x_1+2x_2-x_4=0 \\ 2x_1+x_2+3x_3+kx_4=0 \end{cases}$

16. k 取什么值时，齐次线性方程组仅有零解.

(1)$\begin{cases} kx+y-z=0 \\ x+ky-z=0 \\ 2x-y+z=0 \end{cases}$

(2)$\begin{cases} kx_1+x_2+x_3=0 \\ kx_1+3x_2-x_3=0 \\ -x_2+kx_3=0 \end{cases}$

17. a,b 为何值时，齐次线性方程组$\begin{cases} ax_1+x_2+x_3=0 \\ x_1+bx_2+x_3=0 \\ x_1+2bx_2+x_3=0 \end{cases}$有非零解？

自测题一

一、选择题(每题 3 分，共 18 分)

1. λ 的三次方程 $D=\begin{vmatrix} \lambda-1 & 2 & -2 \\ 2 & \lambda-4 & 4 \\ -2 & 4 & \lambda-4 \end{vmatrix}=0$ 的三个根为(　　).

A. 0,1,9；　　B. 0,0,9；　　C. −1,1,9；　　D. 0,2,9.

2. 线性方程组$\begin{cases}x+y+z=0\\2x-5y-3z=10\\4x+8y+2z=4\end{cases}$的解为(　　).

A. $x=2,y=0,z=-2$；　　B. $x=-2,y=2,z=0$；

C. $x=0,y=2,z=-2$；　　D. $x=1,y=0,z=-1$.

3. 三阶行列式$|a_{ij}|=\begin{vmatrix}0&-1&1\\1&0&-1\\-1&1&0\end{vmatrix}$中元素 a_{21} 的代数余子式 $A_{21}=$(　　).

A. −2；　　B. −1；　　C. 1；　　D. 2.

4. 设行列式$\begin{vmatrix}a_{11}&a_{12}&a_{13}\\a_{21}&a_{22}&a_{23}\\a_{31}&a_{32}&a_{33}\end{vmatrix}=3$，则$\begin{vmatrix}3a_{11}&3a_{12}&3a_{13}\\3a_{31}&3a_{32}&3a_{33}\\3a_{21}&3a_{22}&3a_{23}\end{vmatrix}=$(　　).

A. −81；　　B. −9；　　C. 9；　　D. 81.

5. 设三阶行列式$\begin{vmatrix}\lambda&1&1\\2&-4&\mu\\-1&2&\mu\end{vmatrix}\neq 0$，则(　　).

A. $\mu\neq 0$；　　B. $\lambda\neq-\frac{1}{2}$；

C. $\lambda\neq-\frac{1}{2}$ 且 $\mu\neq 0$；　　D. $\lambda\neq-\frac{1}{2}$ 或 $\mu\neq 0$.

6. 设 a,b,c,d 为常数，则下列等式成立的是(　　).

A. $\begin{vmatrix}a&b\\c&d\end{vmatrix}=-\begin{vmatrix}a&c\\b&d\end{vmatrix}$；

B. $\begin{vmatrix}a+b&1\\c+d&1\end{vmatrix}=\begin{vmatrix}a&1\\d&1\end{vmatrix}+\begin{vmatrix}b&1\\c&1\end{vmatrix}$；

C. $\begin{vmatrix}2a&2b\\2c&2d\end{vmatrix}=2\begin{vmatrix}a&b\\c&d\end{vmatrix}$；

D. $\begin{vmatrix}a+b&1\\c+d&1\end{vmatrix}=\begin{vmatrix}a&1\\d&1\end{vmatrix}+\begin{vmatrix}b&0\\c&0\end{vmatrix}$.

二、填空题(每题 3 分,共 18 分)

1. 已知行列式 $\begin{vmatrix} a & 2 & 1 \\ 2 & 3 & 0 \\ 1 & -1 & 1 \end{vmatrix} = 0$,则数 $a =$ ________.

2. 行列式 $D = \begin{vmatrix} 5 & 3 & 3 & 3 \\ 3 & 5 & 3 & 3 \\ 3 & 3 & 5 & 3 \\ 3 & 3 & 3 & 5 \end{vmatrix} =$ ________.

3. 已知三阶行列式 $\begin{vmatrix} a_{11} & 2a_{12} & 3a_{13} \\ 2a_{21} & 4a_{22} & 6a_{23} \\ 3a_{31} & 6a_{32} & 9a_{33} \end{vmatrix} = 6$,则 $\begin{vmatrix} a_{11} & a_{12} & a_{13} \\ a_{21} & a_{22} & a_{23} \\ a_{31} & a_{32} & a_{33} \end{vmatrix} =$ ________.

4. 设三阶行列式 D_3 的第 2 列元素分别为 $1,-2,3$,对应的代数余子式分别为 $-3,2,1$,则 $D_3 =$ ________.

5. 已知三阶行列式 $|a_{ij}| = \begin{vmatrix} 1 & x & 3 \\ x & 2 & 0 \\ 5 & -1 & 4 \end{vmatrix}$ 中元素 a_{12} 的代数余子式 $A_{12} = 8$,则元素 a_{21} 的代数余子式 $A_{21} =$ ________.

6. 设 $D = \begin{vmatrix} 1 & 2 & 3 & 4 \\ 0 & 1 & 2 & 5 \\ 3 & 3 & 3 & 3 \\ 1 & 1 & 1 & 1 \end{vmatrix}$,$A_{ij}$ 表示 D 中元素 $a_{ij}\ (i,j = 1,2,3,4)$ 的代数余子式,则 $A_{21} + A_{22} + A_{23} + A_{24} =$ ________.

三、计算题(每题 10 分,共 30 分)

1. 计算行列式 $D = \begin{vmatrix} 0 & -1 & -1 & 2 \\ 1 & -1 & 0 & 2 \\ -1 & 2 & -1 & 0 \\ 2 & 1 & 1 & 0 \end{vmatrix}$.

2. 计算 $\begin{vmatrix} a_1 & -a_1 & 0 & 0 \\ 0 & a_2 & -a_2 & 0 \\ 0 & 0 & a_3 & -a_3 \\ 1 & 1 & 1 & 1 \end{vmatrix}$.

3. 已知 $D=\begin{vmatrix} 3 & -5 & 2 & 1 \\ 1 & 1 & 0 & -5 \\ -1 & 3 & 1 & 3 \\ 2 & -4 & -1 & -3 \end{vmatrix}$，求 D 中元素 a_{32} 的余子式及代数余子式 M_{32} 和 A_{32} 的值.

四、应用题(每题 12 分，共 24 分)

1. 求一个二次多项式 $f(x)$，使 $f(-1)=-6, f(1)=-2, f(2)=-3$.

2. 某电器公司销售三种电器，其销售原则是，每种电器10台以下不打折，10台及10台以上打9.5折，20台及20台以上打9折，有三家公司来采购电器，其数量与总价见下表：

公司	电器			总价 / 元
	甲	乙	丙	
1	10	20	15	21350
2	20	10	10	17650
3	20	30	20	31500

问各电器原价为多少？

五、证明题(本题 10 分)

证明奇数阶反对称行列式的值为零，即 $\begin{vmatrix} 0 & a_{12} & a_{13} & \cdots & a_{1n} \\ -a_{12} & 0 & a_{23} & \cdots & a_{2n} \\ -a_{13} & -a_{23} & 0 & \cdots & a_{3n} \\ & & & & \\ -a_{1n} & -a_{2n} & -a_{3n} & \cdots & 0 \end{vmatrix}=0$.

其中反对称行列式元素特点：$a_{ij}=-a_{ji}(i\neq j), a_{ij}=0(i=j)$.

第二章　矩阵

【本章摘要】

矩阵是研究线性变换、向量的线性相关性及线性方程组的解法等的有力且不可替代的工具,在线性代数中占有重要地位.本章首先引入矩阵的概念,深入讨论矩阵的运算、矩阵的变换以及矩阵的某些内在特征.

【学习目标】

理解矩阵、逆矩阵的概念;掌握几种特殊矩阵、矩阵的线性运算、乘法运算、转置、矩阵的初等行变换并用初等行变换求矩阵秩、逆矩阵和解矩阵方程的方法;了解行阶梯形矩阵的概念、矩阵秩的概念.

§2.1　矩阵的概念

一、引例

引例 1　某企业生产三种产品,各种产品的季度产值(单位:万元)如下表:

季度	产品		
	产品 A	产品 B	产品 C
第 1 季度	80	75	75
第 2 季度	98	70	85
第 3 季度	90	75	90
第 4 季度	88	70	82

数表$\begin{pmatrix} 80 & 75 & 75 \\ 98 & 70 & 85 \\ 90 & 75 & 90 \\ 88 & 70 & 82 \end{pmatrix}$具体描述了这家企业各种产品的季度产值.

引例 2　含有 n 个未知量、m 个方程的线性方程组

$$\begin{cases} a_{11}x_1 + a_{12}x_2 + \cdots a_{1n}x_n = b_1 \\ a_{21}x_1 + a_{22}x_2 + \cdots a_{1n}x_n = b_2 \\ \cdots\cdots \\ a_{m1}x_1 + a_{m2}x_2 + \cdots a_{mn}x_n = b_m \end{cases},$$

如果把它的系数 $a_{ij}(i=1,2,\cdots,m;j=1,2,\cdots,n)$ 和常数项 $b_i(i=1,2,\cdots,m)$ 按原来顺序写出，就可以得到一个 m 行、$n+1$ 列的数表

$$\begin{pmatrix} a_{11} & a_{12} & \cdots & a_{1n} & b_1 \\ a_{21} & a_{22} & \cdots & a_{2n} & b_2 \\ \vdots & \vdots & & \vdots & \vdots \\ a_{m1} & a_{m2} & \cdots & a_{mn} & b_m \end{pmatrix},$$

这个数表就可以清晰地表达这一线性方程组.

二、矩阵概念

定义 1 由 $m \times n$ 个数 $a_{ij}(i=1,2,\cdots,m;j=1,2,\cdots,n)$，排成的 m 行 n 列的矩形数表

$$\begin{pmatrix} \boldsymbol{a}_{11} & \boldsymbol{a}_{12} & \cdots & \boldsymbol{a}_{1n} \\ \boldsymbol{a}_{21} & \boldsymbol{a}_{22} & \cdots & \boldsymbol{a}_{2n} \\ \vdots & \vdots & & \vdots \\ \boldsymbol{a}_{m1} & \boldsymbol{a}_{m2} & \cdots & \boldsymbol{a}_{mn} \end{pmatrix},$$

称为 $m \times n$ **矩阵**，有时，为了方便，我们把它简记成 $(a_{ij})_{m\times n}$.

其中 m 为矩阵的行数，n 为矩阵的列数，a_{ij} 称为位于矩阵第 i 行第 j 列的元素，i 是行标，j 是列标，矩阵常用大写字母 $\boldsymbol{A},\boldsymbol{B},\boldsymbol{C}$ 或 $\boldsymbol{A}_{m\times n},\boldsymbol{B}_{m\times n},\boldsymbol{C}_{m\times n}$ 等表示.

三、特殊矩阵

我们在实际问题中，常常会遇到以下几种特殊类型的矩阵：

(1) 零矩阵：所有元素均为零的矩阵称为**零矩阵**，记作 $\boldsymbol{0}$ 或 $\boldsymbol{0}_{m\times n}$.

(2) 行(或列) 矩阵：只有一行(列) 的矩阵称为**行(列) 矩阵**，即

$$\boldsymbol{A} = (a_{11} \quad a_{12} \quad \cdots \quad a_{1n}), \quad \boldsymbol{B} = \begin{pmatrix} a_{11} \\ a_{21} \\ \vdots \\ a_{m1} \end{pmatrix}$$

特别：只有一个元素 a 的矩阵称为单元素矩阵，记作 (a).

(3) 方阵:行数和列数都是 n 的矩阵,称为 n **阶方阵**,简称**方阵**,即

$$\begin{pmatrix} a_{11} & a_{12} & \cdots & a_{1n} \\ a_{21} & a_{22} & \cdots & a_{2n} \\ \vdots & \vdots & & \vdots \\ a_{n1} & a_{n2} & \cdots & a_{nn} \end{pmatrix}$$

n 阶方阵中从左上角到右下角的对角线称为**主对角线**,右上角到左下角的对角线称为**次对角线**.

n 阶方阵 $\boldsymbol{A}$ 的元素按原序构成的 n 阶行列式,称为**矩阵 $\boldsymbol{A}$ 的行列式**,记作 $|\boldsymbol{A}|$,如:

$$\boldsymbol{A}=\begin{pmatrix} 2 & 0 & 6 \\ 7 & 3 & 18 \\ -1 & 0 & -3 \end{pmatrix} \text{的行列式为} |\boldsymbol{A}|=\begin{vmatrix} 2 & 0 & 6 \\ 7 & 3 & 18 \\ -1 & 0 & -3 \end{vmatrix}$$

(4) 上(或下)三角矩阵:主对角线以下(或上)的元素全为零的方阵称为**上(或下)三角矩阵**,即

$$\begin{pmatrix} a_{11} & a_{12} & \cdots & a_{1n} \\ 0 & a_{22} & \cdots & a_{2n} \\ \vdots & \vdots & & \vdots \\ 0 & 0 & \cdots & a_{nn} \end{pmatrix} \text{与} \begin{pmatrix} a_{11} & 0 & \cdots & 0 \\ a_{21} & a_{22} & \cdots & 0 \\ \vdots & \vdots & & \vdots \\ a_{n1} & a_{n2} & \cdots & a_{nn} \end{pmatrix}.$$

(5) 对角矩阵:除主对角线上的元素以外其余元素全为零的方阵称为**对角矩阵**,即

$$\begin{pmatrix} a_{11} & 0 & \cdots & 0 \\ 0 & a_{22} & \cdots & 0 \\ \vdots & \vdots & & \vdots \\ 0 & 0 & \cdots & a_{nn} \end{pmatrix}.$$

(6) 数量矩阵:主对角线上的元素全相等,其余元素全为零的方阵称为**数量矩阵**,即

$$\begin{pmatrix} \lambda & 0 & \cdots & 0 \\ 0 & \lambda & \cdots & 0 \\ \vdots & \vdots & & \vdots \\ 0 & 0 & \cdots & \lambda \end{pmatrix}.$$

(7) 单位矩阵:主对角线上元素全为 1,其余元素全为零的方阵称为单位矩阵,一般用 $\boldsymbol{E}$ 或 $\boldsymbol{E}_n$ 表示,即

$$
\boldsymbol{E}=\begin{pmatrix} 1 & 0 & \cdots & 0 \\ 0 & 1 & \cdots & 0 \\ \vdots & \vdots & & \vdots \\ 0 & 0 & \cdots & 1 \end{pmatrix}.
$$

(8) 对称矩阵：关于主对角线对称的元素相等的方阵称为**对称矩阵**，即

$$
\begin{pmatrix} a_{11} & a_{12} & \cdots & a_{1n} \\ a_{12} & a_{22} & \cdots & a_{2n} \\ \vdots & \vdots & & \vdots \\ a_{1n} & a_{2n} & \cdots & a_{nn} \end{pmatrix}.
$$

(9) 反对称矩阵：关于主对角线对称的元素互为相反数，且主对角线上的元素为 0 的方阵称为**反对称矩阵**，即

$$
\begin{pmatrix} 0 & a_{12} & \cdots & a_{1n} \\ -a_{12} & 0 & \cdots & a_{2n} \\ \vdots & \vdots & & \vdots \\ -a_{1n} & -a_{2n} & \cdots & 0 \end{pmatrix}.
$$

练习一

1. 已知某公司生产四种产品，需要消耗三类原料，具体情况如下表，请用矩阵表示产品生产与原料消耗的情况.

原料	产品			
	A	B	C	D
甲	100	150	150	100
乙	200	260	240	220
丙	280	220	200	200

2. 试分析行列式和矩阵的区别，可举例说明.

§2.2　矩阵的运算

一、矩阵相等

定义 1　如果有矩阵 $\boldsymbol{A}=(a_{ij})_{m\times n}$ 与矩阵 $\boldsymbol{B}=(b_{ij})_{m\times n}$，且它们对应的元素相等，即

$a_{ij}=b_{ij}(i=1,2,\cdots,m;j=1,2,\cdots,n)$，则称矩阵 $\boldsymbol{A}$ 与矩阵 $\boldsymbol{B}$ 相等，记作 $\boldsymbol{A}=\boldsymbol{B}$.

如：设 $\boldsymbol{A}=\begin{pmatrix}a & b\\ 2 & 1\end{pmatrix}$，$\boldsymbol{B}=\begin{pmatrix}3 & 0\\ 2 & 1\end{pmatrix}$，且 $\boldsymbol{A}=\boldsymbol{B}$，则 $a=3,b=0$.

[思考题一]　所有零矩阵都相等吗？

二、矩阵的加(减)法

引例 1　现有两种物资(单位：吨)要从三个产地运往四个销地，其调运方案分别为矩阵 $\boldsymbol{A}$ 和 $\boldsymbol{B}$，

$$\boldsymbol{A}=\begin{pmatrix}30 & 25 & 17 & 0\\ 20 & 0 & 14 & 23\\ 0 & 20 & 20 & 20\end{pmatrix},\boldsymbol{B}=\begin{pmatrix}10 & 15 & 13 & 30\\ 0 & 40 & 16 & 17\\ 50 & 10 & 0 & 10\end{pmatrix},$$

试问，从各产地运往各销地两种物资的总运量是多少？

解　设矩阵 $\boldsymbol{C}$ 为两种物资的总运量，那么

$$\boldsymbol{C}=\begin{pmatrix}30+10 & 25+15 & 17+13 & 0+30\\ 20+0 & 0+40 & 14+16 & 23+17\\ 0+50 & 20+10 & 20+0 & 30+10\end{pmatrix}=\begin{pmatrix}40 & 40 & 30 & 30\\ 20 & 40 & 30 & 40\\ 50 & 30 & 20 & 40\end{pmatrix}$$

定义 2　设矩阵 $\boldsymbol{A}=(a_{ij})_{m\times n}$ 与矩阵 $\boldsymbol{B}=(b_{ij})_{m\times n}$，称矩阵 $(a_{ij}\pm b_{ij})_{m\times n}$ 为矩阵 $\boldsymbol{A}$ 与 $\boldsymbol{B}$ 的和(差)矩阵，记为 $\boldsymbol{A}\pm\boldsymbol{B}$，即

$$\boldsymbol{A}\pm\boldsymbol{B}=(a_{ij}\pm b_{ij})_{m\times n}.$$

[思考题二]　两个矩阵满足什么条件能相加(减)？

例 1　设 $\boldsymbol{A}=\begin{pmatrix}1 & 2 & 3\\ 2 & 5 & 8\end{pmatrix}$，$\boldsymbol{B}=\begin{pmatrix}2 & 3 & 5\\ 1 & 3 & 0\end{pmatrix}$，求 $\boldsymbol{A}+\boldsymbol{B}$，$\boldsymbol{A}-\boldsymbol{B}$.

解　$\boldsymbol{A}+\boldsymbol{B}=\begin{pmatrix}1+2 & 2+3 & 3+5\\ 2+1 & 5+3 & 8+0\end{pmatrix}=\begin{pmatrix}3 & 5 & 8\\ 3 & 8 & 8\end{pmatrix}$，

$$\boldsymbol{A}-\boldsymbol{B}=\begin{pmatrix}1-2 & 2-3 & 3-5\\ 2-1 & 5-3 & 8-0\end{pmatrix}=\begin{pmatrix}-1 & -1 & -2\\ 1 & 2 & 8\end{pmatrix}.$$

容易验证，矩阵的加法满足以下运算规律：

(1) 交换律：$\boldsymbol{A}+\boldsymbol{B}=\boldsymbol{B}+\boldsymbol{A}$；

(2) 结合律：$(\boldsymbol{A}+\boldsymbol{B})+\boldsymbol{C}=\boldsymbol{A}+(\boldsymbol{B}+\boldsymbol{C})$；

(3) $\boldsymbol{A}+\boldsymbol{0}=\boldsymbol{0}+\boldsymbol{A}$.

三、矩阵的数乘

引例 2　设从某四个地区到另三个地区的距离(单位：km) 为

$$B = \begin{pmatrix} 40 & 60 & 105 \\ 175 & 130 & 190 \\ 120 & 70 & 135 \\ 80 & 55 & 100 \end{pmatrix},$$

已知货物每吨的运费为 2.40 元 /km,那么各地区之间每吨货物的运费为多少?

解 设 $\boldsymbol{C}$ 为各地区之间每吨货物的运费,那么

$$\boldsymbol{C} = \begin{pmatrix} 2.4\times 40 & 2.4\times 60 & 2.4\times 105 \\ 2.4\times 175 & 2.4\times 130 & 2.4\times 190 \\ 2.4\times 120 & 2.4\times 70 & 2.4\times 135 \\ 2.4\times 80 & 2.4\times 55 & 2.4\times 100 \end{pmatrix} = \begin{pmatrix} 96 & 144 & 252 \\ 420 & 312 & 456 \\ 288 & 168 & 324 \\ 192 & 132 & 240 \end{pmatrix}$$

定义 3 设矩阵 $\boldsymbol{A} = (a_{ij})_{m\times n}$,以常数 k 乘矩阵 $\boldsymbol{A}$ 的每一个元素所得到的矩阵 $(ka_{ij})_{m\times n}$,称为数 k 与矩阵 $\boldsymbol{A}$ 的数乘矩阵,记作 $k\boldsymbol{A}$,即 $k\boldsymbol{A} = (ka_{ij})_{m\times n}$.

例 2 设 $\boldsymbol{A} = \begin{pmatrix} 1 & 2 & 3 \\ 2 & 5 & 8 \end{pmatrix}$,求 $(-1)\boldsymbol{A}$,$3\boldsymbol{A}$.

解 $(-1)\boldsymbol{A} = \begin{pmatrix} -1 & -2 & -3 \\ -2 & -5 & -8 \end{pmatrix}$,$3\boldsymbol{A} = \begin{pmatrix} 3 & 6 & 9 \\ 6 & 15 & 24 \end{pmatrix}$.

矩阵 $(-1)\boldsymbol{A}$ 的所有元素是矩阵 $\boldsymbol{A}$ 的元素的相反数,所以矩阵 $(-1)\boldsymbol{A}$ 称为矩阵 $\boldsymbol{A}$ 的负矩阵,记为 $-\boldsymbol{A}$. 矩阵的减法运算也可以看成:$\boldsymbol{A} - \boldsymbol{B} = \boldsymbol{A} + (-\boldsymbol{B})$.

容易验证:矩阵的数乘运算满足以下运算规律(其中 k 与 l 是常数):

(1) 数对矩阵的分配律:$k(\boldsymbol{A} + \boldsymbol{B}) = k\boldsymbol{A} + k\boldsymbol{B}$;

(2) 矩阵对数的分配律:$(k + l)\boldsymbol{A} = k\boldsymbol{A} + l\boldsymbol{A}$;

(3) 数与矩阵的结合律:$k(l\boldsymbol{A}) = (kl)\boldsymbol{A}$;

(4)$1\cdot\boldsymbol{A} = \boldsymbol{A}$;$(-1)\cdot\boldsymbol{A} = -\boldsymbol{A}$;$0\cdot\boldsymbol{A} = 0$;

(5) 如果 $\boldsymbol{A}$ 是 n 阶方阵,则 $|k\boldsymbol{A}| = k^n|\boldsymbol{A}|$.

例 3 设 $\boldsymbol{A} = \begin{pmatrix} 1 & 2 & 3 \\ 2 & 5 & 8 \end{pmatrix}$,$\boldsymbol{B} = \begin{pmatrix} -1 & 5 & 8 \\ -2 & 15 & 0 \end{pmatrix}$,求 $3\boldsymbol{A} - 2\boldsymbol{B}$.

解 $3\boldsymbol{A} - 2\boldsymbol{B} = 3\begin{pmatrix} 1 & 2 & 3 \\ 2 & 5 & 8 \end{pmatrix} - 2\begin{pmatrix} -1 & 5 & 8 \\ -2 & 15 & 0 \end{pmatrix} = \begin{pmatrix} 3 & 6 & 9 \\ 6 & 15 & 24 \end{pmatrix} - \begin{pmatrix} -2 & 10 & 16 \\ -4 & 30 & 0 \end{pmatrix}$

$= \begin{pmatrix} 5 & -4 & -7 \\ 10 & -15 & 24 \end{pmatrix}$.

例 4 设 $\boldsymbol{A} = \begin{pmatrix} 3 & 5 \\ 1 & 2 \end{pmatrix}$,求 $3|\boldsymbol{A}|$,$|3\boldsymbol{A}|$.

解　$3|\boldsymbol{A}| = 3\begin{vmatrix} 3 & 5 \\ 1 & 2 \end{vmatrix} = 3 \times 1 = 3, |3\boldsymbol{A}| = \begin{vmatrix} 9 & 15 \\ 3 & 6 \end{vmatrix} = 54 - 45 = 9.$

另解　由数乘运算律(5)得：$|3\boldsymbol{A}| = 3^2|\boldsymbol{A}| = 3^2 \times \begin{vmatrix} 3 & 5 \\ 1 & 2 \end{vmatrix} = 9 \times 1 = 9.$

[思考题三]　说一说矩阵与行列式的不同点.

四、矩阵的乘法

引例 3　某地区甲、乙、丙三家商场同时销售两种品牌的家用电器，如果用矩阵$\boldsymbol{A}$表示各商场销售这两种家用电器的日平均销售量(单位：台)，用$\boldsymbol{B}$表示两种家用电器的单位售价(单位：千元)和单位利润(单位：千元)：

$$\boldsymbol{A} = \begin{pmatrix} 20 & 10 \\ 25 & 11 \\ 18 & 9 \end{pmatrix}\begin{matrix} 甲 \\ 乙 \\ 丙 \end{matrix} \quad (\text{列：Ⅰ　Ⅱ}) \qquad \boldsymbol{B} = \begin{pmatrix} 50 & 20 \\ 45 & 15 \end{pmatrix}\begin{matrix} Ⅰ \\ Ⅱ \end{matrix} \quad (\text{列：单价　利润})$$

用矩阵$\boldsymbol{C}$表示这三家商场销售两种家用电器的每日总收入和每日总利润.

$$\boldsymbol{C} = \begin{pmatrix} 20 \times 50 + 10 \times 45 & 20 \times 20 + 10 \times 15 \\ 25 \times 50 + 11 \times 45 & 25 \times 20 + 11 \times 15 \\ 18 \times 50 + 9 \times 45 & 18 \times 20 + 9 \times 15 \end{pmatrix}\begin{matrix} 甲 \\ 乙 \\ 丙 \end{matrix} = \begin{pmatrix} 1450 & 550 \\ 1745 & 665 \\ 1305 & 495 \end{pmatrix}. \quad (\text{列：每日总收入　每日总利润})$$

定义 4　设矩阵$\boldsymbol{A} = (a_{ij})_{m \times n}$与矩阵$\boldsymbol{B} = (b_{ij})_{n \times p}$，则称矩阵$(c_{ij})_{m \times p}$是矩阵$\boldsymbol{A}$与矩阵$\boldsymbol{B}$的乘积矩阵，记为$\boldsymbol{AB}$. 其中

$$c_{ij} = a_{i1}b_{1j} + a_{i2}b_{2j} + \cdots + a_{in}b_{nj} = \sum_{k=1}^{n} a_{ik}b_{kj}$$
$$(i = 1,2,\cdots,m; j = 1,2,\cdots,p)$$

也就是说，乘积矩阵$\boldsymbol{AB}$中的第i行第j列元素c_{ij}是矩阵$\boldsymbol{A}$的第i行各元素与矩阵$\boldsymbol{B}$的第j列各元素的对应元素乘积之和，简称为"$\boldsymbol{A}$的第i行与$\boldsymbol{B}$的第j列的乘积之和". 直观地说，两个矩阵相乘，就是用左矩阵的每一行乘以右矩阵的每一列，把对应元素乘积之和写在相应的位置上.

[思考题四]　两个矩阵满足什么条件才能相乘？

例 5　设$\boldsymbol{A} = \begin{pmatrix} 3 & 1 \\ 4 & 0 \end{pmatrix}, \boldsymbol{B} = \begin{pmatrix} 0 & 0 \\ 1 & 1 \end{pmatrix}$，求$\boldsymbol{AB}$和$\boldsymbol{BA}$.

解　$\boldsymbol{AB} = \begin{pmatrix} 3 & 1 \\ 4 & 0 \end{pmatrix}\begin{pmatrix} 0 & 0 \\ 1 & 1 \end{pmatrix} = \begin{pmatrix} 1 & 1 \\ 0 & 0 \end{pmatrix},$

$$BA=\begin{pmatrix}0&0\\1&1\end{pmatrix}\begin{pmatrix}3&1\\4&0\end{pmatrix}=\begin{pmatrix}0&0\\7&1\end{pmatrix}.$$

例 6 设 $A=\begin{pmatrix}1&0&3\\2&1&5\end{pmatrix}$，$B=\begin{pmatrix}2&0\\1&3\\-1&0\end{pmatrix}$，$C=\begin{pmatrix}-4&0\\3&3\\1&0\end{pmatrix}$，求 AB 和 AC.

解 $AB=\begin{pmatrix}1&0&3\\2&1&5\end{pmatrix}\begin{pmatrix}2&0\\1&3\\-1&0\end{pmatrix}=\begin{pmatrix}-1&0\\0&3\end{pmatrix}$，

$$AC=\begin{pmatrix}1&0&3\\2&1&5\end{pmatrix}\begin{pmatrix}-4&0\\3&3\\1&0\end{pmatrix}=\begin{pmatrix}-1&0\\0&3\end{pmatrix}.$$

例 7 设 $A=\begin{pmatrix}1&1&2\\2&2&4\end{pmatrix}$，$B=\begin{pmatrix}1&-3&2\\1&1&0\\-1&1&-1\end{pmatrix}$，求 AB.

解 $AB=\begin{pmatrix}1&1&2\\2&2&4\end{pmatrix}\begin{pmatrix}1&-3&2\\1&1&0\\-1&1&-1\end{pmatrix}=\begin{pmatrix}0&0&0\\0&0&0\end{pmatrix}$.

从例 5、例 6、例 7 可以看出以下结论。

结论一 矩阵乘法不满足交换律.

一般情况下，$AB\neq BA$. 因此在提到用一个矩阵去乘另一个矩阵时，一定要说明是左乘还是右乘.

问题：是否所有的矩阵都不可交换？

答案是否定的. 例如，$A=\begin{pmatrix}1&2\\0&1\end{pmatrix}$ 与 $B=\begin{pmatrix}3&-1\\0&3\end{pmatrix}$ 是可交换的. 我们把满足 $AB=BA$ 的矩阵 A 与 B 称为可交换矩阵，简称可换阵.

结论二 矩阵乘法不满足消去律.

即使 $A\neq 0$ 也不能由 $AB=AC$ 推出 $B=C$.

结论三 一般情况下，由 $AB=0$ 不能推出 $A=0$ 或 $B=0$.

容易验证：矩阵的乘法满足下列运算规律：

(1) 乘法结合律：$(AB)C=A(BC)$；

(2) 左乘分配律：$A(B+C)=AB+AC$；

右乘分配律：$(B+C)A=BA+CA$；

(3) 数乘结合律：$k(\boldsymbol{AB})=(k\boldsymbol{A})\boldsymbol{B}=\boldsymbol{A}(k\boldsymbol{B})$（其中 k 为常数）；

(4) 如果 $\boldsymbol{A},\boldsymbol{B}$ 均为 n 阶方阵，则 $|\boldsymbol{AB}|=|\boldsymbol{A}|\cdot|\boldsymbol{B}|$.

［思考题五］　若 $\boldsymbol{A},\boldsymbol{B}$ 均为 n 阶方阵，请问 $|\boldsymbol{AB}|=|\boldsymbol{BA}|$ 成立吗？

五、方阵的幂

定义 5　设方阵 $\boldsymbol{A}=(a_{ij})_{n\times n}$，规定 $\boldsymbol{A}^0=\boldsymbol{E},\boldsymbol{A}^k=\overbrace{\boldsymbol{A}\cdot\boldsymbol{A}\cdots\boldsymbol{A}}^{k个}$，$k$ 为自然数. $\boldsymbol{A}^k$ 称为 $\boldsymbol{A}$ 的 k 次幂.

例 8　计算 $\begin{pmatrix}1&1\\0&1\end{pmatrix}^3$.

解　$\begin{pmatrix}1&1\\0&1\end{pmatrix}^2=\begin{pmatrix}1&1\\0&1\end{pmatrix}\begin{pmatrix}1&1\\0&1\end{pmatrix}=\begin{pmatrix}1&2\\0&1\end{pmatrix}$

$\begin{pmatrix}1&1\\0&1\end{pmatrix}^3=\begin{pmatrix}1&1\\0&1\end{pmatrix}^2\begin{pmatrix}1&1\\0&1\end{pmatrix}=\begin{pmatrix}1&2\\0&1\end{pmatrix}\begin{pmatrix}1&1\\0&1\end{pmatrix}=\begin{pmatrix}1&3\\0&1\end{pmatrix}$

［思考题六］　$\begin{pmatrix}1&1\\0&1\end{pmatrix}^n=?$

方阵的幂满足以下运算规律：

(1) $\boldsymbol{A}^m\boldsymbol{A}^n=\boldsymbol{A}^{m+n}$（$m,n$ 为非负整数）；(2) $(\boldsymbol{A}^m)^n=\boldsymbol{A}^{mn}$.

六、矩阵的转置

定义 6　将一个 $m\times n$ 矩阵 $\boldsymbol{A}=\begin{pmatrix}a_{11}&a_{12}&\cdots&a_{1n}\\a_{21}&a_2&\cdots&a_{2n}\\ \\a_{m1}&a_{m2}&\cdots&a_{mn}\end{pmatrix}$ 的行与列按顺序互换后得到的 $n\times m$ 矩阵，称为矩阵 $\boldsymbol{A}$ 的转置矩阵，记作 $\boldsymbol{A}^{\mathrm{T}}$，即 $\boldsymbol{A}^{\mathrm{T}}=\begin{pmatrix}a_{11}&a_{21}&\cdots&a_{m1}\\a_{12}&a_{22}&\cdots&a_{m2}\\ \\a_{1n}&a_{2n}&\cdots&a_{mn}\end{pmatrix}$.

例 9　设 $\boldsymbol{A}=\begin{pmatrix}1&0\\2&3\\4&5\end{pmatrix},\boldsymbol{B}=\begin{pmatrix}2&1\\4&3\end{pmatrix}$，求 $(\boldsymbol{AB})^{\mathrm{T}},\boldsymbol{B}^{\mathrm{T}}\boldsymbol{A}^{\mathrm{T}}$.

解 $\boldsymbol{AB}=\begin{pmatrix}1&0\\2&3\\4&5\end{pmatrix}\begin{pmatrix}2&1\\4&3\end{pmatrix}=\begin{pmatrix}2&1\\16&11\\28&19\end{pmatrix}$,$(\boldsymbol{AB})^{\mathrm{T}}=\begin{pmatrix}2&16&28\\1&11&19\end{pmatrix}$;

$\boldsymbol{B}^{\mathrm{T}}\boldsymbol{A}^{\mathrm{T}}=\begin{pmatrix}2&4\\1&3\end{pmatrix}\begin{pmatrix}1&2&4\\0&3&5\end{pmatrix}=\begin{pmatrix}2&16&28\\1&11&19\end{pmatrix}$.

可以验证,转置矩阵有下列性质:

(1)$(\boldsymbol{A}^{\mathrm{T}})^{\mathrm{T}}=\boldsymbol{A}$;　　(2)$(\boldsymbol{A}+\boldsymbol{B})^{\mathrm{T}}=\boldsymbol{A}^{\mathrm{T}}+\boldsymbol{B}^{\mathrm{T}}$;

(3)$(k\boldsymbol{A})^{\mathrm{T}}=k\boldsymbol{A}^{\mathrm{T}}$;　　(4)$(\boldsymbol{AB})^{\mathrm{T}}=\boldsymbol{B}^{\mathrm{T}}\boldsymbol{A}^{\mathrm{T}}$;

(5)$|\boldsymbol{A}^{\mathrm{T}}|=|\boldsymbol{A}|$.

例 10 设矩阵 $\boldsymbol{A}=\begin{pmatrix}1&-2\\3&5\\-1&2\end{pmatrix}$,$\boldsymbol{B}=\begin{pmatrix}3&2&1\\-6&7&-2\\0&4&1\end{pmatrix}$,$\boldsymbol{C}=\begin{pmatrix}2&0&1\\0&-1&1\end{pmatrix}$,

且 $2\boldsymbol{A}+\boldsymbol{X}=(\boldsymbol{CB}^{\mathrm{T}})^{\mathrm{T}}$,试求矩阵 $\boldsymbol{X}$.

解 因为 $2\boldsymbol{A}+\boldsymbol{X}=(\boldsymbol{CB}^{\mathrm{T}})^{\mathrm{T}}$,得 $\boldsymbol{X}=\boldsymbol{BC}^{\mathrm{T}}-2\boldsymbol{A}$,所以

$$\boldsymbol{X}=\boldsymbol{BC}^{\mathrm{T}}-2\boldsymbol{A}=\begin{pmatrix}3&2&1\\-6&7&-2\\0&4&1\end{pmatrix}\begin{pmatrix}2&0\\0&-1\\1&1\end{pmatrix}-2\begin{pmatrix}1&-2\\3&5\\-1&2\end{pmatrix}$$

$$=\begin{pmatrix}7&-1\\-14&-9\\1&-3\end{pmatrix}-\begin{pmatrix}2&-4\\6&10\\-2&4\end{pmatrix}=\begin{pmatrix}5&3\\-20&-19\\3&-7\end{pmatrix}.$$

根据矩阵转置运算的定义可得定理:

定理 矩阵 $\boldsymbol{A}$ 为对称矩阵的充要条件是 $\boldsymbol{A}^{\mathrm{T}}=\boldsymbol{A}$;矩阵 $\boldsymbol{A}$ 为反对称矩阵的充要条件是 $\boldsymbol{A}^{\mathrm{T}}=-\boldsymbol{A}$.

练习二

(A)

1. 设 $\boldsymbol{A}=\begin{pmatrix}a&1&4\\0&2&b\end{pmatrix}$,$\boldsymbol{B}=\begin{pmatrix}1&1&4\\c&d&7\end{pmatrix}$,若 $\boldsymbol{A}=\boldsymbol{B}$,求 a,b,c,d.

2. 计算

(1)$\begin{pmatrix}1&6&4\\-4&2&8\end{pmatrix}+\begin{pmatrix}-2&0&1\\2&-3&4\end{pmatrix}$;(2)$\begin{pmatrix}1&2\\0&1\end{pmatrix}-2\begin{pmatrix}2&-2\\0&3\end{pmatrix}$.

3. 设 $\boldsymbol{A}=\begin{pmatrix}2&0&-1\\4&-5&6\\2&1&7\end{pmatrix}$，$\boldsymbol{B}=\begin{pmatrix}-3&1&0\\-2&3&-1\\0&8&-4\end{pmatrix}$，

若 $\boldsymbol{X}$ 满足 $3\boldsymbol{A}+\boldsymbol{X}=\boldsymbol{B}$，求 $\boldsymbol{X}$.

4. 计算

(1) $\begin{pmatrix}4&3&1\\1&-2&3\\5&7&0\end{pmatrix}\begin{pmatrix}7\\2\\1\end{pmatrix}$；

(2) $\begin{pmatrix}1&2&3\\-2&1&2\end{pmatrix}\begin{pmatrix}1&2&0\\0&1&1\\3&0&-1\end{pmatrix}$；

(3) $\begin{pmatrix}1&2&3\\2&4&6\\3&6&9\end{pmatrix}\begin{pmatrix}-1&-2&-4\\-1&-2&-4\\1&2&4\end{pmatrix}$.

5. 设 $\boldsymbol{A}=(2\quad 3\quad -1)$，$\boldsymbol{B}=\begin{pmatrix}1\\-1\\-1\end{pmatrix}$，求 $\boldsymbol{AB}$，$\boldsymbol{BA}$.

6. 设 $\boldsymbol{A}=\begin{pmatrix}2&1\\-4&-2\end{pmatrix}$，$\boldsymbol{B}=\begin{pmatrix}3&-1\\-6&2\end{pmatrix}$，用两种方法求 $(\boldsymbol{AB})^{\mathrm{T}}$.

7. 设矩阵 $\boldsymbol{A}=\begin{pmatrix}1&0&2\\1&-2&0\end{pmatrix}$，$\boldsymbol{B}=\begin{pmatrix}2&1&2\\0&1&0\\0&0&2\end{pmatrix}$，$\boldsymbol{C}=\begin{pmatrix}-6&1\\2&2\\-4&2\end{pmatrix}$，求 $\boldsymbol{BA}^{\mathrm{T}}+\boldsymbol{C}$.

8. 计算

(1) $\begin{pmatrix}1&1\\0&0\end{pmatrix}^3$；(2) $\begin{pmatrix}1&0\\\lambda&1\end{pmatrix}^5$；(3) $\begin{pmatrix}a&0&0\\0&b&0\\0&0&c\end{pmatrix}^3$.

9. 已知 $\boldsymbol{A}=\begin{pmatrix}1&0&-1\\2&1&4\\-3&2&5\end{pmatrix}$，$\boldsymbol{B}=\begin{pmatrix}1&-2&3\\-1&3&0\\0&5&2\end{pmatrix}$，求 $\boldsymbol{AB}^{\mathrm{T}}$，$|-3\boldsymbol{A}|$.

(B)

1. 设 $\boldsymbol{A}=\begin{pmatrix}1&1\\0&1\end{pmatrix}$，求所有与 $\boldsymbol{A}$ 可交换的矩阵.

2. 设 $\boldsymbol{A},\boldsymbol{B}$ 均为 n 阶方阵，证明下列命题等价：

(1)$\boldsymbol{AB}=\boldsymbol{BA}$；(2)$(\boldsymbol{A}\pm\boldsymbol{B})^2=\boldsymbol{A}^2\pm 2\boldsymbol{AB}+\boldsymbol{B}^2$；(3)$(\boldsymbol{A}+\boldsymbol{B})(\boldsymbol{A}-\boldsymbol{B})=\boldsymbol{A}^2-\boldsymbol{B}^2$.

3. 设 $\boldsymbol{A},\boldsymbol{B}$ 为 n 阶矩阵，且 $\boldsymbol{A}$ 为对称矩阵，证明：$\boldsymbol{B}^{\mathrm{T}}\boldsymbol{AB}$ 也是对称矩阵.

4. 设矩阵 $\boldsymbol{A}$ 为三阶矩阵，且已知 $|\boldsymbol{A}|=m$，求 $|-m\boldsymbol{A}|$.

§2.3　矩阵的初等变换

一、矩阵的初等变换

定义 1　对矩阵施行以下变换：

(1) 对调变换：交换矩阵的某两行(列)，记作 $r_i\leftrightarrow r_j\,(c_i\leftrightarrow c_j)$，如

$$\begin{pmatrix}0&2&4\\4&2&-5\\0&3&-1\end{pmatrix}\xrightarrow{r_1\leftrightarrow r_2}\begin{pmatrix}4&2&-5\\0&2&4\\0&3&-1\end{pmatrix},\begin{pmatrix}0&2&4\\4&2&-5\\0&3&-1\end{pmatrix}\xrightarrow{c_1\leftrightarrow c_3}\begin{pmatrix}4&2&0\\-5&2&4\\-1&3&0\end{pmatrix}.$$

(2) 倍乘变换：以非零数 k 乘矩阵某一行(列) 的所有元素，记作 $kr_i\,(kr_j)$，如

$$\begin{pmatrix}4&2&-5\\0&2&4\\0&3&-1\end{pmatrix}\xrightarrow{\frac{1}{2}r_2}\begin{pmatrix}4&2&-5\\0&1&2\\0&3&-1\end{pmatrix},\begin{pmatrix}4&2&-5\\0&2&4\\0&3&-1\end{pmatrix}\xrightarrow{\frac{1}{4}c_1}\begin{pmatrix}1&2&-5\\0&2&4\\0&3&-1\end{pmatrix}.$$

(3) 倍加变换：把矩阵某一行(列) 所有的元素乘同一数 k 加到另一行(列) 对应的元素上去，记作 $r_j+kr_i\,(c_j+kc_i)$，如

$$\begin{pmatrix}1&2&-5\\0&1&2\\0&3&-1\end{pmatrix}\xrightarrow[r_3+(-3)r_2]{r_1+(-2)r_2}\begin{pmatrix}1&0&-9\\0&1&2\\0&0&-7\end{pmatrix},\begin{pmatrix}1&2&-5\\0&1&2\\0&3&-1\end{pmatrix}\xrightarrow[c_3+5c_1]{c_2+(-2)c_1}\begin{pmatrix}1&0&0\\0&1&2\\0&3&-1\end{pmatrix}.$$

上述变换若对行实行，称为矩阵的**初等行变换**；若对列实行，称为矩阵的**初等列变换**. 初等行变换和初等列变换统称为矩阵的**初等变换**.

定义 2　一般地，如果一个矩阵满足：

(1) 矩阵的零行(元素全为零的行) 在矩阵的最下方；

(2) 各非零行的首非零元其列标随着行标递增而严格增大(或说其列标一定不小于行标).

那么称该矩阵为**行阶梯形矩阵**.

例如　$\boldsymbol{A}=\begin{pmatrix}3&-1&2&1&0\\0&0&4&3&2\\0&0&0&6&1\\0&0&0&0&0\end{pmatrix}$，$\boldsymbol{B}=\begin{pmatrix}1&2&3\\0&-1&2\\0&0&1\end{pmatrix}$都是行阶梯形矩阵.

定义 3　一般地，如果一个行阶梯形矩阵满足：

(1) 各非零行的首非零元都是 1；

(2) 每个首非零元所在列的其余元素都是零.

那么该矩阵被称为**行最简形矩阵**.

例如　$\boldsymbol{A}=\begin{pmatrix}1&2&0&3&0&3\\0&0&1&5&0&4\\0&0&0&0&1&0\end{pmatrix}$，$\boldsymbol{B}=\begin{pmatrix}1&0&1&1\\0&1&2&3\\0&0&0&0\end{pmatrix}$都是行最简形矩阵.

定理 1　任意一个矩阵 $\boldsymbol{A}=(a_{ij})_{m\times n}$ 经过有限次初等变换，可以化为下列标准型矩阵：

$$\boldsymbol{A}=\begin{pmatrix}1&&&&&\\&\ddots&&&&\\&&1&&&\\&&&0&&\\&&&&\ddots&\\&&&&&0\end{pmatrix}=\begin{pmatrix}\boldsymbol{E}_r&0_{r\times(n-r)}\\0_{(m-r)\times r}&0_{(m-r)\times(n-r)}\end{pmatrix}.$$

例 1　将矩阵 $\boldsymbol{A}=\begin{pmatrix}2&1&2&3\\4&1&3&5\\2&0&1&2\end{pmatrix}$化为标准型.

解　$\boldsymbol{A}=\begin{pmatrix}2&1&2&3\\4&1&3&5\\2&0&1&2\end{pmatrix}\xrightarrow[r_2-2r_1]{r_3-r_1}\begin{pmatrix}2&1&2&3\\0&-1&-1&-1\\0&-1&-1&-1\end{pmatrix}\xrightarrow[r_1+r_2]{r_3-r_2}\begin{pmatrix}2&0&1&2\\0&-1&-1&-1\\0&0&0&0\end{pmatrix}$

$\xrightarrow[\frac{1}{2}c_1]{-c_2}\begin{pmatrix}1&0&1&2\\0&1&-1&-1\\0&0&0&0\end{pmatrix}\xrightarrow[\substack{c_3-c_1\\c_4-2c_1}]{\substack{c_3+c_2\\c_4+c_2}}\begin{pmatrix}1&0&0&0\\0&1&0&0\\0&0&0&0\end{pmatrix}$.

例 2　将矩阵 $\boldsymbol{B}=\begin{pmatrix}3&2&1\\3&1&5\\3&2&3\end{pmatrix}$化为标准型.

解　$\boldsymbol{B}=\begin{pmatrix}3&2&1\\3&1&5\\3&2&3\end{pmatrix}\xrightarrow[r_2-r_1]{r_3-r_1}\begin{pmatrix}3&2&1\\0&-1&4\\0&0&2\end{pmatrix}\xrightarrow[-r_2]{\frac{1}{2}r_3}\begin{pmatrix}3&2&1\\0&1&-4\\0&0&1\end{pmatrix}\xrightarrow[r_2+4r_3]{r_1-r_3}\begin{pmatrix}3&2&0\\0&1&0\\0&0&1\end{pmatrix}$

$$\xrightarrow{r_1-2r_2}\begin{pmatrix}3&0&0\\0&1&0\\0&0&1\end{pmatrix}\xrightarrow{\frac{1}{3}r_1}\begin{pmatrix}1&0&0\\0&1&0\\0&0&1\end{pmatrix}.$$

二、初等矩阵

定义4 对单位矩阵$\boldsymbol{E}$施以一次初等变换得到的矩阵称为初等矩阵.三种初等变换分别对应着三种初等矩阵.

(1) 初等对换矩阵:$\boldsymbol{E}$的第i,j行(列)互换得到的矩阵$\boldsymbol{E}(i,j)$;

(2) 初等倍乘矩阵:$\boldsymbol{E}$的第i行(列)乘以非零数k得到的矩阵$\boldsymbol{E}(i(k))$;

(3) 初等倍加矩阵:$\boldsymbol{E}$的第j行乘以数k加到第i行上,或$\boldsymbol{E}$的第i列乘以数k加到第j列上得到的矩阵$\boldsymbol{E}(ij(k))$.

例如,三阶单位矩阵$\boldsymbol{E}$

(1) 互换单位矩阵$\boldsymbol{E}$的第一、二行

$$\begin{pmatrix}1&0&0\\0&1&0\\0&0&1\end{pmatrix}\xrightarrow{r_1\leftrightarrow r_2}\begin{pmatrix}0&1&0\\1&0&0\\0&0&1\end{pmatrix}=\boldsymbol{E}(1,2);$$

(2) 用一个非零数k乘单位矩阵$\boldsymbol{E}$的第三行

$$\begin{pmatrix}1&0&0\\0&1&0\\0&0&1\end{pmatrix}\xrightarrow{kr_3}\begin{pmatrix}1&0&0\\0&1&0\\0&0&k\end{pmatrix}=\boldsymbol{E}(3(k));$$

(3) 用一个数k乘单位矩阵$\boldsymbol{E}$的第一行加到第二行上

$$\begin{pmatrix}1&0&0\\0&1&0\\0&0&1\end{pmatrix}\xrightarrow{r_2+kr_1}\begin{pmatrix}1&0&0\\k&1&0\\0&0&1\end{pmatrix}=\boldsymbol{E}(21(k)).$$

定理2 设$\boldsymbol{A}$是一个$m\times n$矩阵,对$\boldsymbol{A}$施行一次某种初等行(列)变换,相当于用同种的$m(n)$阶初等矩阵左(右)乘$\boldsymbol{A}$.

例如,设有矩阵$\boldsymbol{A}=\begin{pmatrix}3&0&1\\1&-1&2\\0&1&1\end{pmatrix}$

则 $$\boldsymbol{E}_3(1,2)=\begin{pmatrix}0&1&0\\1&0&0\\0&0&1\end{pmatrix},\boldsymbol{E}_3(31(2))=\begin{pmatrix}1&0&0\\0&1&0\\2&0&1\end{pmatrix},$$

$$E_3(1,2)A=\begin{pmatrix}0&1&0\\1&0&0\\0&0&1\end{pmatrix}\begin{pmatrix}3&0&1\\1&-1&2\\0&1&1\end{pmatrix}=\begin{pmatrix}1&-1&2\\3&0&1\\0&1&1\end{pmatrix},$$

即用 $E_3(1,2)$ 左乘 A，相当于交换矩阵 A 的第 1 行与第 2 行；

$$AE_3(31(2))=\begin{pmatrix}3&0&1\\1&-1&2\\0&1&1\end{pmatrix}\begin{pmatrix}1&0&0\\0&1&0\\2&0&1\end{pmatrix}=\begin{pmatrix}5&0&1\\5&-1&2\\2&1&1\end{pmatrix},$$

即用 $E_3(31(2))$ 右乘 A，相当于将矩阵 A 的第 3 列乘 2 加到第 1 列.

练习三

(A)

1. 用初等变换将下列矩阵化为矩阵 $D=\begin{pmatrix}E_r&0\\0&0\end{pmatrix}$ 的标准形式.

(1) $\begin{pmatrix}1&-1\\3&2\end{pmatrix}$；(2) $\begin{pmatrix}0&-1\\3&2\end{pmatrix}$；(3) $\begin{pmatrix}1&-1&2\\3&-3&1\end{pmatrix}$；(4) $\begin{pmatrix}1&-1&2\\3&-3&1\\-2&2&-4\end{pmatrix}$.

2. 已知矩阵 $A=\begin{pmatrix}3&2&9&6\\-1&-3&4&-17\\1&4&-7&3\\-1&-4&7&-3\end{pmatrix}$，对其做初等行变换，先化为行阶梯形矩阵，再化为行最简形矩阵.

(B)

1. 用初等行变换把矩阵 $\begin{pmatrix}1&2&-1\\3&4&-2\\5&-4&1\end{pmatrix}$ 化为标准型.

2. 将下列矩阵化为行阶梯形矩阵.

(1) $\begin{pmatrix}2&-2&1\\3&5&2\\-4&4&-2\end{pmatrix}$；(2) $\begin{pmatrix}1&2&3&1&5\\2&4&0&-1&-3\\-1&-2&3&2&8\\1&2&-9&-5&-21\end{pmatrix}$.

§2.4 矩阵的秩

一、矩阵秩的概念

矩阵的秩的概念是讨论向量组的线性相关性、线性方程组解的存在性等问题的重要工具.在本节中,我们首先利用行列式来定义矩阵的秩,然后给出利用初等变换求矩阵的秩的方法.

定义1 在 $m \times n$ 矩阵中,任取 k 行 k 列($1 \leqslant k \leqslant m, 1 \leqslant k \leqslant n$),位于这些行列交叉处的 k^2 个元素,不改变它们在 $\boldsymbol{A}$ 中所处的位置次序而得到的 k 阶行列式,称为矩阵 $\boldsymbol{A}$ 的 **$\boldsymbol{k}$ 阶子式**.

例如,$\boldsymbol{A} = \begin{pmatrix} 1 & -2 & 1 & 1 & -1 \\ 2 & 1 & -1 & -1 & -1 \\ 0 & 0 & 1 & 0 & 0 \\ 0 & 0 & 0 & 0 & 0 \end{pmatrix}$,取矩阵的第1、2、3行与第1、2、3列相交处的元素构成矩阵 $\boldsymbol{A}$ 的一个三阶子式 $\begin{vmatrix} 1 & -2 & 1 \\ 2 & 1 & -1 \\ 0 & 0 & 1 \end{vmatrix} = 5$;矩阵 $\boldsymbol{A}$ 的第2、3行与第1、3列相交处的元素构成矩阵 $\boldsymbol{A}$ 的一个二阶子式 $\begin{vmatrix} 2 & -1 \\ 0 & 1 \end{vmatrix} = 2$.

容易看出,矩阵 $\boldsymbol{A}$ 的所有四阶子式中,因为必有一行为零行,所以矩阵 $\boldsymbol{A}$ 的所有四阶子式都为零,而三阶子式不全为零.于是有:

定义2 设 $\boldsymbol{A}$ 为 $m \times n$ 矩阵,如果存在 $\boldsymbol{A}$ 的 r 阶子式不为零,而任何 $r+1$ 阶子式(如果存在的话)皆为零,则称数 r 为矩阵 $\boldsymbol{A}$ 的秩,记为 $R(\boldsymbol{A})$ 或 $r(\boldsymbol{A})$,并规定零矩阵的秩等于零.

换句话说,矩阵 $\boldsymbol{A}$ 的秩就是"矩阵 $\boldsymbol{A}$ 中非零子式的最高阶数".上面的例子中,$R(\boldsymbol{A}) = 3$.

例1 求矩阵 $\boldsymbol{A} = \begin{pmatrix} 1 & 2 & 3 \\ 2 & 3 & -5 \\ 4 & 7 & 1 \end{pmatrix}$ 的秩.

解 在 $\boldsymbol{A}$ 中,$\begin{vmatrix} 1 & 3 \\ 2 & -5 \end{vmatrix} \neq 0$,又 $\boldsymbol{A}$ 的三阶子式只有一个 $|\boldsymbol{A}|$,且 $\begin{vmatrix} 1 & 2 & 3 \\ 2 & 3 & -5 \\ 4 & 7 & 1 \end{vmatrix} =$

$$\begin{vmatrix} 1 & 2 & 3 \\ 0 & -1 & -11 \\ 0 & -1 & -11 \end{vmatrix} = 0,$$

故 $r(\boldsymbol{A}) = 2$.

例 2　求矩阵 $\boldsymbol{B} = \begin{pmatrix} 2 & -1 & 0 & 3 & -2 \\ 0 & 3 & 1 & -2 & 5 \\ 0 & 0 & 0 & 4 & -3 \\ 0 & 0 & 0 & 0 & 0 \end{pmatrix}$的秩.

解　因 $\boldsymbol{B}$ 是一个行阶梯形矩阵，其非零行只有三行，故知 $\boldsymbol{B}$ 的所有四阶子式全为零. 此外，又存在 $\boldsymbol{B}$ 的一个三阶子式 $\begin{vmatrix} 2 & -1 & 3 \\ 0 & 3 & -2 \\ 0 & 0 & 4 \end{vmatrix} = 24 \neq 0$，所以 $r(\boldsymbol{B}) = 3$.

显然，矩阵的秩具有下列性质：

(1) 若矩阵 $\boldsymbol{A}$ 中有某个 s 阶子式不为 0，则 $r(\boldsymbol{A}) \geqslant s$；

(2) 若 $\boldsymbol{A}$ 中所有 r 阶子式全为 0，则 $r(\boldsymbol{A}) < r$；

(3) 若 $\boldsymbol{A}$ 为 $m \times n$ 矩阵，则 $0 \leqslant r(\boldsymbol{A}) \leqslant \min\{m, n\}$；

(4) $r(\boldsymbol{A}) = r(\boldsymbol{A}^{\mathrm{T}})$.

当 $r(\boldsymbol{A}) = \min\{m, n\}$ 时，称矩阵 $\boldsymbol{A}$ 为**满秩矩阵**，否则称为**降秩矩阵**.

例 1、例 2 中的矩阵 $\boldsymbol{A}, \boldsymbol{B}$ 都为降秩矩阵，矩阵 $\boldsymbol{C} = \begin{pmatrix} 1 & 3 & 4 & 5 \\ 0 & 1 & 0 & 3 \\ 0 & 0 & 1 & 0 \end{pmatrix}$，$r(\boldsymbol{C}) = 3$，故 $\boldsymbol{C}$ 为满秩矩阵.

由上面的例子可知，利用定义计算矩阵的秩，当矩阵的行数和列数较大时，按定义求秩是非常麻烦的.

由于行阶梯形矩阵的秩很容易判断，而任意矩阵都可以经过有限次初等行变换化为行阶梯形矩阵，因而可考虑借助初等变换法来求矩阵的秩.

二、矩阵秩的计算

定理　矩阵经过初等变换后，其秩不变.

若 $\boldsymbol{A} \to \boldsymbol{B}$，则 $r(\boldsymbol{A}) = r(\boldsymbol{B})$.

根据这个定理，我们得到利用初等变换求矩阵的秩的方法：用初等行变换把矩阵化为行阶梯形矩阵，行阶梯形矩阵中非零行的行数就是该矩阵的秩.

例 3 求矩阵 $\boldsymbol{A}=\begin{pmatrix}1&0&0&1\\1&2&0&-1\\3&-1&0&4\\1&4&5&1\end{pmatrix}$ 的秩.

解 对 $\boldsymbol{A}$ 做初等变换,变成行阶梯形矩阵.

$$\boldsymbol{A}\xrightarrow[\substack{r_2-r_1\\r_3-3r_1}]{r_4-r_1}\begin{pmatrix}1&0&0&1\\0&2&0&-2\\0&-1&0&1\\0&4&5&0\end{pmatrix}\xrightarrow{\frac{1}{2}r_2}\begin{pmatrix}1&0&0&1\\0&1&0&-1\\0&-1&0&1\\0&4&5&0\end{pmatrix}\xrightarrow[r_3+r_2]{r_4-4r_2}\begin{pmatrix}1&0&0&1\\0&1&0&-1\\0&0&0&0\\0&0&5&4\end{pmatrix}$$

$$\xrightarrow{r_4\leftrightarrow r_3}\begin{pmatrix}1&0&0&1\\0&1&0&-1\\0&0&5&4\\0&0&0&0\end{pmatrix},$$

由行阶梯形矩阵有三个非零行知 $r(\boldsymbol{A})=3$.

例 4 设 $A=\begin{pmatrix}3&2&0&5&0\\3&-2&3&6&-1\\2&0&1&5&-3\\1&6&-4&-1&4\end{pmatrix}$,求矩阵 A 的秩.

解 $$\boldsymbol{A}\xrightarrow{r_1\leftrightarrow r_4}\begin{pmatrix}1&6&-4&-1&4\\3&-2&3&6&-1\\2&0&1&5&-3\\3&2&0&5&0\end{pmatrix}\xrightarrow[\substack{r_2-3r_1\\r_3-2r_1}]{r_4-3r_1}\begin{pmatrix}1&6&-4&-1&4\\0&-20&15&9&-13\\0&-12&9&7&-11\\0&-16&12&8&-12\end{pmatrix}$$

$$\xrightarrow{\substack{r_2-r_4\\r_3-r_4}}\begin{pmatrix}1&6&-4&-1&4\\0&-4&3&1&-1\\0&4&-3&-1&1\\0&-16&12&8&-12\end{pmatrix}\xrightarrow{\substack{r_3+r_2\\r_4-4r_2}}\begin{pmatrix}1&6&-4&-1&4\\0&-4&3&1&-1\\0&0&0&0&0\\0&0&0&4&-8\end{pmatrix}$$

$$\xrightarrow{r_2\leftrightarrow r_3}\begin{pmatrix}1&6&-4&-1&4\\0&-4&3&1&-1\\0&0&0&4&-8\\0&0&0&0&0\end{pmatrix},$$

故 $r(\boldsymbol{A})=3$.

例 5　设 $\boldsymbol{A}=\begin{pmatrix}1 & -1 & 1 & 2\\ 3 & \lambda & -1 & 2\\ 5 & 3 & \mu & 6\end{pmatrix}$，已知 $r(\boldsymbol{A})=2$，求 λ 与 μ 的值.

解　$\boldsymbol{A}\xrightarrow[r_2-3r_1]{r_3-5r_1}\begin{pmatrix}1 & -1 & 1 & 2\\ 0 & \lambda+3 & -4 & -4\\ 0 & 8 & \mu-5 & -4\end{pmatrix}\xrightarrow{r_3-r_2}\begin{pmatrix}1 & -1 & 1 & 2\\ 0 & \lambda+3 & -4 & -4\\ 0 & 5-\lambda & \mu-1 & 0\end{pmatrix}$，

因为 $r(\boldsymbol{A})=2$，故 $5-\lambda=0,\mu-1=0$，即 $\lambda=5,\mu=1$.

练习四

(A)

求下列矩阵的秩：

(1) $\begin{pmatrix}1 & 2 & -1\\ 3 & 4 & -2\\ 5 & -4 & 1\end{pmatrix}$；

(2) $\begin{pmatrix}3 & 1 & 0 & 2\\ 1 & -1 & 2 & -1\\ 1 & 3 & -4 & 4\end{pmatrix}$；

(3) $\begin{pmatrix}3 & 2 & -1 & -3 & -1\\ 2 & -1 & 3 & 1 & -3\\ 7 & 0 & 5 & -1 & -8\end{pmatrix}$.

(B)

1. 求下列矩阵的秩：

(1) $\begin{pmatrix}1 & -1 & 2 & 1 & 0\\ 2 & -2 & 4 & 2 & 0\\ 3 & 0 & 6 & -1 & 1\\ 0 & 3 & 0 & 0 & 1\end{pmatrix}$；

(2) $\begin{pmatrix}1 & 0 & 0 & 1 & 4\\ 0 & 1 & 0 & 2 & 5\\ 0 & 0 & 1 & 3 & 6\\ 1 & 2 & 3 & 14 & 32\\ 4 & 5 & 6 & 32 & 77\end{pmatrix}$.

2. 设矩阵 $\boldsymbol{A}=\begin{pmatrix}1 & \lambda & -1 & 2\\ 2 & -1 & \lambda & 5\\ 1 & 10 & -6 & 1\end{pmatrix}$，其中 λ 为参数，求矩阵 $\boldsymbol{A}$ 的秩.

3. 设 $\boldsymbol{A}=\begin{pmatrix}1 & 2 & 3 & a & 5\\ 2 & 6 & 7 & 2a & 10-b\\ 0 & -2 & -1 & 2a+b-4 & a+1\\ 1 & 4 & 4 & a & 5-b\end{pmatrix}$，试确定 a 和 b 的值，使 $R(\boldsymbol{A})=2$.

§2.5 逆矩阵

一、逆矩阵的概念

定义 1 设 $\boldsymbol{A}$ 是 n 阶方阵，如果存在 n 阶方阵 $\boldsymbol{B}$，使得 $\boldsymbol{AB}=\boldsymbol{BA}=\boldsymbol{E}$，则称矩阵 $\boldsymbol{A}$ 是可逆矩阵，并称 $\boldsymbol{B}$ 是 $\boldsymbol{A}$ 的逆矩阵，记为 $\boldsymbol{A}^{-1}$，即 $\boldsymbol{B}=\boldsymbol{A}^{-1}$. 故 $\boldsymbol{AA}^{-1}=\boldsymbol{A}^{-1}\boldsymbol{A}=\boldsymbol{E}$.

例如，矩阵 $\boldsymbol{A}=\begin{pmatrix}2 & 1\\ 3 & 1\end{pmatrix}$，$\boldsymbol{B}=\begin{pmatrix}-1 & 1\\ 3 & -2\end{pmatrix}$，因为可以验证 $\boldsymbol{AB}=\boldsymbol{BA}=\boldsymbol{E}$，所以矩阵 $\boldsymbol{A}$ 可逆，且矩阵 $\boldsymbol{B}$ 是矩阵 $\boldsymbol{A}$ 的逆矩阵.

显然，矩阵 $\boldsymbol{B}$ 也可逆，并且矩阵 $\boldsymbol{B}$ 的逆矩阵就是矩阵 $\boldsymbol{A}$，所以 $\boldsymbol{A}$ 与 $\boldsymbol{B}$ 互为逆矩阵.

定理 1 *如果矩阵 $\boldsymbol{A}$ 是可逆的，则 $\boldsymbol{A}$ 的逆矩阵是唯一的.*

事实上，假设 $\boldsymbol{B}$ 和 $\boldsymbol{C}$ 都是 $\boldsymbol{A}$ 的逆矩阵，则有

$\boldsymbol{AB}=\boldsymbol{BA}=\boldsymbol{E}$，$\boldsymbol{AC}=\boldsymbol{CA}=\boldsymbol{E}$，

$\boldsymbol{B}=\boldsymbol{EB}=(\boldsymbol{CA})\boldsymbol{B}=\boldsymbol{C}(\boldsymbol{AB})=\boldsymbol{CE}=\boldsymbol{C}$，

故 $\boldsymbol{A}$ 的逆矩阵是唯一的.

[思考题一] 是否所有的矩阵都存在逆矩阵？

答案是否定的，例如零矩阵不存在逆矩阵，矩阵 $\begin{pmatrix}2 & 1\\ 0 & 0\end{pmatrix}$ 也不存在逆矩阵.

二、逆矩阵的性质

下面给出逆矩阵的性质：

性质 1 如果矩阵 $\boldsymbol{A}$ 可逆，则 $\boldsymbol{A}^{-1}$，$\boldsymbol{A}^{\mathrm{T}}$ 也可逆，且 $(\boldsymbol{A}^{-1})^{-1}=\boldsymbol{A}$，$(\boldsymbol{A}^{\mathrm{T}})^{-1}=(\boldsymbol{A}^{-1})^{\mathrm{T}}$.

性质 2 如果 $\boldsymbol{A}$ 为 n 阶可逆矩阵，数 $k\neq 0$，则 $k\boldsymbol{A}$ 也可逆，且

$$(k\boldsymbol{A})^{-1} = \frac{1}{k}\boldsymbol{A}^{-1}.$$

性质 3　如果 $\boldsymbol{A}$ 与 $\boldsymbol{B}$ 均为 n 阶可逆矩阵，则 $\boldsymbol{AB}$ 也可逆，且

$$(\boldsymbol{AB})^{-1} = \boldsymbol{B}^{-1}\boldsymbol{A}^{-1}.$$

推广　当 n 阶矩阵 $\boldsymbol{A}_1, \boldsymbol{A}_2, \cdots, \boldsymbol{A}_n$ 都可逆时，乘积矩阵 $\boldsymbol{A}_1\boldsymbol{A}_2\cdots\boldsymbol{A}_n$ 也可逆，且

$$(\boldsymbol{A}_1\boldsymbol{A}_2\cdots\boldsymbol{A}_n)^{-1} = \boldsymbol{A}_n^{-1}\cdots\boldsymbol{A}_2^{-1}\boldsymbol{A}_1^{-1}.$$

性质 4　如果矩阵 $\boldsymbol{A}$ 可逆，则 $|\boldsymbol{A}^{-1}| = |\boldsymbol{A}|^{-1}$.

［**思考题二**］　(1) 若 n 阶矩阵 $\boldsymbol{A}$ 和 $\boldsymbol{B}$ 都可逆，问 $\boldsymbol{A}+\boldsymbol{B}$ 可逆吗？

(2) 若 $\boldsymbol{A}+\boldsymbol{B}$ 可逆，问 $(\boldsymbol{A}+\boldsymbol{B})^{-1} = \boldsymbol{A}^{-1}+\boldsymbol{B}^{-1}$ 成立吗？

三、逆矩阵的求法

1. 初等行变换法求逆矩阵

定理 2　n 阶可逆矩阵 $\boldsymbol{A}$ 经过一系列的初等行变换，必可化成 n 阶单位矩阵 $\boldsymbol{E}$；同时对 n 阶单位矩阵 $\boldsymbol{E}$ 做同样的初等行变换，所得到的矩阵即为 $\boldsymbol{A}$ 的逆矩阵 $\boldsymbol{A}^{-1}$.

由定理可知，对于任意一个 n 阶可逆矩阵 $\boldsymbol{A}$，一定存在一组初等矩阵 $\boldsymbol{P}_1, \boldsymbol{P}_2, \cdots, \boldsymbol{P}_s$，使得

$$\boldsymbol{P}_s\cdots\boldsymbol{P}_2\boldsymbol{P}_1\boldsymbol{A} = \boldsymbol{E},$$

对上式两边右乘 $\boldsymbol{A}^{-1}$，得　$\boldsymbol{P}_s\cdots\boldsymbol{P}_2\boldsymbol{P}_1\boldsymbol{A}\boldsymbol{A}^{-1} = \boldsymbol{E}\boldsymbol{A}^{-1} = \boldsymbol{A}^{-1}$,

即　$\boldsymbol{A}^{-1} = \boldsymbol{P}_s\cdots\boldsymbol{P}_2\boldsymbol{P}_1\boldsymbol{E}$.

由此可知，经过一系列的初等行变换可以把可逆矩阵 $\boldsymbol{A}$ 化成单位矩阵 $\boldsymbol{E}$，那么用一系列同样的初等行变换作用到 $\boldsymbol{E}$ 上，就可以把 $\boldsymbol{E}$ 化成 $\boldsymbol{A}^{-1}$. 于是我们得到用初等行变换求逆矩阵的方法：

作 $n\times 2n$ 矩阵 $(\boldsymbol{A}\quad \boldsymbol{E})$，然后对 $(\boldsymbol{A}\quad \boldsymbol{E})$ 做初等行变换，使 $\boldsymbol{A}$ 成为单位矩阵；与此同时，单位矩阵 $\boldsymbol{E}$ 成为 $\boldsymbol{A}$ 的逆矩阵 $\boldsymbol{A}^{-1}$，即

$$(\boldsymbol{A}\quad \boldsymbol{E}) \xrightarrow{\text{初等行变换}} (\boldsymbol{E}\quad \boldsymbol{A}^{-1}).$$

例 1　用初等行变换求 $\boldsymbol{A} = \begin{pmatrix} 2 & 0 & 0 \\ 0 & 5 & 0 \\ 0 & 0 & -3 \end{pmatrix}$ 的逆矩阵.

解　$$(\boldsymbol{A}\quad \boldsymbol{E}) = \begin{pmatrix} 2 & 0 & 0 & 1 & 0 & 0 \\ 0 & 5 & 0 & 0 & 1 & 0 \\ 0 & 0 & -3 & 0 & 0 & 1 \end{pmatrix} \xrightarrow[\substack{\frac{1}{2}r_1 \\ \frac{1}{5}r_2}]{-\frac{1}{3}r_3} \begin{pmatrix} 1 & 0 & 0 & \frac{1}{2} & 0 & 0 \\ 0 & 1 & 0 & 0 & \frac{1}{5} & 0 \\ 0 & 0 & 1 & 0 & 0 & -\frac{1}{3} \end{pmatrix}$$

所以 $$A^{-1}=\begin{pmatrix}\frac{1}{2}&0&0\\0&\frac{1}{5}&0\\0&0&-\frac{1}{3}\end{pmatrix}.$$

例 2 用初等行变换求 $A=\begin{pmatrix}1&2\\1&3\end{pmatrix}$的逆矩阵.

解 $$(A\quad E)=\begin{pmatrix}1&2&1&0\\1&3&0&1\end{pmatrix}\xrightarrow{r_2-r_1}\begin{pmatrix}1&2&1&0\\0&1&-1&1\end{pmatrix}\xrightarrow{r_1-2r_2}\begin{pmatrix}1&0&3&-2\\0&1&-1&1\end{pmatrix},$$

所以 $$A^{-1}=\begin{pmatrix}3&-2\\-1&1\end{pmatrix}.$$

例 3 设 $A=\begin{pmatrix}1&2&3\\2&2&1\\3&4&3\end{pmatrix}$,用初等行变换求 A^{-1}.

解 $$(A\quad E)=\begin{pmatrix}1&2&3&1&0&0\\2&2&1&0&1&0\\3&4&3&0&0&1\end{pmatrix}\xrightarrow[r_2-2r_1]{r_3-3r_1}\begin{pmatrix}1&2&3&1&0&0\\0&-2&-5&-2&1&0\\0&-2&-6&-3&0&1\end{pmatrix}$$

$$\xrightarrow[r_1+r_2]{r_3-r_2}\begin{pmatrix}1&0&-2&-1&1&0\\0&-2&-5&-2&1&0\\0&0&-1&-1&-1&1\end{pmatrix}\xrightarrow[r_1-2r_3]{r_2-5r_3}\begin{pmatrix}1&0&0&1&3&-2\\0&-2&0&3&6&-5\\0&0&-1&-1&-1&1\end{pmatrix}$$

$$\xrightarrow[-\frac{1}{2}r_2]{-r_3}\begin{pmatrix}1&0&0&1&3&-2\\0&1&0&-\frac{3}{2}&-3&\frac{5}{2}\\0&0&1&1&1&-1\end{pmatrix},$$

所以 $$A^{-1}=\begin{pmatrix}1&3&-2\\-\frac{3}{2}&-3&\frac{5}{2}\\1&1&-1\end{pmatrix}.$$

例 4 用初等行变换判断 $A=\begin{pmatrix}1&2&3\\4&5&6\\7&8&9\end{pmatrix}$是否可逆?

解 $$(A\quad E)=\begin{pmatrix}1&2&3&1&0&0\\4&5&6&0&1&0\\7&8&9&0&0&1\end{pmatrix}\xrightarrow[r_2-4r_1]{r_3-7r_1}\begin{pmatrix}1&2&3&1&0&0\\0&-3&-6&-4&1&0\\0&-6&-12&-7&0&1\end{pmatrix}$$

$$\xrightarrow{r_3-2r_2}\begin{pmatrix}1&2&3&1&0&0\\0&-3&-6&-4&1&0\\0&0&0&1&-2&1\end{pmatrix},$$

左半边的矩阵出现一行全是零，说明矩阵 $\boldsymbol{A}$ 不可逆.

例 5　已知矩阵 $\boldsymbol{A}=\begin{pmatrix}1&0&1\\2&1&0\\-3&2&-5\end{pmatrix}$，求 $(\boldsymbol{E}-\boldsymbol{A})^{-1}$.

解　$\boldsymbol{E}-\boldsymbol{A}=\begin{pmatrix}1&0&0\\0&1&0\\0&0&1\end{pmatrix}-\begin{pmatrix}1&0&1\\2&1&0\\-3&2&-5\end{pmatrix}=\begin{pmatrix}0&0&-1\\-2&0&0\\3&-2&6\end{pmatrix}$,

$$(\boldsymbol{E}-\boldsymbol{A}\quad\boldsymbol{E})=\begin{pmatrix}0&0&-1&1&0&0\\-2&0&0&0&1&0\\3&-2&6&0&0&1\end{pmatrix}\xrightarrow{r_1\leftrightarrow r_2}\begin{pmatrix}-2&0&0&0&1&0\\0&0&-1&1&0&0\\3&-2&6&0&0&1\end{pmatrix}$$

$$\xrightarrow[r_2\leftrightarrow r_3]{r_1+r_3}\begin{pmatrix}1&-2&6&0&1&1\\3&-2&6&0&0&1\\0&0&-1&1&0&0\end{pmatrix}\xrightarrow[-r_3]{r_2-3r_1}\begin{pmatrix}1&-2&6&0&1&1\\0&4&-12&0&-3&-2\\0&0&1&-1&0&0\end{pmatrix}$$

$$\xrightarrow[r_1-6r_3]{r_2+12r_3}\begin{pmatrix}1&-2&0&6&1&1\\0&4&0&-12&-3&-2\\0&0&1&-1&0&0\end{pmatrix}\xrightarrow{\frac{1}{4}r_2}\begin{pmatrix}1&-2&0&6&1&1\\0&1&0&-3&-\frac{3}{4}&-\frac{1}{2}\\0&0&1&-1&0&0\end{pmatrix}$$

$$\xrightarrow{r_1+2r_2}\begin{pmatrix}1&0&0&0&-\frac{1}{2}&0\\0&1&0&-3&-\frac{3}{4}&-\frac{1}{2}\\0&0&1&-1&0&0\end{pmatrix},$$

所以　$(\boldsymbol{E}-\boldsymbol{A})^{-1}=\begin{pmatrix}0&-\frac{1}{2}&0\\-3&-\frac{3}{4}&-\frac{1}{2}\\-1&0&0\end{pmatrix}$.

2.伴随矩阵法求逆矩阵

定义 2　行列式 $|\boldsymbol{A}|$ 的各个元素的代数余子式 A_{ij} 所构成的矩阵

$$A^* = \begin{pmatrix} A_{11} & A_{12} & \cdots & A_{1n} \\ A_{21} & A_{22} & \cdots & A_{2n} \\ \vdots & \vdots & & \vdots \\ A_{n1} & A_{n2} & \cdots & A_{nn} \end{pmatrix}^T = \begin{pmatrix} A_{11} & A_{21} & \cdots & A_{n1} \\ A_{12} & A_{22} & \cdots & A_{n2} \\ \vdots & \vdots & & \vdots \\ A_{1n} & A_{2n} & \cdots & A_{nn} \end{pmatrix},$$

称为矩阵 $\boldsymbol{A}$ 的伴随矩阵.

例 6 设矩阵 $\boldsymbol{A} = \begin{pmatrix} 1 & 0 & 1 \\ 2 & 1 & 0 \\ -3 & 2 & -5 \end{pmatrix}$,求矩阵 $\boldsymbol{A}$ 的伴随矩阵 $\boldsymbol{A}^*$.

解 $A_{11} = (-1)^{1+1}\begin{vmatrix} 1 & 0 \\ 2 & -5 \end{vmatrix} = -5, A_{12} = (-1)^{1+2}\begin{vmatrix} 2 & 0 \\ -3 & -5 \end{vmatrix} = 10,$

$A_{13} = (-1)^{1+3}\begin{vmatrix} 2 & 1 \\ -3 & 2 \end{vmatrix} = 7,$

$A_{21} = (-1)^{2+1}\begin{vmatrix} 0 & 1 \\ 2 & -5 \end{vmatrix} = 2, A_{22} = (-1)^{2+2}\begin{vmatrix} 1 & 1 \\ -3 & -5 \end{vmatrix} = -2,$

$A_{23} = (-1)^{2+3}\begin{vmatrix} 1 & 0 \\ -3 & 2 \end{vmatrix} = -2,$

$A_{31} = (-1)^{3+1}\begin{vmatrix} 0 & 1 \\ 1 & 0 \end{vmatrix} = -1, A_{32} = (-1)^{3+2}\begin{vmatrix} 1 & 1 \\ 2 & 0 \end{vmatrix} = 2, A_{33} = (-1)^{3+3}\begin{vmatrix} 1 & 0 \\ 2 & 1 \end{vmatrix} = 1,$

所以 $$\boldsymbol{A}^* = \begin{pmatrix} -5 & 10 & 7 \\ 2 & -2 & -2 \\ -1 & 2 & 1 \end{pmatrix}^T = \begin{pmatrix} -5 & 2 & -1 \\ 10 & -2 & 2 \\ 7 & -2 & 1 \end{pmatrix}.$$

定义 3 如果 n 阶矩阵 $\boldsymbol{A}$ 的行列式 $|\boldsymbol{A}| \neq 0$,则称 $\boldsymbol{A}$ 为非奇异的,否则称 $\boldsymbol{A}$ 为奇异的.

定理 3 n 阶矩阵 $\boldsymbol{A}$ 可逆的充分必要条件是其行列式 $|\boldsymbol{A}| \neq 0$,且当 $\boldsymbol{A}$ 可逆时,有

$$\boldsymbol{A}^{-1} = \frac{1}{|\boldsymbol{A}|}\boldsymbol{A}^*,$$

其中 $\boldsymbol{A}^*$ 为 $\boldsymbol{A}$ 的伴随矩阵.

利用此定理求逆矩阵的方法称为伴随矩阵法.

例 7 设 $\boldsymbol{A} = \begin{pmatrix} 1 & 2 \\ 3 & 5 \end{pmatrix}$,问 $\boldsymbol{A}$ 是否可逆,若可逆,求 $\boldsymbol{A}^{-1}$.

解 因为 $|\boldsymbol{A}| = \begin{vmatrix} 1 & 2 \\ 3 & 5 \end{vmatrix} = -1 \neq 0$,所以 $\boldsymbol{A}$ 可逆,又

$A_{11} = (-1)^{1+1}|5| = 5, A_{12} = (-1)^{1+2}|3| = -3,$

$A_{21}=(-1)^{2+1}|2|=-2, A_{22}=(-1)^{2+2}|1|=1$,

所以 $\boldsymbol{A}^{*}=\begin{pmatrix}5 & -3\\ -2 & 1\end{pmatrix}^{\mathrm{T}}=\begin{pmatrix}5 & -2\\ -3 & 1\end{pmatrix}$,

所以 $\boldsymbol{A}^{-1}=\frac{1}{|\boldsymbol{A}|}\boldsymbol{A}^{*}=-\begin{pmatrix}5 & -2\\ -3 & 1\end{pmatrix}=\begin{pmatrix}-5 & 2\\ 3 & -1\end{pmatrix}$.

例 8　求例 6 中矩阵 $\boldsymbol{A}=\begin{pmatrix}1 & 0 & 1\\ 2 & 1 & 0\\ -3 & 2 & -5\end{pmatrix}$ 的逆矩阵 $\boldsymbol{A}^{-1}$.

解　因为 $|\boldsymbol{A}|=\begin{vmatrix}1 & 0 & 1\\ 2 & 1 & 0\\ -3 & 2 & -5\end{vmatrix}=2\neq 0$,所以矩阵 $\boldsymbol{A}$ 可逆,

由例 6 的结果知, $\boldsymbol{A}^{*}=\begin{pmatrix}-5 & 2 & -1\\ 10 & -2 & 2\\ 7 & -2 & 1\end{pmatrix}$,

所以 $\boldsymbol{A}^{-1}=\frac{1}{|\boldsymbol{A}|}\boldsymbol{A}^{*}=\frac{1}{2}\begin{pmatrix}-5 & 2 & -1\\ 10 & -2 & 2\\ 7 & -2 & 1\end{pmatrix}=\begin{pmatrix}-\frac{5}{2} & 1 & -\frac{1}{2}\\ 5 & -1 & 1\\ \frac{7}{2} & -1 & \frac{1}{2}\end{pmatrix}$.

[思考题三]　下列说法正确吗?

(1) n 阶矩阵 $\boldsymbol{A}$ 可逆的充分必要条件是 $\boldsymbol{A}$ 为非奇异矩阵.

(2) n 阶矩阵 $\boldsymbol{A}$ 可逆的充分必要条件是 $r(\boldsymbol{A})=n$.

四、逆矩阵的应用

1. 求解矩阵方程 $\boldsymbol{AX}=\boldsymbol{B}$

设矩阵 $\boldsymbol{A}$ 可逆,则求解矩阵方程 $\boldsymbol{AX}=\boldsymbol{B}$,等价于求矩阵 $\boldsymbol{X}=\boldsymbol{A}^{-1}\boldsymbol{B}$.

为此,可采用类似初等行变换求矩阵的逆的方法,构造矩阵 $(\boldsymbol{A}\quad\boldsymbol{B})$,对其施以初等行变换将矩阵 $\boldsymbol{A}$ 化为单位矩阵 $\boldsymbol{E}$,上述的初等行变换同时也将其中的矩阵 $\boldsymbol{B}$ 化为 $\boldsymbol{A}^{-1}\boldsymbol{B}$,即

$$(\boldsymbol{A}\quad\boldsymbol{B})\xrightarrow{\text{初等行变换}}(\boldsymbol{E}\quad\boldsymbol{A}^{-1}B).$$

同理,求解矩阵 $\boldsymbol{XA}=\boldsymbol{B}$,等价于求矩阵 $\boldsymbol{X}=\boldsymbol{BA}^{-1}$,亦可利用初等列变换的方法求矩阵 $\boldsymbol{BA}^{-1}$,即

$$\begin{pmatrix}\boldsymbol{A}\\ \boldsymbol{B}\end{pmatrix}\xrightarrow{\text{初等列变换}}\begin{pmatrix}\boldsymbol{E}\\ \boldsymbol{BA}^{-1}\end{pmatrix}.$$

例 9 求矩阵 $\boldsymbol{X}$,使 $\boldsymbol{AX}=\boldsymbol{B}$,其中 $\boldsymbol{A}=\begin{pmatrix}1&2&3\\2&2&1\\3&4&3\end{pmatrix}$,$\boldsymbol{B}=\begin{pmatrix}2&5\\3&1\\4&3\end{pmatrix}$.

解 $(\boldsymbol{A}\quad\boldsymbol{B})=\begin{pmatrix}1&2&3&2&5\\2&2&1&3&1\\3&4&3&4&3\end{pmatrix}\xrightarrow[r_3-3r_1]{r_2-2r_1}\begin{pmatrix}1&2&3&2&5\\0&-2&-5&-1&-9\\0&-2&-6&-2&-12\end{pmatrix}$

$\xrightarrow[r_3-r_2]{r_1+r_2}\begin{pmatrix}1&0&-2&1&-4\\0&-2&-5&-1&-9\\0&0&-1&-1&-3\end{pmatrix}\xrightarrow[r_2-5r_3]{r_1-2r_3}\begin{pmatrix}1&0&0&3&2\\0&-2&0&4&6\\0&0&-1&-1&-3\end{pmatrix}$

$\xrightarrow[-r_3]{-\frac{1}{2}r_2}\begin{pmatrix}1&0&0&3&2\\0&1&0&-2&-3\\0&0&1&1&3\end{pmatrix}$,

所以 $\boldsymbol{X}=\boldsymbol{A}^{-1}\boldsymbol{B}=\begin{pmatrix}3&2\\-2&-3\\1&3\end{pmatrix}$.

例 10 求解矩阵方程 $\boldsymbol{AX}=\boldsymbol{A}+\boldsymbol{X}$,其中 $\boldsymbol{A}=\begin{pmatrix}2&2&0\\2&1&3\\0&1&0\end{pmatrix}$.

解 由 $\boldsymbol{AX}=\boldsymbol{A}+\boldsymbol{X}$ 得:$\boldsymbol{AX}-\boldsymbol{X}=\boldsymbol{A}$,即$(\boldsymbol{A}-\boldsymbol{E})\boldsymbol{X}=\boldsymbol{A}$,则 $\boldsymbol{X}=(\boldsymbol{A}-\boldsymbol{E})^{-1}\boldsymbol{A}$.

$\boldsymbol{A}-\boldsymbol{E}=\begin{pmatrix}2&2&0\\2&1&3\\0&1&0\end{pmatrix}-\begin{pmatrix}1&0&0\\0&1&0\\0&0&1\end{pmatrix}=\begin{pmatrix}1&2&0\\2&0&3\\0&1&-1\end{pmatrix}$,

$(\boldsymbol{A}-\boldsymbol{E}\quad\boldsymbol{A})=\begin{pmatrix}1&2&0&2&2&0\\2&0&3&2&1&3\\0&1&-1&0&1&0\end{pmatrix}\xrightarrow{r_2-2r_1}\begin{pmatrix}1&2&0&2&2&0\\0&-4&3&-2&-3&3\\0&1&-1&0&1&0\end{pmatrix}$

$\xrightarrow{r_2\leftrightarrow r_3}\begin{pmatrix}1&2&0&2&2&0\\0&1&-1&0&1&0\\0&-4&3&-2&-3&3\end{pmatrix}\xrightarrow[r_1-2r_2]{r_3+4r_2}\begin{pmatrix}1&0&2&2&0&0\\0&1&-1&0&1&0\\0&0&-1&-2&1&3\end{pmatrix}$

$\xrightarrow[r_1+2r_3]{r_2-r_3}\begin{pmatrix}1&0&0&-2&2&6\\0&1&0&2&0&-3\\0&0&-1&-2&1&3\end{pmatrix}\xrightarrow{-r_3}\begin{pmatrix}1&0&0&-2&2&6\\0&1&0&2&0&-3\\0&0&1&2&-1&-3\end{pmatrix}$,

所以　$X=(A-E)^{-1}A=\begin{pmatrix}-2 & 2 & 6\\ 2 & 0 & -3\\ 2 & -1 & -3\end{pmatrix}$.

2. 求解线性方程组

例 11　解线性方程组$\begin{cases}x_1-x_2=-3\\ 2x_1-x_2-x_3=-8\\ -x_1-x_2+3x_3=10\end{cases}$.

解　将线性方程组表示为矩阵方程 $AX=B$,其中

$$A=\begin{pmatrix}1 & -1 & 0\\ 2 & -1 & -1\\ -1 & -1 & 3\end{pmatrix},X=\begin{pmatrix}x_1\\ x_2\\ x_3\end{pmatrix},B=\begin{pmatrix}-3\\ -8\\ 10\end{pmatrix}.$$

$$(A\quad B)=\begin{pmatrix}1 & -1 & 0 & -3\\ 2 & -1 & -1 & -8\\ -1 & -1 & 3 & 10\end{pmatrix}\xrightarrow[r_3+r_1]{r_2-2r_1}\begin{pmatrix}1 & -1 & 0 & -3\\ 0 & 1 & -1 & -2\\ 0 & -2 & 3 & 7\end{pmatrix}$$

$$\xrightarrow[r_3+2r_2]{r_1+r_2}\begin{pmatrix}1 & 0 & -1 & -5\\ 0 & 1 & -1 & -2\\ 0 & 0 & 1 & 3\end{pmatrix}\xrightarrow[r_2+r_3]{r_1+r_3}\begin{pmatrix}1 & 0 & 0 & -2\\ 0 & 1 & 0 & 1\\ 0 & 0 & 1 & 3\end{pmatrix},$$

所以　$X=\begin{pmatrix}-2\\ 1\\ 3\end{pmatrix}$,即方程组的解为$\begin{cases}x_1=-2\\ x_2=1\\ x_3=3\end{cases}$.

练习五

(A)

1. 用初等变换判断下列矩阵是否可逆,若可逆,求其逆矩阵.

(1)$\begin{pmatrix}1 & 0 & 0\\ 1 & 2 & 0\\ 1 & 2 & 3\end{pmatrix}$;(2)$\begin{pmatrix}3 & 2 & 1\\ 3 & 1 & 5\\ 3 & 2 & 3\end{pmatrix}$.

2. 判断下列矩阵是否可逆,若可逆,用伴随矩阵法求其逆矩阵.

(1)$\begin{pmatrix}8 & -4\\ -5 & 3\end{pmatrix}$;(2)$\begin{pmatrix}1 & 2 & -1\\ 3 & 4 & -2\\ 5 & -4 & 1\end{pmatrix}$.

3. 求矩阵 $\boldsymbol{X}$，使 $\boldsymbol{AX}=\boldsymbol{B}$，其中

$$\boldsymbol{A}=\begin{pmatrix}4&1&-2\\2&2&1\\3&1&-1\end{pmatrix},\boldsymbol{B}=\begin{pmatrix}1&-3\\2&2\\3&-1\end{pmatrix}.$$

4. 解线性方程组 $\begin{cases}x_1-x_2-x_3=2\\2x_1-x_2-3x_3=1\\3x_1+2x_2-5x_3=0\end{cases}$.

(B)

1. 用初等变换判断下列矩阵是否可逆，若可逆，求其逆矩阵.

(1) $\begin{pmatrix}2&2&3\\1&-1&0\\-1&2&1\end{pmatrix}$；

(2) $\begin{pmatrix}1&2&3&4\\0&1&2&3\\0&0&1&2\\0&0&0&1\end{pmatrix}$；

(3) $\begin{pmatrix}1&1&1&1\\0&1&2&2\\3&2&1&1\\5&4&-3&3\end{pmatrix}$.

2. 求满足下列方程的矩阵 $\boldsymbol{X}$.

(1) $\begin{pmatrix}2&5\\1&3\end{pmatrix}\boldsymbol{X}=\begin{pmatrix}4&-6\\2&1\end{pmatrix}$；

(2) $\boldsymbol{X}-\begin{pmatrix}0&0&-1\\1&0&-1\\-2&1&0\end{pmatrix}\boldsymbol{X}=\begin{pmatrix}2\\0\\-3\end{pmatrix}$；

(3) $\boldsymbol{X}\begin{pmatrix}1&1&1\\0&1&1\\0&0&1\end{pmatrix}=\begin{pmatrix}1&-2&1\\0&1&-1\end{pmatrix}$；

(4) $\begin{pmatrix}1&4\\-1&2\end{pmatrix}\boldsymbol{X}\begin{pmatrix}2&0\\-1&1\end{pmatrix}=\begin{pmatrix}3&1\\0&-1\end{pmatrix}$；

(5) $\begin{pmatrix} 1 & -2 & 0 \\ 4 & -2 & -1 \\ -3 & 1 & 2 \end{pmatrix} \boldsymbol{X} \begin{pmatrix} 3 & -1 & 2 \\ 1 & 0 & -1 \\ -2 & 1 & 4 \end{pmatrix} = \begin{pmatrix} 5 & 0 & -1 \\ 1 & -3 & 0 \\ -2 & 1 & 3 \end{pmatrix}$.

3.解线性方程组$\begin{cases} x_1 + 2x_2 + 3x_3 = 1 \\ 2x_1 + 2x_2 + 5x_3 = 2. \\ 3x_1 + 5x_2 + x_3 = 3 \end{cases}$

4.解矩阵方程：

设 $\boldsymbol{A} = \begin{pmatrix} 1 & -1 & 0 \\ 0 & 1 & -1 \\ -1 & 0 & 1 \end{pmatrix}$，$\boldsymbol{AX} = 2\boldsymbol{X} + \boldsymbol{A}$，求 $\boldsymbol{X}$.

5.设矩阵 $\boldsymbol{A} = \begin{pmatrix} 1 & 0 & 1 \\ 0 & 2 & 6 \\ 1 & 6 & 1 \end{pmatrix}$，满足 $\boldsymbol{AX} + \boldsymbol{E} = \boldsymbol{A}^2 + \boldsymbol{X}$，求矩阵 $\boldsymbol{X}$.

6.试证：如果 n 阶矩阵 $\boldsymbol{A}$，$\boldsymbol{B}$，$\boldsymbol{C}$ 都可逆，则 $\boldsymbol{ABC}$ 也可逆，并且 $(\boldsymbol{ABC})^{-1} = \boldsymbol{C}^{-1}\boldsymbol{B}^{-1}\boldsymbol{A}^{-1}$.

7.设方阵 $\boldsymbol{A}$ 满足 $\boldsymbol{A}^2 - \boldsymbol{A} - 2\boldsymbol{E} = 0$，证明 $\boldsymbol{A}$ 及 $\boldsymbol{A} + 2\boldsymbol{E}$ 都可逆.

【阅读材料二】　分块矩阵

一、分块矩阵的概念

对于行数和列数较多的矩阵，为了简化计算，经常采用分块法，使大矩阵的运算化成若干小矩阵的运算，同时也使原矩阵的结构显得简单而清晰.具体做法是：将大矩阵 $\boldsymbol{A}$ 用若干条纵线和横线分成多个小矩阵，每个小矩阵称为 $\boldsymbol{A}$ 的子块，以子块为元素的形式上的矩阵称为分块矩阵.

矩阵的分块有多种形式，可根据需要而定，例如，矩阵 $\boldsymbol{A} = \begin{pmatrix} 1 & 0 & 0 & 3 \\ 0 & 1 & 0 & -1 \\ 0 & 0 & 1 & 0 \\ 0 & 0 & 0 & 1 \end{pmatrix}$，

可分成　$\boldsymbol{A} = \left(\begin{array}{ccc:c} 1 & 0 & 0 & 3 \\ 0 & 1 & 0 & -1 \\ 0 & 0 & 1 & 0 \\ \hdashline 0 & 0 & 0 & 1 \end{array}\right) = \begin{pmatrix} \boldsymbol{E}_3 & \boldsymbol{B} \\ \boldsymbol{0} & \boldsymbol{E}_1 \end{pmatrix}$，其中 $\boldsymbol{B} = \begin{pmatrix} 3 \\ -1 \\ 0 \end{pmatrix}$

也可以分成 $A=\left(\begin{array}{cc:cc}1&0&0&3\\0&1&0&-1\\ \hdashline 0&0&1&0\\0&0&0&1\end{array}\right)=\begin{pmatrix}E_2&C\\0&E_2\end{pmatrix}$，其中 $C=\begin{pmatrix}0&3\\0&-1\end{pmatrix}$.

此外，A 还可按如下方式分块：

$$A=\left(\begin{array}{c:c:c:c}1&0&0&3\\0&1&0&-1\\0&0&1&0\\0&0&0&1\end{array}\right),A=\left(\begin{array}{cccc}1&0&0&3\\ \hdashline 0&1&0&-1\\ \hdashline 0&0&1&0\\ \hdashline 0&0&0&1\end{array}\right),\text{等等.}$$

注　一个矩阵也可看作以 $m\times n$ 个元素为1阶子块的分块矩阵.

二、分块矩阵的运算

分块矩阵的运算与普通矩阵的运算规则相似. 分块时要注意，运算的两矩阵按块能运算，并且参与运算的子块也能运算，即内外都能运算.

(1) 加法运算：设矩阵 A 与 B 的行数相同、列数相同，并采用相同的分块法，则 $A+B$ 的每个分块是 A 与 B 中对应分块之和.

(2) 数乘运算：设 A 是一个分块矩阵，k 为一实数，则 kA 的每个子块是 k 与 A 中相应子块的数乘.

例1　设矩阵 $A=\begin{pmatrix}1&0&1&3\\0&1&2&4\\0&0&-1&0\\0&0&0&-1\end{pmatrix}$，$B=\begin{pmatrix}1&2&0&0\\2&0&0&0\\6&3&1&0\\0&-2&0&1\end{pmatrix}$，用分块矩阵计算 kA、$A+B$.

解　将矩阵 A,B 分块如下：

$$A=\left(\begin{array}{cc:cc}1&0&1&3\\0&1&2&4\\ \hdashline 0&0&-1&0\\0&0&0&-1\end{array}\right)=\begin{pmatrix}E&C\\0&-E\end{pmatrix},B=\left(\begin{array}{cc:cc}1&2&0&0\\2&0&0&0\\ \hdashline 6&3&1&0\\0&-2&0&1\end{array}\right)=\begin{pmatrix}D&0\\F&E\end{pmatrix},$$

则

$$kA=k\begin{pmatrix}E&C\\0&-E\end{pmatrix}=\begin{pmatrix}kE&kC\\0&-kE\end{pmatrix}=\begin{pmatrix}k&0&k&3k\\0&k&2k&4k\\0&0&-k&0\\0&0&0&-k\end{pmatrix},$$

$$A+B=\begin{pmatrix}E & C\\ 0 & -E\end{pmatrix}+\begin{pmatrix}D & 0\\ F & E\end{pmatrix}=\begin{pmatrix}E+D & C\\ F & 0\end{pmatrix}=\begin{pmatrix}2 & 2 & 1 & 3\\ 2 & 1 & 2 & 4\\ 6 & 3 & 0 & 0\\ 0 & -2 & 0 & 0\end{pmatrix}.$$

(3) 乘法运算：两分块矩阵 A 与 B 的乘积依然按照普通矩阵的乘积进行运算，即把矩阵 A 与 B 中的子块当作数量一样来对待，但对于乘积 AB，A 的列的划分必须与 B 的行的划分一致.

例 2　设矩阵 $A=\begin{pmatrix}1 & 0 & 0 & 0\\ 0 & 1 & 0 & 0\\ -1 & 2 & 1 & 0\\ 1 & 1 & 0 & 1\end{pmatrix}$，$B=\begin{pmatrix}1 & 0 & 1 & 0\\ -1 & 2 & 0 & 1\\ 1 & 0 & 4 & 1\\ -1 & -1 & 2 & 0\end{pmatrix}$，用分块矩阵计算 AB.

解　将矩阵 A，B 分块如下：

$$A=\left(\begin{array}{cc:cc}1 & 0 & 0 & 0\\ 0 & 1 & 0 & 0\\ \hdashline -1 & 2 & 1 & 0\\ 1 & 1 & 0 & 1\end{array}\right)=\begin{pmatrix}E & 0\\ A_1 & E\end{pmatrix},\ B=\left(\begin{array}{cc:cc}1 & 0 & 1 & 0\\ -1 & 2 & 0 & 1\\ \hdashline 1 & 0 & 4 & 1\\ -1 & -1 & 2 & 0\end{array}\right)=\begin{pmatrix}B_{11} & E\\ B_{21} & B_{22}\end{pmatrix},$$

则　$$AB=\begin{pmatrix}E & 0\\ A_1 & E\end{pmatrix}\begin{pmatrix}B_{11} & E\\ B_{21} & B_{22}\end{pmatrix}=\begin{pmatrix}B_{11} & E\\ A_1B_{11}+B_{21} & A_1+B_{22}\end{pmatrix},$$

而　$$A_1B_{11}+B_{21}=\begin{pmatrix}-1 & 2\\ 1 & 1\end{pmatrix}\begin{pmatrix}1 & 0\\ -1 & 2\end{pmatrix}+\begin{pmatrix}1 & 0\\ -1 & -1\end{pmatrix}=\begin{pmatrix}-3 & 4\\ 0 & 2\end{pmatrix}+\begin{pmatrix}1 & 0\\ -1 & -1\end{pmatrix}=\begin{pmatrix}-2 & 4\\ -1 & 1\end{pmatrix},$$

$$A_1+B_{22}=\begin{pmatrix}-1 & 2\\ 1 & 1\end{pmatrix}+\begin{pmatrix}4 & 1\\ 2 & 0\end{pmatrix}=\begin{pmatrix}3 & 3\\ 3 & 1\end{pmatrix},$$

于是　$$AB=\begin{pmatrix}1 & 0 & 1 & 0\\ -1 & 2 & 0 & 1\\ -2 & 4 & 3 & 3\\ -1 & 1 & 3 & 1\end{pmatrix}.$$

例 3　设 $A=\begin{pmatrix}3 & 0 & 2\\ -2 & -1 & -1\\ -1 & -3 & 5\end{pmatrix}$，$B=\begin{pmatrix}1 & -1 & 4\\ 2 & 3 & 0\\ 5 & 0 & 2\end{pmatrix}$，求 AB.

解　将矩阵 A，B 分块如下：

$$A=\begin{pmatrix}3 & 0 & 2\\-2 & -1 & -1\\-1 & -3 & 5\end{pmatrix}=(A_1,A_2,A_3),B=\begin{pmatrix}1 & -1 & 4\\2 & 3 & 0\\5 & 0 & 2\end{pmatrix}=\begin{pmatrix}B_1\\B_2\\B_3\end{pmatrix},$$

则 $AB=(A_1\quad A_2\quad A_3)\begin{pmatrix}B_1\\B_2\\B_3\end{pmatrix}=(A_1B_1+A_2B_2+A_3B_3)$

$$=\begin{pmatrix}3\\-2\\-1\end{pmatrix}(1\quad -1\quad 4)+\begin{pmatrix}0\\-1\\-3\end{pmatrix}(2\quad 3\quad 0)+\begin{pmatrix}2\\-1\\5\end{pmatrix}(5\quad 0\quad 2)$$

$$=\begin{pmatrix}3 & -3 & 12\\-2 & 2 & -8\\-1 & 1 & -4\end{pmatrix}+\begin{pmatrix}0 & 0 & 0\\-2 & -3 & 0\\-6 & -9 & 0\end{pmatrix}+\begin{pmatrix}10 & 0 & 4\\-5 & 0 & -2\\25 & 0 & 10\end{pmatrix}=\begin{pmatrix}13 & -3 & 16\\-9 & -1 & -10\\18 & -8 & 6\end{pmatrix}.$$

(4) 设 A 为 n 阶矩阵，若 A 的分块矩阵只在对角线上有非零子块，其余子块都为零矩阵，且在对角线上的子块都是方阵，即

$$A=\begin{pmatrix}A_1 & & & 0\\ & A_2 & & \\ & & \ddots & \\ 0 & & & A_s\end{pmatrix},$$

其中 $A_i(i=1,2,\cdots,s)$ 都是方阵，则称 A 为分块对角矩阵.

分块对角矩阵具有以下性质：

① 若 $|A_i|\neq 0(i=1,2,\cdots,s)$，则 $|A|\neq 0$，且 $|A|=|A_1||A_2|\cdots|A_s|$；

② $A^{-1}=\begin{pmatrix}A_1^{-1} & & & 0\\ & A_2^{-1} & & \\ & & \ddots & \\ 0 & & & A_s^{-1}\end{pmatrix}$；

③ 同结构的分块对角矩阵的和、差、积、数乘及逆仍是分块对角矩阵，且运算表现为对应子块的运算.

例 4 设 $A=\begin{pmatrix}5 & 0 & 0\\0 & 3 & 1\\0 & 2 & 1\end{pmatrix}$，求 A^{-1}.

解 将矩阵 A 分块为

$$\boldsymbol{A}=\begin{pmatrix}5 & 0 & 0\\0 & 3 & 1\\0 & 2 & 1\end{pmatrix}=\begin{pmatrix}\boldsymbol{A}_1 & \boldsymbol{0}\\\boldsymbol{0} & \boldsymbol{A}_2\end{pmatrix}$$

$$\boldsymbol{A}_1=(5),A_1^{-1}=\left(\frac{1}{5}\right),\boldsymbol{A}_2=\begin{pmatrix}3 & 1\\2 & 1\end{pmatrix},\boldsymbol{A}_2^{-1}=\begin{pmatrix}1 & -1\\-2 & 3\end{pmatrix},$$

所以 $$\boldsymbol{A}^{-1}=\begin{pmatrix}\boldsymbol{A}_1^{-1} & \boldsymbol{0}\\\boldsymbol{0} & \boldsymbol{A}_2^{-1}\end{pmatrix}=\begin{pmatrix}\frac{1}{5} & 0 & 0\\0 & 1 & -1\\0 & -2 & 3\end{pmatrix}.$$

本章小结

一、本章内容

1. 矩阵是由 $m\times n$ 个数 $a_{ij}(i=1,2,\cdots,m;j=1,2,\cdots,n)$ 排列成的矩形阵表，当 $m=n$ 时，称之为 n 阶矩阵；当 $m=1$ 或 $n=1$ 时，分别称之为行矩阵和列矩阵. 要注意矩阵与行列式是有本质区别的. 行列式是一个算式，一个数字行列式通过计算可求得其值，而矩阵仅仅是一个数表，它的行数和列数可以不同.

2. 矩阵按其结构和性质，可分为零矩阵、单位矩阵、数量矩阵、对角矩阵、三角矩阵、对称与反对称矩阵、阶梯形矩阵、转置矩阵、初等矩阵、可逆矩阵、伴随矩阵等.

注意　*只有方阵才有可逆矩阵的概念，只有非奇异矩阵才存在逆矩阵.*

3. 矩阵的运算主要包括矩阵加法、数乘矩阵、矩阵乘法、矩阵转置和矩阵的初等行变换，要求掌握这些运算方法和运算规则，记住矩阵运算必须满足的条件，注意矩阵运算与数的运算的不同之处.

矩阵乘法的条件是：左矩阵 $\boldsymbol{A}$ 的列数 $=$ 右矩阵 $\boldsymbol{B}$ 的行数.

一般情况下，矩阵乘法不满足交换律和消去律，即 $\boldsymbol{AB}\neq\boldsymbol{BA}$，当 $\boldsymbol{AB}=\boldsymbol{AC}$ 时，即使有 $\boldsymbol{A}\neq 0$，也不能得出 $\boldsymbol{B}=\boldsymbol{C}$ 的结论. 只有当 $\boldsymbol{A}$ 是可逆矩阵(即 $|\boldsymbol{A}|\neq\boldsymbol{0}$) 时，由 $\boldsymbol{AB}=\boldsymbol{AC}$ 可以得出 $\boldsymbol{B}=\boldsymbol{C}$ 的结论.

当矩阵 $\boldsymbol{A},\boldsymbol{B}$ 满足 $\boldsymbol{AB}=\boldsymbol{BA}$ 时，称矩阵 $\boldsymbol{A}$ 与 $\boldsymbol{B}$ 是可交换的.

两个非零矩阵的乘积可能是零矩阵.

矩阵经过初等行变换后，对应元素一般不相等，因此矩阵之间不能用等号连接，而是用

“→”连接，表示矩阵之间存在某种关系.

4.矩阵的秩是一个非常有用的概念，它在方阵可逆性判断、向量组线性相关性判断以及线性方程组解的情况讨论中有着重要的作用.

矩阵的初等变换不改变矩阵的秩.

求矩阵秩的方法：用初等行变换将矩阵 $\boldsymbol{A}$ 化为行阶梯形矩阵，则矩阵 $\boldsymbol{A}$ 的秩 $\boldsymbol{R}(\boldsymbol{A})$ 等于行阶梯形矩阵中非零行的行数.

5.可逆矩阵的判别方法和求逆矩阵的方法：

n 阶矩阵 $\boldsymbol{A}$ 可逆的充分必要条件为：$|\boldsymbol{A}| \neq 0$ 或 $r(\boldsymbol{A}) = n$.

设 $\boldsymbol{A}$ 和 $\boldsymbol{B}$ 都是 n 阶矩阵，如果 $\boldsymbol{AB} = \boldsymbol{E}$ 成立，则 $\boldsymbol{A}$ 和 $\boldsymbol{B}$ 都是可逆的.

求逆矩阵的方法：

(1) 初等行变换法：$(\boldsymbol{A}\quad \boldsymbol{E}) \xrightarrow{\text{初等行变换}} (\boldsymbol{E}\quad \boldsymbol{A}^{-1})$.

用初等行变换法求逆矩阵时，不能用列变换.

(2) 伴随矩阵法：$\boldsymbol{A}^{-1} = \dfrac{1}{|\boldsymbol{A}|}\boldsymbol{A}^{*}$.

注意
$$\boldsymbol{A}^{*} = \begin{pmatrix} A_{11} & A_{12} & \cdots & A_{1n} \\ A_{21} & A_{22} & \cdots & A_{2n} \\ \vdots & \vdots & & \vdots \\ A_{n1} & A_{n2} & \cdots & A_{nn} \end{pmatrix}^{\mathrm{T}} = \begin{pmatrix} A_{11} & A_{21} & \cdots & A_{n1} \\ A_{12} & A_{22} & \cdots & A_{n2} \\ \vdots & \vdots & & \vdots \\ A_{1n} & A_{2n} & \cdots & A_{nn} \end{pmatrix}$$

二、学习建议

1.熟记矩阵进行线性运算和乘法运算的规则，并熟练准确地进行运算；

2.熟记矩阵的转置、方阵的幂、方阵的行列式和逆矩阵的性质；

3.熟练地进行初等行变换，求逆矩阵时建议用初等行变换的方法：

$$(\boldsymbol{A}\quad \boldsymbol{E}) \xrightarrow{\text{初等行变换}} (\boldsymbol{E}\quad \boldsymbol{A}^{-1});$$

4.解矩阵方程 $\boldsymbol{AX} = \boldsymbol{B}$ 时，建议用初等行变换的方法：$(\boldsymbol{A}\quad \boldsymbol{B}) \xrightarrow{\text{初等行变换}} (\boldsymbol{E}\quad \boldsymbol{X})$；

解矩阵方程 $\boldsymbol{XA} = \boldsymbol{B}$ 时，建议先用初等行变换求出 $\boldsymbol{A}^{-1}$，再将矩阵 $\boldsymbol{B}$ 与所得矩阵 $\boldsymbol{A}^{-1}$ 相乘，得到 $\boldsymbol{X} = \boldsymbol{BA}^{-1}$；

5.求矩阵的秩时，建议用初等变换将矩阵化为行阶梯形矩阵，矩阵的非零行的行数就是所求矩阵的秩。

三、本章重点

1.矩阵的概念、特殊矩阵、矩阵的秩的概念、可逆矩阵的概念.

2. 矩阵的线性运算和乘法运算、矩阵的初等变换、矩阵的秩的求法、逆矩阵的求法、解矩阵方程.

复习题二

一、填空题

1. 若矩阵 $\boldsymbol{A}$ 与矩阵 $\boldsymbol{B}$ 的和 $\boldsymbol{A}+\boldsymbol{B}$ 为 3 行 4 列的矩阵，则矩阵 $\boldsymbol{A}$ 的列数是__________，矩阵 $\boldsymbol{B}$ 的行数是__________.

2. 若矩阵 $\boldsymbol{A}$ 与矩阵 $\boldsymbol{B}$ 的积 $\boldsymbol{AB}$ 为 4 行 3 列的矩阵，则可以确定 $\boldsymbol{A}$ 的行数为__________，$\boldsymbol{B}$ 的列数为__________.

3. 设矩阵 $\boldsymbol{A}$ 可以左乘矩阵 $\boldsymbol{B}$，则 $(\boldsymbol{AB})^{\mathrm{T}}=$ __________.

4. 已知矩阵 $\boldsymbol{A}=\begin{pmatrix}4 & 0 & -3\\ -1 & -2 & 3\end{pmatrix}$，$\boldsymbol{B}=\begin{pmatrix}2\\ -1\\ 3\end{pmatrix}$，则 $\boldsymbol{AB}=$ __________.

5. 设矩阵 $\boldsymbol{A}=(1\quad 2\quad 3)$，$\boldsymbol{B}=(1\quad 1\quad 1)$，则 $(\boldsymbol{A}^{\mathrm{T}}\boldsymbol{B})^{\mathrm{T}}=$ __________.

6. 已知矩阵 $\boldsymbol{A}=(1\quad 2\quad 3)$，$\boldsymbol{B}=(1\quad -1\quad 0\quad 2)$，则 $\boldsymbol{A}^{\mathrm{T}}\boldsymbol{B}=$ __________.

7. 若矩阵 $\boldsymbol{A}=\begin{pmatrix}1 & -1 & 2\\ -2 & 1 & -1\end{pmatrix}$，$\boldsymbol{B}=\begin{pmatrix}1 & 2\\ -1 & 1\\ 1 & -2\end{pmatrix}$，则积 $\boldsymbol{AB}$ 第 2 行第 1 列的元素等于__________.

8. 已知矩阵 $\boldsymbol{A}=\begin{pmatrix}1 & 2\\ 2 & 4\\ -1 & -2\end{pmatrix}$，$\boldsymbol{B}=\begin{pmatrix}-6 & 4\\ 5 & -1\end{pmatrix}$. $\boldsymbol{AB}$ 中第一行第二列的元素等于__________；第三行第一列的元素等于__________.

9. 若等式 $\begin{pmatrix}1 & 0 & a\\ 2 & -1 & 0\\ 0 & 1 & 1\end{pmatrix}\begin{pmatrix}1\\ 0\\ -1\end{pmatrix}=\begin{pmatrix}a\\ 2\\ -1\end{pmatrix}$ 成立，则 $a=$ __________.

10. $\begin{pmatrix}1 & \lambda\\ 0 & 1\end{pmatrix}^{2}=$ __________.

11. 已知矩阵 $\boldsymbol{A}=\begin{pmatrix}1&0\\1&1\end{pmatrix}$，$f(x)=x^2-2x+1$，则 $f(\boldsymbol{A})=$ ________.

12. 已知矩阵 $\boldsymbol{A}=\begin{pmatrix}0&1&2&3\\1&0&1&0\\0&0&1&0\end{pmatrix}$，则 $r(\boldsymbol{A})=$ ________.

13. 已知矩阵 $\boldsymbol{A}=\begin{pmatrix}3&2&1&1\\1&2&-3&2\\4&4&-2&3\end{pmatrix}$，则 $r(\boldsymbol{A})=$ ________，$r(A^T)=$ ________.

14. 若矩阵 $\boldsymbol{A}=\begin{pmatrix}0&0&1&0\\1&0&0&0\\0&1&0&0\end{pmatrix}$，则 $\boldsymbol{A}$ 的转置矩阵 $\boldsymbol{A}^{\mathrm{T}}$ 的秩 $r(\boldsymbol{A}^{\mathrm{T}})=$ ________.

15. 若 n 阶方阵 $\boldsymbol{A}$ 的行列式 $|\boldsymbol{A}|=2$，n 阶方阵 $\boldsymbol{B}$ 的行列式 $|\boldsymbol{B}|=3$，则积 $\boldsymbol{AB}$ 的行列式 $|\boldsymbol{AB}|=$ ________.

16. 设 A 为三阶方阵，且 $|\boldsymbol{A}|=3$，则 $\left|\left(\frac{1}{2}\boldsymbol{A}\right)^2\right|=$ ________.

17. 已知 $\boldsymbol{A}$ 为四阶方阵，且 $|\boldsymbol{A}|=2$，则 $|-\boldsymbol{A}|=$ ________，$|3\boldsymbol{A}^{\mathrm{T}}|=$ ________.

18. 设 $\boldsymbol{A}$ 为三阶方阵，且 $|\boldsymbol{A}|=2$，则 $|3\boldsymbol{A}^{-1}-2\boldsymbol{A}^*|=$ ________.

19. 设 $\boldsymbol{A}$ 为二阶方阵，且 $|\boldsymbol{A}|=5$，则 $|(5\boldsymbol{A}^*)^{-1}|=$ ________.

20. 设 $\boldsymbol{A}$ 为三阶方阵，且 $|\boldsymbol{A}|=3$，则 $|(\boldsymbol{A}^*)^{-1}|=$ ________.

21. 若二阶方阵 $\boldsymbol{A}=\begin{pmatrix}1&2\\3&4\end{pmatrix}$，则 $\boldsymbol{A}$ 的伴随矩阵 $\boldsymbol{A}^*=$ ________.

22. 若二阶方阵 $\boldsymbol{A}=\begin{pmatrix}5&6\\7&8\end{pmatrix}$，则 $\boldsymbol{A}$ 的伴随矩阵 $\boldsymbol{A}^*=$ ________.

23. 已知 $\boldsymbol{A}=\begin{pmatrix}2&2&2\\1&2&3\\1&3&6\end{pmatrix}$，则 $\boldsymbol{A}$ 的伴随矩阵 $\boldsymbol{A}^*=$ ________.

24. n 阶方阵 $\boldsymbol{A}$ 可逆的充要条件是________.

25. 已知三阶方阵 $\boldsymbol{A}=\begin{pmatrix}x&2&-2\\2&x&3\\3&-1&1\end{pmatrix}$ 不可逆，则 $x=$ ________.

26. $\begin{pmatrix}1&0&0\\0&2&0\\0&0&3\end{pmatrix}^{-1}=$ ________.

27. 若 $\boldsymbol{A}=\begin{pmatrix}0&1&0&0\\1&0&0&0\\0&0&1&1\\0&0&1&2\end{pmatrix}$,则 $\boldsymbol{A}^{-1}=$ ________.

28. 若 $\begin{pmatrix}x^2&2&x\\y&0&x+y\\-3&z&3x\end{pmatrix}$ 是对称矩阵，则 $x=$ ________, $y=$ ________, $z=$ ________.

29. 设 $\boldsymbol{A}$ 是 3 阶矩阵,$\boldsymbol{A}^*$ 为其伴随矩阵,$|\boldsymbol{A}|=2$,则 $|2\boldsymbol{A}^{\mathrm{T}}|=$ ________, $|10\boldsymbol{A}^*|=$ ________.

二、选择题

1. 已知矩阵 $\boldsymbol{A}=\begin{pmatrix}a_1&a_2&a_3\\b_1&b_2&b_3\end{pmatrix}$,下列矩阵中(　　)能乘在 $\boldsymbol{A}$ 的右边.

A. $(a_1\quad a_2\quad a_3)$　　B. $\begin{pmatrix}b_1\\b_2\\b_3\end{pmatrix}$

C. $\begin{pmatrix}a_1&a_2\\b_1&b_2\end{pmatrix}$　　D. $\begin{pmatrix}a_1&a_2&a_3\\b_1&b_2&b_3\end{pmatrix}$

2. 有矩阵 $\boldsymbol{A}_{3\times2}$,$\boldsymbol{B}_{2\times4}$,$\boldsymbol{C}_{4\times3}$,则 $\boldsymbol{ABC}$ 是(　　).

A. 3 行 2 列　　B. 2 行 4 列　　C. 4 行 3 列　　D. 3 行 3 列

3. 若 $\boldsymbol{A}=\begin{pmatrix}2&3\\1&1\end{pmatrix}$,则 $\boldsymbol{A}^{-1}$ 为(　　).

A. $\begin{pmatrix}1&3\\1&1\end{pmatrix}$　　B. $\begin{pmatrix}-1&3\\1&-2\end{pmatrix}$

C. $\begin{pmatrix}-1&-3\\-1&-2\end{pmatrix}$　　D. $\begin{pmatrix}-1&1\\3&-2\end{pmatrix}$

4. 已知 $\boldsymbol{A}$,$\boldsymbol{B}$ 都是三阶矩阵,且 $|\boldsymbol{A}|=|\boldsymbol{B}|=2$,则 $|2\boldsymbol{AB}|=$(　　).

A. 2^3　　B. 2^4　　C. 2^5　　D. 2^6

5. 当 $\boldsymbol{A}=$(　　)时,$\boldsymbol{A}\begin{pmatrix}a_{11}&a_{12}&a_{13}\\a_{21}&a_{22}&a_{23}\\a_{31}&a_{32}&a_{33}\end{pmatrix}=\begin{pmatrix}a_{11}-3a_{31}&a_{12}-3a_{32}&a_{13}-3a_{33}\\a_{21}&a_{22}&a_{23}\\a_{31}&a_{32}&a_{33}\end{pmatrix}$

A. $\begin{pmatrix} 1 & 0 & 0 \\ 0 & 1 & 0 \\ -3 & 0 & 1 \end{pmatrix}$　　B. $\begin{pmatrix} 1 & 0 & -3 \\ 0 & 1 & 0 \\ 0 & 0 & 0 \end{pmatrix}$

C. $\begin{pmatrix} 0 & 0 & -3 \\ 0 & 1 & 0 \\ 1 & 0 & 1 \end{pmatrix}$　　D. $\begin{pmatrix} 1 & 0 & 0 \\ 0 & 1 & 0 \\ 0 & -3 & 0 \end{pmatrix}$

6. 下列矩阵中,不是初等矩阵的是(　　).

A. $\begin{pmatrix} 1 & 0 & 0 \\ 0 & 1 & -4 \\ 0 & 0 & 1 \end{pmatrix}$　　B. $\begin{pmatrix} 1 & 0 & 0 \\ 0 & \frac{1}{2} & 0 \\ 0 & 0 & 1 \end{pmatrix}$

C. $\begin{pmatrix} 1 & 0 & 0 & 0 \\ 0 & 1 & 0 & 0 \\ 0 & 0 & 1 & 0 \end{pmatrix}$　　D. $\begin{pmatrix} 1 & 0 & 0 \\ 0 & 0 & 1 \\ 0 & 1 & 0 \end{pmatrix}$

7. 已知矩阵 $\boldsymbol{A} = \begin{pmatrix} 1 & 1 & 1 \\ 2 & 1 & 1 \\ 3 & 2 & a+1 \end{pmatrix}$,当 $a =$(　　)时,矩阵 $\boldsymbol{A}$ 的秩 $r(\boldsymbol{A}) = 2$.

A. 0　　B. 1　　C. 2　　D. 3

8. 设 $\boldsymbol{A} = \begin{pmatrix} 1 & 2 \\ 4 & 3 \end{pmatrix}$,$\boldsymbol{B} = \begin{pmatrix} x & 1 \\ 2 & y \end{pmatrix}$,当 x 与 y 之间具有关系(　　)时,则有 $\boldsymbol{AB} = \boldsymbol{BA}$.

A. $2x = 7$　　B. $2y = x$　　C. $y = x + 1$　　D. $y = x - 1$

9. 设 $\boldsymbol{A}$ 是 n 阶可逆矩阵,则(　　)

A. $|\boldsymbol{A}^*| = |\boldsymbol{A}|^{n-1}$　　B. $|\boldsymbol{A}^*| = |\boldsymbol{A}|$

C. $|\boldsymbol{A}^*| = |\boldsymbol{A}|^n$　　D. $|\boldsymbol{A}^*| = |\boldsymbol{A}^{-1}|$

10. 设 n 阶方阵满足 $\boldsymbol{ABC} = \boldsymbol{E}$,则必有(　　)

A. $\boldsymbol{ACB} = \boldsymbol{E}$　　B. $\boldsymbol{CBA} = \boldsymbol{E}$

C. $\boldsymbol{BAC} = \boldsymbol{E}$　　D. $\boldsymbol{BCA} = \boldsymbol{E}$

11. 已知 n 阶方阵 $\boldsymbol{A}$ 可逆,则(　　)成立.

A. $(2\boldsymbol{A})^{-1} = 2\boldsymbol{A}^{-1}$　　B. $(-2\boldsymbol{A})^{-1} = -\frac{1}{2}\boldsymbol{A}^{-1}$

C. $|(-2\boldsymbol{A})^{-1}| = \frac{1}{2}|\boldsymbol{A}|^{-1}$　　D. $|(2\boldsymbol{A})^{-1}| = 2\boldsymbol{A}$

12. 若矩阵 $\boldsymbol{A}=\begin{pmatrix}1&1&1\\1&2&1\\2&3&\lambda+1\end{pmatrix}$ 的秩为 2，则 $\lambda=$（　　）

A. 0　　B. 2　　C. -1　　D. 1

三、计算题

1. 计算下列矩阵：

(1) $\begin{pmatrix}1&6&4\\-4&2&8\end{pmatrix}+\begin{pmatrix}-2&0&1\\2&-3&4\end{pmatrix}$

(2) $3\begin{pmatrix}4&6\\-1&3\\2&-4\end{pmatrix}-2\begin{pmatrix}0&-1\\4&-5\\-1&7\end{pmatrix}$

(3) $\begin{pmatrix}1&3&-2\\4&0&3\end{pmatrix}^{\mathrm{T}}+3\begin{pmatrix}1&6\\0&-2\\-1&3\end{pmatrix}$

2. 设 $\boldsymbol{A}=\begin{pmatrix}0&-1&2\\-5&3&4\end{pmatrix}$，$\boldsymbol{B}=\begin{pmatrix}4&5&-3\\3&-4&0\end{pmatrix}$

(1) 求 $2\boldsymbol{A}-3\boldsymbol{B}$；

(2) 若矩阵 $\boldsymbol{X}$ 满足 $\boldsymbol{A}+2\boldsymbol{X}=\boldsymbol{B}$，求 $\boldsymbol{X}$.

3. 若 $\boldsymbol{A}=\begin{pmatrix}1&2&1&2\\2&1&2&1\\1&2&3&4\end{pmatrix}$，$\boldsymbol{B}=\begin{pmatrix}4&3&2&1\\-2&1&-2&1\\0&-1&0&-1\end{pmatrix}$，求：

(1) $\boldsymbol{B}^{\mathrm{T}}-3\boldsymbol{A}^{\mathrm{T}}$；

(2) 满足 $\boldsymbol{A}+\boldsymbol{X}=\boldsymbol{B}$ 的矩阵 $\boldsymbol{X}$；

(3) 自 $(2\boldsymbol{A}-\boldsymbol{Y})+2(\boldsymbol{B}-\boldsymbol{Y})=0$ 中解出 $\boldsymbol{Y}$.

4. 计算下列矩阵：

(1) $\begin{pmatrix}3&-2\\5&-4\end{pmatrix}\begin{pmatrix}3&4\\2&5\end{pmatrix}$；

(2) $\begin{pmatrix}1&2&3\\-2&1&2\end{pmatrix}\begin{pmatrix}1&2&0\\0&1&1\\3&0&-1\end{pmatrix}$；

(3) $\begin{pmatrix} 1 & 2 \\ -1 & 2 \\ 1 & -3 \end{pmatrix}\begin{pmatrix} 1 & 2 & 4 \\ 2 & -4 & 1 \end{pmatrix}+\begin{pmatrix} 2 & 4 & 5 \\ 5 & 1 & -1 \\ 3 & -2 & 7 \end{pmatrix}$.

5. 设 $\boldsymbol{A}=\begin{pmatrix} 5 & -2 & 1 \\ 3 & 4 & -1 \end{pmatrix}$，$\boldsymbol{B}=\begin{pmatrix} -3 & 2 & 0 \\ -2 & 0 & 1 \end{pmatrix}$，计算：

(1) $\boldsymbol{AB}^{\mathrm{T}}$；

(2) $\boldsymbol{A}^{\mathrm{T}}\boldsymbol{A}$；

(3) $\boldsymbol{BB}^{\mathrm{T}}+\boldsymbol{AB}^{\mathrm{T}}$.

6. 已知 $\boldsymbol{A}=\begin{pmatrix} 1 & 1 & 1 \\ 0 & 0 & -1 \\ 1 & -1 & 1 \end{pmatrix}$，$\boldsymbol{B}=\begin{pmatrix} 1 & 2 & 3 \\ -1 & -2 & 4 \\ 0 & 5 & 1 \end{pmatrix}$，求：

(1) $\boldsymbol{A}^{\mathrm{T}}\boldsymbol{B}-2\boldsymbol{A}$；

(2) $(\boldsymbol{AB})^{\mathrm{T}}$.

7. 已知 $\boldsymbol{A}=\begin{pmatrix} 1 & 1 & 2 \\ 1 & 0 & 3 \\ 2 & 3 & 1 \end{pmatrix}$，$\boldsymbol{B}=\begin{pmatrix} 1 & 0 & 1 \\ 0 & 2 & 1 \\ 1 & 1 & 4 \end{pmatrix}$，用两种方法求 $(\boldsymbol{AB})^{\mathrm{T}}$.

8. 已知 $\boldsymbol{A}=\begin{pmatrix} 1 & 0 \\ 2 & 1 \\ 3 & 2 \end{pmatrix}$，$\boldsymbol{B}=\begin{pmatrix} 1 & -1 \\ 1 & 2 \end{pmatrix}$，用两种方法求 $(\boldsymbol{AB})^{\mathrm{T}}$.

9. 计算并比较：

(1) $\boldsymbol{A}=\begin{pmatrix} 1 \\ 2 \\ 3 \end{pmatrix}$，是否有 $\boldsymbol{AA}^{\mathrm{T}}\neq\boldsymbol{A}^{\mathrm{T}}\boldsymbol{A}$，$\boldsymbol{AA}^{\mathrm{T}}=(\boldsymbol{AA}^{\mathrm{T}})^{\mathrm{T}}$？

(2) $\boldsymbol{A}=\begin{pmatrix} 3 & 1 & 6 \\ -2 & 0 & 8 \\ 7 & 4 & 0 \\ 5 & -3 & 2 \end{pmatrix}$，$\boldsymbol{B}=\begin{pmatrix} -2 & 5 & 4 \\ 0 & -1 & -2 \\ 1 & 7 & 1 \\ 4 & 6 & -9 \end{pmatrix}$，是否有 $\boldsymbol{AB}^{\mathrm{T}}=(\boldsymbol{BA}^{\mathrm{T}})^{\mathrm{T}}$？

(3) $\boldsymbol{A}=\begin{pmatrix} -1 & 3 & 1 \\ 0 & 4 & 2 \end{pmatrix}$，$\boldsymbol{B}=\begin{pmatrix} 4 & 1 \\ 2 & 5 \\ 3 & 4 \end{pmatrix}$，$\boldsymbol{C}=\begin{pmatrix} 2 & -1 \\ 4 & 2 \end{pmatrix}$，比较 $(\boldsymbol{ABC})^{\mathrm{T}}$ 与 $\boldsymbol{C}^{\mathrm{T}}\boldsymbol{B}^{\mathrm{T}}\boldsymbol{A}^{\mathrm{T}}$.

10. 已知关系式 $\begin{pmatrix} x & 2y \\ z & -8 \end{pmatrix}=\begin{pmatrix} 0 & 1 \\ 1 & 0 \end{pmatrix}\begin{pmatrix} -1 & 2x \\ -2w & w \end{pmatrix}$，求 x,y,z,w.

11. 计算下列矩阵：

(1) $\begin{pmatrix}1&0&0\\1&1&0\\1&1&1\end{pmatrix}^2$；　　(2) $\begin{pmatrix}a&0&0\\0&b&0\\0&0&c\end{pmatrix}^2$；

(3) $\begin{pmatrix}0&0&0\\a&0&0\\b&c&0\end{pmatrix}^3$；　　(4) $\begin{pmatrix}a&&\\&b&\\&&c\end{pmatrix}^n$；

(5) $\begin{pmatrix}1&&&\\&1&&\\&&1&\\&&&1\end{pmatrix}^4$.

12. 设 $\boldsymbol{A}=\begin{pmatrix}1&3&2\\0&1&-1\\0&0&-3\end{pmatrix}$，$\boldsymbol{B}=\begin{pmatrix}2&1&-2\\0&2&3\\0&0&4\end{pmatrix}$，求：$|\boldsymbol{A}|$，$|\boldsymbol{B}|$，$|\boldsymbol{AB}|$，$|\boldsymbol{A}|+|\boldsymbol{B}|$，$|3\boldsymbol{A}|$，$|\boldsymbol{A}^{\mathrm{T}}|$.

13. 求矩阵 $\boldsymbol{A}=\begin{pmatrix}1&3&-2\\1&0&1\\3&-1&1\end{pmatrix}$ 的伴随矩阵 $\boldsymbol{A}^*$.

14. 设 $\boldsymbol{A}$，$\boldsymbol{B}$ 均为四阶矩阵，已知 $|\boldsymbol{A}|=-2$，$|\boldsymbol{B}|=3$，计算：

(1) $\left|\frac{1}{2}\boldsymbol{AB}^{-1}\right|$；　　(2) $|-\boldsymbol{AB}^{\mathrm{T}}|$；

(3) $|(\boldsymbol{AB})^{-1}|$；　　(4) $|[(\boldsymbol{AB})^{\mathrm{T}}]^{-1}|$；

(5) $|-3\boldsymbol{A}^*|$（$\boldsymbol{A}^*$ 为 $\boldsymbol{A}$ 的伴随矩阵）.

15. 设 $\boldsymbol{A}=\begin{pmatrix}1&-3&0&0\\0&2&0&0\\0&0&1&2\\0&0&1&3\end{pmatrix}$，求：

(1) $|\boldsymbol{A}^5|$；　　(2) $\boldsymbol{A}^{-1}$；　　(3) $\boldsymbol{A}^3$.

16. 将下列矩阵化为标准形矩阵：

(1) $\begin{pmatrix}2&4\\1&2\end{pmatrix}$；　　(2) $\begin{pmatrix}1&2&3\\3&1&2\\2&3&1\end{pmatrix}$；

(3) $\begin{pmatrix} 3 & 3 & 9 & 12 \\ 2 & -2 & 7 & 9 \\ 1 & -3 & 4 & 5 \end{pmatrix}$;

(4) $\begin{pmatrix} -2 & -1 & -4 & 2 & -1 \\ 3 & 0 & 6 & -1 & 1 \\ 0 & 3 & 0 & 0 & 1 \end{pmatrix}$.

17.化下列矩阵为行阶梯形矩阵：

(1) $\begin{pmatrix} 1 & 2 & 3 & 4 \\ 2 & 3 & 1 & 4 \\ 3 & 2 & 4 & 1 \end{pmatrix}$;

(2) $\begin{pmatrix} 1 & -1 & 1 & -1 \\ 1 & -1 & -1 & 1 \\ 2 & -2 & -4 & 4 \end{pmatrix}$;

(3) $\begin{pmatrix} 1 & 3 & -1 & 2 & -1 & 4 \\ -3 & 1 & 2 & 5 & -4 & -1 \\ 2 & -3 & -1 & -1 & 1 & 4 \\ -4 & 16 & 1 & 3 & -9 & -21 \end{pmatrix}$;

(4) $\begin{pmatrix} 1 & 3 & 2 & -1 & 2 & 0 \\ 2 & 4 & 1 & 0 & -3 & 0 \\ -3 & 2 & -1 & -2 & 1 & 1 \\ 6 & 3 & 1 & 3 & -9 & -1 \\ -7 & 3 & -1 & 5 & 7 & 2 \end{pmatrix}$.

18.化下列矩阵为行最简形矩阵：

(1) $\begin{pmatrix} 1 & -1 & 2 \\ 3 & 2 & 1 \\ 1 & -1 & 0 \end{pmatrix}$;

(2) $\begin{pmatrix} 1 & -1 & 2 \\ 3 & -3 & 1 \\ -2 & 2 & -4 \end{pmatrix}$;

(3) $\begin{pmatrix} 1 & -1 & 2 \\ 3 & -3 & 1 \end{pmatrix}$;

(4) $\begin{pmatrix} 1 & 3 \\ -1 & -3 \\ 2 & 1 \end{pmatrix}$；

(5) $\begin{pmatrix} 1 & 2 & 3 & 4 \\ 1 & -2 & 4 & 1 \\ 2 & 0 & 7 & 5 \end{pmatrix}$；

(6) $\begin{pmatrix} 2 & 3 & 1 & 4 \\ 1 & -2 & 4 & -5 \\ 3 & 8 & -2 & 13 \\ 4 & -1 & 9 & -6 \end{pmatrix}$.

19.求下列矩阵的秩：

(1) $\begin{pmatrix} 2 & 3 \\ 1 & -1 \\ -1 & 2 \end{pmatrix}$；

(2) $\begin{pmatrix} 2 & -1 & 1 \\ 4 & -2 & 2 \\ 6 & -3 & 3 \end{pmatrix}$；

(3) $\begin{pmatrix} 1 & 1 & 1 \\ 2 & -2 & 10 \\ 3 & 4 & 1 \\ 4 & 5 & 2 \end{pmatrix}$；

(4) $\begin{pmatrix} 1 & 2 & -2 & 3 \\ 4 & -3 & 3 & 12 \\ 3 & -1 & 1 & 9 \end{pmatrix}$；

(5) $\begin{pmatrix} 1 & 2 & -1 & 0 & 3 \\ 2 & -1 & 0 & 1 & -1 \\ 3 & 1 & -1 & 1 & 1 \end{pmatrix}$；

(6) $\begin{pmatrix} 1 & 0 & 0 & 1 \\ 3 & -1 & 0 & 3 \\ 1 & 2 & 0 & -1 \\ 1 & 4 & 5 & 7 \end{pmatrix}$；

(7) $\begin{pmatrix} 1 & -1 & 2 & 1 & 0 \\ 2 & -2 & 4 & 2 & 0 \\ 3 & 0 & 6 & -1 & 1 \\ 0 & 3 & 0 & 0 & 1 \end{pmatrix}$;

(8) $\begin{pmatrix} 1 & 1 & 1 & 1 & 2 \\ 2 & 1 & 3 & 2 & 3 \\ 2 & 3 & 2 & 2 & 5 \\ 1 & 3 & -1 & 1 & 4 \end{pmatrix}$;

(9) $\begin{pmatrix} 3 & -2 & 0 & 1 & -7 \\ -1 & -3 & 2 & 0 & 4 \\ 2 & 0 & -4 & 5 & 1 \\ 4 & 1 & -2 & 1 & -11 \end{pmatrix}$;

(10) $\begin{pmatrix} 1 & 0 & 0 & 1 & 4 \\ 0 & 1 & 0 & 2 & 5 \\ 0 & 0 & 1 & 3 & 6 \\ 1 & 2 & 3 & 14 & 32 \\ 4 & 5 & 6 & 32 & 77 \end{pmatrix}$.

(11) $\begin{pmatrix} 1 & -1 & 0 & -2 \\ -1 & 0 & 3 & 1 \\ 2 & -1 & 0 & 1 \\ 1 & -2 & 0 & -5 \end{pmatrix}$;

(12) $\begin{pmatrix} 1 & 0 & 1 & 0 & 0 \\ 1 & 2 & 0 & 0 & 0 \\ 0 & 1 & 3 & 0 & 0 \\ 0 & 0 & 1 & 4 & 0 \\ 0 & 1 & 0 & 1 & 5 \end{pmatrix}$.

20. 已知矩阵 $\boldsymbol{A} = \begin{pmatrix} 1 & 2 & -1 & 3 & 4 \\ 1 & 3 & 4 & 6 & 5 \\ 2 & 5 & 3 & 9 & k \end{pmatrix}$,若 $r(\boldsymbol{A}) = 2$,求 k 的值.

21. 已知矩阵 $\boldsymbol{A} = \begin{pmatrix} 1 & 2 & -1 & k \\ 2 & 5 & k & -1 \\ 1 & 1 & -6 & 10 \end{pmatrix}$,若 $r(\boldsymbol{A}) = 2$,求 k 的值.

22. 已知矩阵 $\mathbf{A}=\begin{pmatrix}1&1&1&1&1&1\\0&1&2&2&6&3\\3&2&1&1&-3&x\\5&4&3&3&-1&y\end{pmatrix}$,确定 x,y 的值,使得 $r(\mathbf{A})=2$.

23. 用伴随矩阵法求下列矩阵的逆矩阵:

(1) $\begin{pmatrix}a&b\\c&d\end{pmatrix}$(设 $ad\neq cb$);

(2) $\begin{pmatrix}1&-1&2\\-2&-1&-2\\4&3&3\end{pmatrix}$;

(3) $\begin{pmatrix}1&2&3\\2&1&2\\1&3&4\end{pmatrix}$;

(4) $\begin{pmatrix}1&0&1\\2&1&0\\-3&2&-5\end{pmatrix}$;

(5) $\begin{pmatrix}1&2&-1\\-3&4&5\\2&0&3\end{pmatrix}$.

24. 解矩阵方程:

(1) $\begin{pmatrix}1&-2&0\\4&-2&-1\\-3&1&2\end{pmatrix}\boldsymbol{X}=\begin{pmatrix}-1&4\\2&5\\1&-3\end{pmatrix}$;

(2) $\begin{pmatrix}0&1&2\\1&1&4\\2&-1&0\end{pmatrix}\boldsymbol{X}=\begin{pmatrix}1&1\\0&1\\-1&0\end{pmatrix}$;

(3) $\begin{pmatrix}1&2&1\\1&-1&-1\\-1&0&1\end{pmatrix}\boldsymbol{X}=\begin{pmatrix}1&4\\2&3\\3&2\end{pmatrix}$;

(4) $\boldsymbol{X}\begin{pmatrix}3&-1&2\\1&0&-1\\-2&1&4\end{pmatrix}=\begin{pmatrix}3&0&-2\\-1&4&1\end{pmatrix}$;

(5) $X\begin{pmatrix}-2 & 1 & 0\\ 1 & -2 & 1\\ 0 & 1 & -2\end{pmatrix}=\begin{pmatrix}1 & 2 & 3\\ 0 & 1 & 2\end{pmatrix}$;

(6) $\begin{pmatrix}1 & 4\\ -1 & 2\end{pmatrix}X\begin{pmatrix}2 & 0\\ -1 & 1\end{pmatrix}=\begin{pmatrix}3 & 1\\ 0 & 0\end{pmatrix}$.

25. 已知矩阵方程 $AX+B=X$,其中 $A=\begin{pmatrix}0 & 1 & 0\\ -1 & 1 & 1\\ -1 & 0 & -1\end{pmatrix}$,$B=\begin{pmatrix}1 & -1\\ 2 & 0\\ 5 & -3\end{pmatrix}$,求矩阵 X.

26. 设 $A=\begin{pmatrix}4 & 2 & 3\\ 1 & 1 & 0\\ -1 & 2 & 3\end{pmatrix}$,且 $AX=A+2X$,求矩阵 X.

27. 当 $A=\begin{pmatrix}1 & 1\\ 0 & 1\end{pmatrix}$时,有 $AX=XA$,求矩阵 X.

28. 解线性方程组$\begin{cases}x_1+x_2-x_3=2\\ -2x_1+x_2+x_3=3\\ x_1+x_2+x_3=6\end{cases}$.

29. 解线性方程组$\begin{cases}x_1-4x_2-3x_3=2\\ x_1-5x_2-3x_3=1\\ -x_1+6x_2+4x_3=-3\end{cases}$.

30. 用初等变换判断下列矩阵是否可逆,若可逆,求其逆矩阵:

(1) $\begin{pmatrix}1 & 0 & 0\\ 1 & 2 & 0\\ 1 & 2 & 3\end{pmatrix}$;

(2) $\begin{pmatrix}0 & 1 & 2\\ 1 & 1 & 4\\ 2 & -1 & 0\end{pmatrix}$;

(3) $\begin{pmatrix}1 & 2 & 3\\ 2 & 2 & 1\\ 3 & 4 & 3\end{pmatrix}$;

(4) $\begin{pmatrix}2 & 1 & 1\\ 3 & 1 & 2\\ 1 & -1 & 0\end{pmatrix}$;

(5) $\begin{pmatrix} 2 & 0 & 1 \\ 1 & -2 & -1 \\ -1 & 3 & 2 \end{pmatrix}$；

(6) $\begin{pmatrix} 1 & 1 & -2 \\ 2 & 1 & -1 \\ 1 & -1 & 3 \end{pmatrix}$；

(7) $\begin{pmatrix} a_1 & & & \\ & a_2 & & \\ & & \ddots & \\ & & & a_n \end{pmatrix} (a_i \neq 0; i = 1, 2, \cdots, n)$；

(8) $\begin{pmatrix} 1 & 2 & 3 & 4 \\ 0 & 1 & 2 & 3 \\ 0 & 0 & 1 & 2 \\ 0 & 0 & 0 & 1 \end{pmatrix}$；

(9) $\begin{pmatrix} 1 & -1 & 2 & -3 & 4 \\ 0 & 1 & -1 & 2 & -3 \\ 0 & 0 & 1 & -1 & 2 \\ 0 & 0 & 0 & 1 & -1 \\ 0 & 0 & 0 & 0 & 1 \end{pmatrix}$.

自测题二

一、选择题(每题 3 分，共 30 分)

1. 设 $\boldsymbol{A}, \boldsymbol{B}$ 均为 $n \times n$ 方阵，下列结论中正确的是(　　).

A. 若 $\boldsymbol{AB} = 0$，则 $\boldsymbol{A} = 0$ 或 $\boldsymbol{B} = 0$；　　B. $(\boldsymbol{A} + \boldsymbol{B})^2 = \boldsymbol{A}^2 + 2\boldsymbol{AB} + \boldsymbol{B}^2$；

C. $(\boldsymbol{AB})^{\mathrm{T}} = \boldsymbol{B}^{\mathrm{T}}\boldsymbol{A}^{\mathrm{T}}$；　　D. $|\boldsymbol{A} + \boldsymbol{B}| = |\boldsymbol{A}| + |\boldsymbol{B}|$.

2. 下列各种矩阵中，哪种不一定是方阵?(　　)

A. 单位阵；　　B. 零矩阵；　　C. 对角阵；　　D. 对称矩阵.

3. 设 $\boldsymbol{A}$ 是 $m \times k$ 矩阵，$\boldsymbol{B}$ 是 $k \times n$ 矩阵，$\boldsymbol{C}$ 是 $n \times m$ 矩阵，则下列运算中无意义的是(　　).

A. $\boldsymbol{ABC}$；　　B. $\boldsymbol{BCA}$；　　C. $\boldsymbol{A} + \boldsymbol{BC}$；　　D. $\boldsymbol{A}^{\mathrm{T}} + \boldsymbol{BC}$.

4. 设 $\boldsymbol{A}=\begin{pmatrix}1&1\\0&1\end{pmatrix}$,则 $\boldsymbol{A}^2-\boldsymbol{A}+\boldsymbol{E}=$ (   ).

A. $\begin{pmatrix}1&1\\0&1\end{pmatrix}$;   B. $\begin{pmatrix}1&0\\0&1\end{pmatrix}$;   C. $\begin{pmatrix}0&1\\1&0\end{pmatrix}$;   D. $\begin{pmatrix}1&1\\1&1\end{pmatrix}$.

5. 已知 $\boldsymbol{A}=\begin{pmatrix}1&2\\3&4\end{pmatrix}$,$\boldsymbol{B}=\begin{pmatrix}1&2&3\\4&5&6\end{pmatrix}$,则 $\boldsymbol{A}+\boldsymbol{B}=$ (   ).

A. 二阶方阵;   B. 2 行 3 列矩阵;

C. 3 行 2 列矩阵;   D. 无意义.

6. 设 $\boldsymbol{A}$ 是 $s\times n$ 矩阵,$\boldsymbol{B}$ 是 $n\times l$ 矩阵,则下列运算中有意义的是(   ).

A. $\boldsymbol{B}^{\mathrm{T}}\boldsymbol{A}^{\mathrm{T}}$;   B. $\boldsymbol{BA}$;   C. $\boldsymbol{A}+\boldsymbol{B}$;   D. $\boldsymbol{A}+\boldsymbol{B}^{\mathrm{T}}$.

7. 设 $\boldsymbol{A},\boldsymbol{B}$ 均为 $n\times n$ 方阵,下列结论中正确的是(   ).

A. 若 $\boldsymbol{AB}=0$,则 $\boldsymbol{A}=0$ 或 $\boldsymbol{B}=0$;   B. $(\boldsymbol{A}+\boldsymbol{B})^2=\boldsymbol{A}^2+2\boldsymbol{AB}+\boldsymbol{B}^2$;

C. $(\boldsymbol{AB})^{-1}=\boldsymbol{A}^{-1}\boldsymbol{B}^{-1}$;   D. $|\boldsymbol{A}\cdot\boldsymbol{B}|=|\boldsymbol{A}|\cdot|\boldsymbol{B}|$.

8. 设 $\boldsymbol{A}$ 为三阶方阵,且 $\left|-\frac{1}{3}\boldsymbol{A}\right|=\frac{1}{3}$,则 $|\boldsymbol{A}|=$ (   ).

A. -9;   B. -3;   C. -1;   D. 9.

9. 设 $\boldsymbol{A}$ 为 $m\times n$ 矩阵,$\boldsymbol{B}$ 为 $n\times m$ 矩阵,$m\neq n$,则下列矩阵中,为 n 阶矩阵的是(   ).

A. $\boldsymbol{B}^{\mathrm{T}}\boldsymbol{A}^{\mathrm{T}}$;   B. $\boldsymbol{A}^{\mathrm{T}}\boldsymbol{B}^{\mathrm{T}}$;   C. $\boldsymbol{ABA}$;   D. $\boldsymbol{BAB}$.

10. 设 $\boldsymbol{A},\boldsymbol{B}$ 均为 $n\times n$ 方阵,则必有(   ).

A. $|\boldsymbol{A}+\boldsymbol{B}|=|\boldsymbol{A}|+|\boldsymbol{B}|$;   B. $\boldsymbol{AB}=\boldsymbol{BA}$;

C. $|\boldsymbol{AB}|=|\boldsymbol{BA}|$;   D. $(\boldsymbol{A}+\boldsymbol{B})^{-1}=\boldsymbol{A}^{-1}+\boldsymbol{B}^{-1}$.

二、填空题(每题 3 分,共 30 分)

1. 设 $\begin{bmatrix}1&2\\x&y\end{bmatrix}+\begin{bmatrix}-1&-1\\2y&-4x\end{bmatrix}=\begin{bmatrix}0&1\\1&0\end{bmatrix}$,则 $x=$ ________;$y=$ ________.

2. 设 $\boldsymbol{A}=\begin{bmatrix}1&2\\4&0\\-3&4\end{bmatrix}$,$\boldsymbol{B}=\begin{bmatrix}-1&2&0\\3&-1&4\end{bmatrix}$,则 $(\boldsymbol{A}+\boldsymbol{B}^{\mathrm{T}})^{\mathrm{T}}=$ ________.

3. 若 $\boldsymbol{A}$ 为 3×4 矩阵,$\boldsymbol{B}$ 为 2×5 矩阵,且乘积 $\boldsymbol{AC}^{\mathrm{T}}\boldsymbol{B}^{\mathrm{T}}$ 有意义,则 $\boldsymbol{C}$ 为________矩阵.

4. 已知 $\boldsymbol{A}=\begin{bmatrix}-1&3&0\\2&-1&2\end{bmatrix}$,$\boldsymbol{B}=\begin{bmatrix}1&3\\-2&0\\5&-1\end{bmatrix}$,则积 $\boldsymbol{AB}$ 为________行________列

矩阵，且积的第二行第一列元素是__________.

5. 设 $\boldsymbol{A},\boldsymbol{B}$ 均为三阶矩阵，且 $|\boldsymbol{A}| = |\boldsymbol{B}| = -3$，则 $|-2\boldsymbol{AB}| =$ __________.

6. 设 $\boldsymbol{A} = \begin{pmatrix} 1 & -2 & 3 \\ -2 & 5 & 1 \\ 3 & a & 0 \end{pmatrix}$，当 $a =$ __________ 时，$\boldsymbol{A}$ 是对称矩阵.

7. 设矩阵 $\boldsymbol{A} = \begin{pmatrix} 1 & 0 & 0 \\ 0 & 2 & 0 \\ 0 & 0 & 3 \end{pmatrix}$，则 $\boldsymbol{A}^{-1} =$ __________.

8. 设 $f(x) = x^2 - 3x + 2$，$\boldsymbol{A} = \begin{pmatrix} 1 & 0 \\ -1 & 0 \end{pmatrix}$，则 $f(\boldsymbol{A}) =$ __________.

9. 设 $\boldsymbol{A},\boldsymbol{B}$ 是可逆矩阵，则矩阵方程 $\boldsymbol{AXB} = \boldsymbol{C}$ 的解为 $\boldsymbol{X} =$ __________.

10. 已知 $\boldsymbol{A} = \begin{pmatrix} 0 & 0 & 1 \\ 1 & 1 & 1 \\ -2 & -2 & -2 \end{pmatrix}$，则 $\boldsymbol{A}$ 的秩是__________.

三、计算题（每题 8 分，共 40 分）

1. 已知 $\begin{pmatrix} 2 & 1 \\ -1 & 1 \end{pmatrix} + \boldsymbol{X} + \begin{pmatrix} -2 & 0 \\ -2 & 1 \end{pmatrix} = \begin{pmatrix} 1 & 3 \\ -3 & 2 \end{pmatrix}$，求矩阵 $\boldsymbol{X}$.

2. 已知 $\boldsymbol{A} = \begin{bmatrix} 1 & 0 & 3 & 5 \end{bmatrix}$，$\boldsymbol{B} = \begin{bmatrix} 2 \\ -1 \\ 0 \\ 4 \end{bmatrix}$，求 $\boldsymbol{AB}$ 及 $\boldsymbol{BA}$.

3. 求矩阵 $\boldsymbol{A} = \begin{pmatrix} 1 & -1 & 0 \\ -1 & 2 & 1 \\ 2 & 2 & 3 \end{pmatrix}$ 的逆矩阵.

4. 解矩阵方程 $\boldsymbol{AX} = \boldsymbol{B}$，其中 $\boldsymbol{A} = \begin{bmatrix} 1 & 0 & 1 \\ -1 & 1 & 1 \\ 2 & -1 & 1 \end{bmatrix}$，$\boldsymbol{B} = \begin{bmatrix} 1 & 1 \\ 0 & 1 \\ -1 & 0 \end{bmatrix}$.

5. 用初等变换求矩阵 $\boldsymbol{A} = \begin{pmatrix} 6 & -1 & 7 & 2 \\ 1 & 5 & -4 & -10 \\ 2 & 3 & -1 & -6 \\ -4 & 6 & -10 & -12 \end{pmatrix}$ 的秩.

第三章　向量

【本章摘要】

向量是解析几何中向量概念的推广，它是线性代数中的基本概念，也是研究线性方程组的重要工具，在实际问题中也有广泛的应用. 本章主要介绍向量的概念及基本运算，并利用矩阵讨论向量组的线性相关性、向量组的秩等基本问题，为进一步解决线性方程组问题奠定基础.

【学习目标】

理解向量的概念及基本运算，能将向量表示为向量组的线性组合；理解向量组的线性相关性，会用矩阵知识判别向量组的线性相关性；理解向量组的秩和极大无关组的概念，掌握寻找向量组的极大无关组的基本方法.

§3.1　向量与向量组的线性组合

我们常常可以用一组数据来表示某一对象或所讨论的问题。在平面直角坐标系中，我们可以用(x,y)来表示圆心的位置；在空间直角坐标系中，我们可以用(x,y,z)、r来表示球心的坐标和球的半径，从而(x,y,z,r)就表示了一个球的大小和位置. 当然，如果问题比较复杂，那么用来表示的数的个数就会比较多，譬如：某个工厂的原材料来自n个不同的地方，设$a_1,a_2,\cdots,a_n$分别是采购量，那么就可以用$(a_1,a_2,\cdots,a_n)$表示工厂的采购计划。这些表示的共同抽象就是向量的概念.

一、向量的概念

定义 1　n个有次序的数$a_1,a_2,\cdots,a_n$所组成的有序数组称为n维向量，常用希腊字母$\boldsymbol{\alpha},\boldsymbol{\beta},\boldsymbol{\gamma}$等表示，记作

$$\boldsymbol{\alpha}=(a_1,a_2,\cdots,a_n)\text{ 或 }\boldsymbol{\alpha}=\begin{pmatrix}a_1\\a_2\\\vdots\\a_n\end{pmatrix},$$

其中第 i 个数 a_i 叫作向量的第 i 个分量，$\boldsymbol{\alpha}=(a_1,a_2,\cdots,a_n)$ 称为**行向量**，$\boldsymbol{\alpha}=\begin{pmatrix}a_1\\a_2\\\vdots\\a_n\end{pmatrix}$ 称为**列向量**.

备注　以后如不加特别说明，通常用 $\boldsymbol{\alpha},\boldsymbol{\beta},\boldsymbol{\gamma}$ 表示列向量，用 $\boldsymbol{\alpha}^{\mathrm{T}},\boldsymbol{\beta}^{\mathrm{T}},\boldsymbol{\gamma}^{\mathrm{T}}$ 表示行向量.

分量全为实数的向量称为**实向量**，分量为复数的向量称为**复向量**，本书一般讨论实向量.

分量全为零的向量称为**零向量**，记作$\mathbf{0}=(0,0,\cdots,0)^{\mathrm{T}}$. 向量 $-\boldsymbol{\alpha}=(-a_1,-a_2,\cdots,-a_n)^{\mathrm{T}}$ 称为 $\boldsymbol{\alpha}$ 的**负向量**.

显然，1 维向量可以表示直线上的点，2 维向量可以表示平面上的点，3 维向量可以表示空间中的点，而 4 维及以上的向量不再有几何意义，但是我们可以利用 n 维向量将许多实际问题抽象为数学问题.

若干个同维数的列向量(或行向量)所组成的集合称为**向量组**，所有同维数向量组成的全体称为**向量空间**.

例如，3 维向量的全体所组成的集合 $\mathbf{R}^3=\{(x,y,z)\mid x,y,z\in\mathbf{R}\}$ 称为 3 维空间，n 维向量的全体所组成的集合 $\mathbf{R}^n=\{(a_1,a_2,\cdots,a_n)\mid a_1,a_2,\cdots,a_n\in\mathbf{R}\}$ 称为 n 维空间.

定义 2　如果 n 维向量 $\boldsymbol{\alpha}=(a_1,a_2,\cdots,a_n)^{\mathrm{T}}$ 与 $\boldsymbol{\beta}=(b_1,b_2,\cdots,b_n)^{\mathrm{T}}$ 的对应分量都相等，则称这两个向量相等，记作 $\boldsymbol{\alpha}=\boldsymbol{\beta}$.

二、向量的线性运算

定义 3　两个 n 维向量 $\boldsymbol{\alpha}=(a_1,a_2,\cdots,a_n)^{\mathrm{T}}$ 与 $\boldsymbol{\beta}=(b_1,b_2,\cdots,b_n)^{\mathrm{T}}$ 的各对应分量之和所组成的向量，称为向量 $\boldsymbol{\alpha}$ 与 $\boldsymbol{\beta}$ 的和，记作 $\boldsymbol{\alpha}+\boldsymbol{\beta}$，即

$$\boldsymbol{\alpha}+\boldsymbol{\beta}=(a_1+b_1,a_2+b_2,\cdots,a_n+b_n)^{\mathrm{T}}.$$

由向量的加法和负向量的含义，我们可以定义向量的减法：

$$\begin{aligned}\boldsymbol{\alpha}-\boldsymbol{\beta}&=\boldsymbol{\alpha}+(-\boldsymbol{\beta})\\&=(a_1,a_2,\cdots,a_n)+(-b_1,-b_2,\cdots,-b_n)^{\mathrm{T}}\\&=(a_1-b_1,a_2-b_2,\cdots,a_n-b_n)^{\mathrm{T}}.\end{aligned}$$

定义 4　n 维向量 $\boldsymbol{\alpha}=(a_1,a_2,\cdots,a_n)^{\mathrm{T}}$ 的各个分量都乘以实数 k 所组成的向量，称为数 k 与向量 $\boldsymbol{\alpha}$ 的乘积，记作 $k\boldsymbol{\alpha}$，即

$$k\boldsymbol{\alpha}=(ka_1,ka_2,\cdots,ka_n)^{\mathrm{T}}.$$

向量的加法、减法和数乘运算统称向量的线性运算.

可以验证,向量的线性运算满足以下运算规律:

(1)$\boldsymbol{\alpha}+\boldsymbol{\beta}=\boldsymbol{\beta}+\boldsymbol{\alpha}$; (2)$\boldsymbol{\alpha}+(\boldsymbol{\beta}+\boldsymbol{\gamma})=(\boldsymbol{\alpha}+\boldsymbol{\beta})+\boldsymbol{\gamma}$;

(3)$\boldsymbol{\alpha}+\boldsymbol{0}=\boldsymbol{\alpha}$; (4)$\boldsymbol{\alpha}+(-\boldsymbol{\alpha})=\boldsymbol{0}$;

(5)$(k+l)\boldsymbol{\alpha}=k\boldsymbol{\alpha}+l\boldsymbol{\alpha}$; (6)$k(\boldsymbol{\alpha}+\boldsymbol{\beta})=k\boldsymbol{\alpha}+k\boldsymbol{\beta}$;

(7)$1\boldsymbol{\alpha}=\boldsymbol{\alpha}$; (8)$(kl)\boldsymbol{\alpha}=k(l\boldsymbol{\alpha})$.

例 1 设 $\boldsymbol{\alpha}=(2,0,-1,3)^{\mathrm{T}},\boldsymbol{\beta}=(1,7,4,-2)^{\mathrm{T}},\boldsymbol{\gamma}=(0,1,0,1)^{\mathrm{T}}$.

(1) 求 $2\boldsymbol{\alpha}+\boldsymbol{\beta}-3\boldsymbol{\gamma}$;

(2) 若有 $\boldsymbol{x}$,满足 $3\boldsymbol{\alpha}-\boldsymbol{\beta}+5\boldsymbol{\gamma}+2\boldsymbol{x}=\boldsymbol{0}$,求 $\boldsymbol{x}$.

解 (1) $2\boldsymbol{\alpha}+\boldsymbol{\beta}-3\boldsymbol{\gamma}=2(2,0,-1,3)^{\mathrm{T}}+(1,7,4,-2)^{\mathrm{T}}-3(0,1,0,1)^{\mathrm{T}}$

$=(5,4,2,1)^{\mathrm{T}}$;

(2) 由 $3\boldsymbol{\alpha}-\boldsymbol{\beta}+5\boldsymbol{\gamma}+2\boldsymbol{x}=\boldsymbol{0}$ 得

$$\boldsymbol{x}=\frac{1}{2}(-3\boldsymbol{\alpha}+\boldsymbol{\beta}-5\boldsymbol{\gamma})$$

$$=\frac{1}{2}[-3(2,0,-1,3)^{\mathrm{T}}+(1,7,4,-2)^{\mathrm{T}}-5(0,1,0,1)^{\mathrm{T}}]$$

$$=\left(-\frac{5}{2},1,\frac{7}{2},-8\right)^{\mathrm{T}}.$$

三、矩阵及线性方程组的向量表示

对于一个 $m\times n$ 矩阵 $\boldsymbol{A}=\begin{pmatrix} a_{11} & a_{12} & \cdots & a_{1n} \\ a_{21} & a_{22} & \cdots & a_{2n} \\ \cdots & \cdots & \cdots & \cdots \\ a_{m1} & a_{m2} & \cdots & a_{mn} \end{pmatrix}$,若设 $\boldsymbol{\alpha}_j=\begin{pmatrix} a_{1j} \\ a_{2j} \\ \vdots \\ a_{mj} \end{pmatrix}(j=1,2,\cdots,n)$,

则矩阵 $\boldsymbol{A}$ 可用列向量组 $\boldsymbol{\alpha}_1,\boldsymbol{\alpha}_2,\cdots,\boldsymbol{\alpha}_n$ 表示为

$$\boldsymbol{A}=(\boldsymbol{\alpha}_1,\boldsymbol{\alpha}_2,\cdots,\boldsymbol{\alpha}_n);$$

若 $\boldsymbol{\beta}_i=(a_{i1},a_{i2},\cdots,a_{im})(i=1,2,\cdots,m)$,则矩阵 $\boldsymbol{A}$ 可用行向量组 $\boldsymbol{\beta}_1,\boldsymbol{\beta}_2,\cdots,\boldsymbol{\beta}_n$ 表示为

$$\boldsymbol{A}=\begin{pmatrix} \boldsymbol{\beta}_1 \\ \boldsymbol{\beta}_2 \\ \vdots \\ \boldsymbol{\beta}_m \end{pmatrix}.$$

对于线性方程组$\begin{cases} a_{11}x_1 + a_{12}x_2 + \cdots + a_{1n}x_n = b_1 \\ a_{21}x_1 + a_{22}x_2 + \cdots + a_{2n}x_n = b_2 \\ \cdots\cdots\cdots\cdots\cdots\cdots \\ a_{m1}x_1 + a_{m2}x_2 + \cdots + a_{mn}x_n = b_m \end{cases}$，

令 $\boldsymbol{\alpha}_j = \begin{pmatrix} a_{1j} \\ a_{2j} \\ \vdots \\ a_{mj} \end{pmatrix} (j = 1,2,\cdots,n), \boldsymbol{\beta} = \begin{pmatrix} b_1 \\ b_2 \\ \vdots \\ b_m \end{pmatrix}$,则线性方程组可表示为向量形式：

$$\boldsymbol{\alpha}_1 x_1 + \boldsymbol{\alpha}_2 x_2 + \cdots + \boldsymbol{\alpha}_n x_n = \boldsymbol{\beta}.$$

于是,线性方程组是否有解,就相当于是否存在一组数 $k_1,k_2,\cdots,k_n$ 使得下列线性关系式成立：

$$\boldsymbol{\beta} = \boldsymbol{\alpha}_1 k_1 + \boldsymbol{\alpha}_2 k_2 + \cdots + \boldsymbol{\alpha}_n k_n.$$

四、向量组的线性组合

引例:设向量 $\boldsymbol{\beta} = (2,-1,1)^{\mathrm{T}}$,向量组 $\boldsymbol{\alpha}_1 = (1,0,0)^{\mathrm{T}}, \boldsymbol{\alpha}_2 = (0,1,0)^{\mathrm{T}}, \boldsymbol{\alpha}_3 = (0,0,1)^{\mathrm{T}}$,显然它们之间存在关系:$\boldsymbol{\beta} = 2\boldsymbol{\alpha}_1 - \boldsymbol{\alpha}_2 + \boldsymbol{\alpha}_3$,或 $2\boldsymbol{\alpha}_1 - \boldsymbol{\alpha}_2 + \boldsymbol{\alpha}_3 - \boldsymbol{\beta} = 0$.

定义 5　给定向量组:$\boldsymbol{\alpha}_1,\boldsymbol{\alpha}_2,\cdots,\boldsymbol{\alpha}_m$,对于任何一组实数 $k_1,k_2,\cdots,k_m$,称 $k_1\boldsymbol{\alpha}_1 + k_2\boldsymbol{\alpha}_2 + \cdots + k_m\boldsymbol{\alpha}_m$ 为向量组 $\boldsymbol{\alpha}_1,\boldsymbol{\alpha}_2,\cdots,\boldsymbol{\alpha}_m$ 的一个线性组合,$k_1,k_2,\cdots,k_m$ 称为这个线性组合的系数.

给定一个向量 $\boldsymbol{\beta}$,如果存在一组实数 $k_1,k_2,\cdots,k_m$,使得 $\boldsymbol{\beta} = k_1\boldsymbol{\alpha}_1 + k_2\boldsymbol{\alpha}_2 + \cdots + k_m\boldsymbol{\alpha}_m$,则称 $\boldsymbol{\beta}$ 是向量组 $\boldsymbol{\alpha}_1,\boldsymbol{\alpha}_2,\cdots,\boldsymbol{\alpha}_m$ 的线性组合,或称 $\boldsymbol{\beta}$ 可用向量组 $\boldsymbol{\alpha}_1,\boldsymbol{\alpha}_2,\cdots,\boldsymbol{\alpha}_m$ 线性表示.

在引例中,我们就可以说向量 $\boldsymbol{\beta}$ 是向量组 $\boldsymbol{\alpha}_1,\boldsymbol{\alpha}_2,\boldsymbol{\alpha}_3$ 的线性组合,或者说向量 $\boldsymbol{\beta}$ 可以用向量组 $\boldsymbol{\alpha}_1,\boldsymbol{\alpha}_2,\boldsymbol{\alpha}_3$ 线性表示.

对于向量组的线性组合,下面的结论是显而易见的：

零向量是任何向量组的线性组合,$\boldsymbol{0} = 0 \cdot \boldsymbol{\alpha}_1 + 0 \cdot \boldsymbol{\alpha}_2 + \cdots + 0 \cdot \boldsymbol{\alpha}_m$.

一个向量组 $\boldsymbol{\alpha}_1,\boldsymbol{\alpha}_2,\cdots,\boldsymbol{\alpha}_m$ 中的每一个向量都是该向量组的线性组合,

$\boldsymbol{\alpha}_j = 0 \cdot \boldsymbol{\alpha}_1 + \cdots + 1 \cdot \boldsymbol{\alpha}_j + \cdots + 0 \cdot \boldsymbol{\alpha}_m (1 \leqslant j \leqslant m)$.

设 n 维单位向量组 $\boldsymbol{\varepsilon}_1 = (1,0,\cdots,0)^{\mathrm{T}}, \boldsymbol{\varepsilon}_2 = (0,1,\cdots,0)^{\mathrm{T}} \cdots, \boldsymbol{\varepsilon}_n = (0,0,\cdots,1)^{\mathrm{T}}$,则任何一个 n 维向量 $\boldsymbol{\alpha} = (a_1,a_2,\cdots,a_n)^{\mathrm{T}}$ 均可表示为它们的线性组合,$\boldsymbol{\alpha} = a_1\boldsymbol{\varepsilon}_1 + a_2\boldsymbol{\varepsilon}_2 + \cdots + a_n\boldsymbol{\varepsilon}_n$.

由线性方程组的向量表示可以看出,一个向量 $\boldsymbol{\beta}$ 能否表示为向量组 $\boldsymbol{\alpha}_1,\boldsymbol{\alpha}_2,\cdots,\boldsymbol{\alpha}_m$ 的线性组合,等价于线性方程组 $\boldsymbol{\alpha}_1 x_1 + \boldsymbol{\alpha}_2 x_2 + \cdots + \boldsymbol{\alpha}_m x_m = \boldsymbol{\beta}$ 是否有解,于是,我们可以得到下面的结论.

定理 设向量$\boldsymbol{\beta}$，向量组为$\boldsymbol{\alpha}_1,\boldsymbol{\alpha}_2,\cdots,\boldsymbol{\alpha}_m$，则向量$\boldsymbol{\beta}$能用向量组$\boldsymbol{\alpha}_1,\boldsymbol{\alpha}_2,\cdots,\boldsymbol{\alpha}_m$线性表示的充分必要条件是矩阵$\boldsymbol{A}=(\boldsymbol{\alpha}_1,\boldsymbol{\alpha}_2,\cdots,\boldsymbol{\alpha}_m)$与$\widetilde{\boldsymbol{A}}=(\boldsymbol{\alpha}_1,\boldsymbol{\alpha}_2,\cdots,\boldsymbol{\alpha}_m,\boldsymbol{\beta})$的秩相等，即

$$r(\boldsymbol{\alpha}_1,\boldsymbol{\alpha}_2,\cdots,\boldsymbol{\alpha}_m)=r(\boldsymbol{\alpha}_1,\boldsymbol{\alpha}_2,\cdots,\boldsymbol{\alpha}_m,\boldsymbol{\beta}).$$

例 2 判断向量$\boldsymbol{\beta}_1=(4,3,-1,11)^{\mathrm{T}}$与$\boldsymbol{\beta}_2=(4,3,0,11)^{\mathrm{T}}$是否各为向量组$\boldsymbol{\alpha}_1=(1,2,-1,5)^{\mathrm{T}}$，$\boldsymbol{\alpha}_2=(2,-1,1,1)^{\mathrm{T}}$的线性组合.若是，写出表达式.

解 设$k_1\boldsymbol{\alpha}_1+k_2\boldsymbol{\alpha}_2=\boldsymbol{\beta}_1$，对矩阵$(\boldsymbol{\alpha}_1,\boldsymbol{\alpha}_2,\boldsymbol{\beta}_1)$施以初等行变换：

$$\begin{pmatrix}1&2&4\\2&-1&3\\-1&1&-1\\5&1&11\end{pmatrix}\to\begin{pmatrix}1&2&4\\0&-5&-5\\0&3&3\\0&-9&-9\end{pmatrix}\to\begin{pmatrix}1&2&4\\0&1&1\\0&0&0\\0&0&0\end{pmatrix}\to\begin{pmatrix}1&0&2\\0&1&1\\0&0&0\\0&0&0\end{pmatrix},$$

易见，$r(\boldsymbol{\alpha}_1,\boldsymbol{\alpha}_2,\boldsymbol{\beta}_1)=r(\boldsymbol{\alpha}_1,\boldsymbol{\alpha}_2)=2$.

因此$\boldsymbol{\beta}_1$可用$\boldsymbol{\alpha}_1,\boldsymbol{\alpha}_2$线性表示.且由矩阵的初等变换可知：$k_1=2,k_2=1$，

故$\boldsymbol{\beta}_1=2\boldsymbol{\alpha}_1+\boldsymbol{\alpha}_2$.

类似地，对矩阵$(\boldsymbol{\alpha}_1,\boldsymbol{\alpha}_2,\boldsymbol{\beta}_2)$施以初等行变换：

$$\begin{pmatrix}1&2&4\\2&-1&3\\-1&1&0\\5&1&11\end{pmatrix}\to\begin{pmatrix}1&2&4\\0&-5&-5\\0&3&4\\0&-9&-9\end{pmatrix}\to\begin{pmatrix}1&2&4\\0&1&1\\0&0&1\\0&0&0\end{pmatrix},$$

易见，$r(\boldsymbol{\alpha}_1,\boldsymbol{\alpha}_2,\boldsymbol{\beta}_2)=3,r(\boldsymbol{\alpha}_1,\boldsymbol{\alpha}_2)=2$.

因此$\boldsymbol{\beta}_2$不能用$\boldsymbol{\alpha}_1,\boldsymbol{\alpha}_2$线性表示.

练习一

(A)

1. 设$\boldsymbol{\alpha}=(1,1,0,0)^{\mathrm{T}},\boldsymbol{\beta}=(0,1,1,0)^{\mathrm{T}},\boldsymbol{\gamma}=(0,0,1,1)^{\mathrm{T}}$，则$\boldsymbol{\alpha}-\boldsymbol{\beta}=$ __________，$\boldsymbol{\alpha}+2\boldsymbol{\beta}+3\boldsymbol{\gamma}=$ __________.
2. 设4维向量$\boldsymbol{\beta}=(1,2,-1,3)^{\mathrm{T}}$，则将$\boldsymbol{\beta}$表示为$\boldsymbol{\varepsilon}_1,\boldsymbol{\varepsilon}_2,\boldsymbol{\varepsilon}_3,\boldsymbol{\varepsilon}_4$的线性组合为__________.
3. 设向量$\boldsymbol{\beta}=(-1,-1,0)^{\mathrm{T}}$，向量组$\boldsymbol{\alpha}_1=(1,0,1)^{\mathrm{T}},\boldsymbol{\alpha}_2=(0,1,0)^{\mathrm{T}},\boldsymbol{\alpha}_3=(0,0,1)^{\mathrm{T}}$，且向量$\boldsymbol{\beta}$的线性表达式为$\boldsymbol{\beta}=-\boldsymbol{\alpha}_1+a\boldsymbol{\alpha}_2+\boldsymbol{\alpha}_3$，则$a=$ __________.

(B)

1. 设$\boldsymbol{\alpha}=(-1,4,0,-3)^{\mathrm{T}},\boldsymbol{\beta}=(-5,6,-4,1)^{\mathrm{T}}$，求向量$\boldsymbol{\gamma}$使得$3\boldsymbol{\alpha}-2\boldsymbol{\gamma}=\boldsymbol{\beta}$.
2. 将向量$\boldsymbol{\beta}=(3,5,-6)^{\mathrm{T}}$表示为向量组$\boldsymbol{\alpha}_1=(1,0,1)^{\mathrm{T}},\boldsymbol{\alpha}_2=(1,1,1)^{\mathrm{T}},\boldsymbol{\alpha}_3=(0,-1,

$-1)^T$ 的线性组合.

3. 设向量 $\boldsymbol{\alpha}_1=(1,4,0,2)^T,\boldsymbol{\alpha}_2=(2,7,1,3)^T,\boldsymbol{\alpha}_3=(0,1,-1,a)^T,\boldsymbol{\beta}=(3,10,b,4)^T$.
试问:(1) 当 a,b 为何值时,$\boldsymbol{\beta}$ 不能由 $\boldsymbol{\alpha}_1,\boldsymbol{\alpha}_2,\boldsymbol{\alpha}_3$ 线性表示?
(2) 当 a,b 为何值时,$\boldsymbol{\beta}$ 能由 $\boldsymbol{\alpha}_1,\boldsymbol{\alpha}_2,\boldsymbol{\alpha}_3$ 线性表示?并求出相应的表达式.

§3.2　向量组的线性相关性

我们可以发现向量之间存在着某种联系,如向量组 $\boldsymbol{\alpha}_1=(1,-1)^T$ 与 $\boldsymbol{\alpha}_2=(3,-3)^T$,它们的对应分量成比例,即表达式 $3\boldsymbol{\alpha}_1-\boldsymbol{\alpha}_2=\mathbf{0}$ 成立.同样的,对于向量组 $\boldsymbol{\alpha}_1=(1,1,1)^T,\boldsymbol{\alpha}_2=(1,3,0)^T,\boldsymbol{\alpha}_3=(2,4,1)^T$ 来说,有 $\boldsymbol{\alpha}_1+\boldsymbol{\alpha}_2-\boldsymbol{\alpha}_3=\mathbf{0}$ 成立.我们用向量组的线性相关性来分析讨论向量间的这种关系.

一、向量组的线性相关性

定义 1　给定向量组:$\boldsymbol{\alpha}_1,\boldsymbol{\alpha}_2,\cdots,\boldsymbol{\alpha}_m$,如果存在一组不全为零的实数 $k_1,k_2,\cdots,k_m$,使得

$$k_1\boldsymbol{\alpha}_1+k_2\boldsymbol{\alpha}_2+\cdots+k_m\boldsymbol{\alpha}_m=\mathbf{0} \tag{3.1}$$

则称向量组 $\boldsymbol{\alpha}_1,\boldsymbol{\alpha}_2,\cdots,\boldsymbol{\alpha}_m$ 线性相关.如果(3.1)式当且仅当 $k_1=k_2=\cdots=k_m=0$ 时成立,称 $\boldsymbol{\alpha}_1,\boldsymbol{\alpha}_2,\cdots,\boldsymbol{\alpha}_m$ 线性无关.

显然,单独一个零向量线性相关,单独一个非零向量线性无关.两个向量线性相关当且仅当它们的分量对应成比例.

前面例中,由于 $3\boldsymbol{\alpha}_1-\boldsymbol{\alpha}_2=\mathbf{0}$,向量组 $\boldsymbol{\alpha}_1=(1,-1)^T$ 与 $\boldsymbol{\alpha}_2=(3,-3)^T$ 线性相关.

因为 $\boldsymbol{\alpha}_1+\boldsymbol{\alpha}_2-\boldsymbol{\alpha}_3=\mathbf{0}$,向量组 $\boldsymbol{\alpha}_1=(1,1,1)^T,\boldsymbol{\alpha}_2=(1,3,0)^T,\boldsymbol{\alpha}_3=(2,4,1)^T$ 也线性相关.

可以验证,含有零向量的向量组一定线性相关.

例 1　证明 n 维单位向量组 $\boldsymbol{\varepsilon}_1=(1,0,\cdots,0)^T,\boldsymbol{\varepsilon}_2=(0,1,\cdots,0)^T,\cdots,\boldsymbol{\varepsilon}_n=(0,0,\cdots,1)^T$ 线性无关.

证明　设 $k_1\boldsymbol{\varepsilon}_1+k_2\boldsymbol{\varepsilon}_2+\cdots+k_n\boldsymbol{\varepsilon}_n=\mathbf{0}$.可以推出 $k_1=k_2=\cdots=k_m=0$,说明 n 维单位向量组 $\boldsymbol{\varepsilon}_1,\boldsymbol{\varepsilon}_2,\cdots,\boldsymbol{\varepsilon}_n$ 是线性无关的.

例 2　讨论向量组 $\boldsymbol{\alpha}_1=(1,1,1)^T,\boldsymbol{\alpha}_2=(1,3,0)^T$ 与 $\boldsymbol{\alpha}_3=(2,4,1)^T$ 的线性相关性.

解　设 $k_1\boldsymbol{\alpha}_1+k_2\boldsymbol{\alpha}_2+k_3\boldsymbol{\alpha}_3=0$,将 $\boldsymbol{\alpha}_1,\boldsymbol{\alpha}_2,\boldsymbol{\alpha}_3$ 代入可得线性方程组:

$$\begin{cases}k_1+k_2+2k_3=0\\k_1+3k_2+4k_3=0,\\k_1+k_3=0\end{cases}$$

对线性方程组的系数矩阵施以初等变换可得

$$\boldsymbol{A}=\begin{pmatrix}1&1&2\\1&3&4\\0&1&1\end{pmatrix}\to\begin{pmatrix}1&1&2\\0&2&2\\0&0&0\end{pmatrix},$$

易见，$r(\boldsymbol{A})=2<n$，线性方程组有非零解，即：存在不全为零的实数 k_1,k_2,k_3，使得 $k_1\boldsymbol{\alpha}_1+k_2\boldsymbol{\alpha}_2+k_3\boldsymbol{\alpha}_3=\boldsymbol{0}$，因此向量组 $\boldsymbol{\alpha}_1,\boldsymbol{\alpha}_2,\boldsymbol{\alpha}_3$ 线性相关.

二、线性相关性的判别

从例2可以分析得出：对于向量组 $\boldsymbol{\alpha}_1,\boldsymbol{\alpha}_2,\cdots,\boldsymbol{\alpha}_m$，如果齐次线性方程组 $k_1\boldsymbol{\alpha}_1+k_2\boldsymbol{\alpha}_2+\cdots+k_m\boldsymbol{\alpha}_m=\boldsymbol{0}$ 有非零解，则向量组 $\boldsymbol{\alpha}_1,\boldsymbol{\alpha}_2,\cdots,\boldsymbol{\alpha}_m$ 线性相关；若仅有零解，则向量组 $\boldsymbol{\alpha}_1,\boldsymbol{\alpha}_2,\cdots,\boldsymbol{\alpha}_m$ 线性无关.

由线性方程组的解与其系数矩阵的秩的关系，可以直接得到下面的结论.

定理1 设列向量组 $\boldsymbol{\alpha}_1,\boldsymbol{\alpha}_2,\cdots,\boldsymbol{\alpha}_m$ 所构成的矩阵为 $\boldsymbol{A}=(\boldsymbol{\alpha}_1,\boldsymbol{\alpha}_2,\cdots,\boldsymbol{\alpha}_m)$，若 $r(\boldsymbol{A})<m$，则向量组 $\boldsymbol{\alpha}_1,\boldsymbol{\alpha}_2,\cdots,\boldsymbol{\alpha}_m$ 线性相关；若 $r(\boldsymbol{A})=m$，则向量组 $\boldsymbol{\alpha}_1,\boldsymbol{\alpha}_2,\cdots,\boldsymbol{\alpha}_m$ 线性无关.

定理1的另一种说法：向量组 $\boldsymbol{\alpha}_1,\boldsymbol{\alpha}_2,\cdots,\boldsymbol{\alpha}_m$ 线性相关的充要条件是：$\boldsymbol{\alpha}_1,\boldsymbol{\alpha}_2,\cdots,\boldsymbol{\alpha}_m$ 组成的矩阵的秩小于向量的个数. 向量组 $\boldsymbol{\alpha}_1,\boldsymbol{\alpha}_2,\cdots,\boldsymbol{\alpha}_m$ 线性无关的充要条件是：$\boldsymbol{\alpha}_1,\boldsymbol{\alpha}_2,\cdots,\boldsymbol{\alpha}_m$ 组成的矩阵的秩等于向量的个数.

容易从定理1得到下面的结论：

推论1 n 个 n 维向量 $\boldsymbol{\alpha}_1,\boldsymbol{\alpha}_2,\cdots,\boldsymbol{\alpha}_n$ 线性相关的充要条件是 $|\boldsymbol{A}|=0$，线性无关的充要条件是 $|\boldsymbol{A}|\neq 0$，其中 $\boldsymbol{A}=(\boldsymbol{\alpha}_1,\boldsymbol{\alpha}_2,\cdots,\boldsymbol{\alpha}_n)$.

推论2 当向量组中所含向量的个数大于向量的维数时，该向量组一定线性相关.

以后可以用定理1来判断向量组的线性相关性.

例3 判断下列向量组的线性相关性.

(1) $\boldsymbol{\alpha}_1=(1,1,2)^{\mathrm{T}},\boldsymbol{\alpha}_2=(0,2,5)^{\mathrm{T}},\boldsymbol{\alpha}_3=(2,4,7)^{\mathrm{T}}$；

(2) $\boldsymbol{\alpha}_1=(1,-1,2,4)^{\mathrm{T}},\boldsymbol{\alpha}_2=(0,3,1,2)^{\mathrm{T}},\boldsymbol{\alpha}_3=(3,0,7,14)^{\mathrm{T}},\boldsymbol{\alpha}_4=(1,2,3,-4)^{\mathrm{T}}$.

解 (1) $$\boldsymbol{A}=(\boldsymbol{\alpha}_1,\boldsymbol{\alpha}_2,\boldsymbol{\alpha}_3)=\begin{pmatrix}1&0&2\\1&2&4\\2&5&7\end{pmatrix}\to\begin{pmatrix}1&0&2\\0&2&2\\0&5&3\end{pmatrix}\to\begin{pmatrix}1&0&2\\0&2&2\\0&0&-2\end{pmatrix},$$

因为 $r(\boldsymbol{A})=3=m$，向量组线性无关.

(2) $$\boldsymbol{A}=(\boldsymbol{\alpha}_1,\boldsymbol{\alpha}_2,\boldsymbol{\alpha}_3,\boldsymbol{\alpha}_4)=\begin{pmatrix}1&0&3&1\\-1&3&0&2\\2&1&7&3\\4&2&14&-4\end{pmatrix}\to\begin{pmatrix}1&0&3&1\\0&3&3&3\\0&1&1&1\\0&2&2&-8\end{pmatrix}$$

$$\to\begin{pmatrix}1&0&3&1\\0&3&3&3\\0&0&0&0\\0&0&0&-10\end{pmatrix}\to\begin{pmatrix}1&0&3&1\\0&3&3&3\\0&0&0&-10\\0&0&0&0\end{pmatrix},$$

因为 $r(\mathbf{A})=3<m$，向量组线性相关.

例 4 证明：如果向量组 $\boldsymbol{\alpha},\boldsymbol{\beta},\boldsymbol{\gamma}$ 线性无关，则向量组 $\boldsymbol{\alpha}+\boldsymbol{\beta},\boldsymbol{\beta}+\boldsymbol{\gamma},\boldsymbol{\gamma}+\boldsymbol{\alpha}$ 也线性无关.

证明 设有一组数 k_1,k_2,k_3，使

$$k_1(\boldsymbol{\alpha}+\boldsymbol{\beta})+k_2(\boldsymbol{\beta}+\boldsymbol{\gamma})+k_3(\boldsymbol{\gamma}+\boldsymbol{\alpha})=\mathbf{0},$$

整理得：$(k_1+k_3)\boldsymbol{\alpha}+(k_1+k_2)\boldsymbol{\beta}+(k_2+k_3)\boldsymbol{\gamma}=\mathbf{0}$，

由 $\boldsymbol{\alpha},\boldsymbol{\beta},\boldsymbol{\gamma}$ 线性无关，故 $\begin{cases}k_1+k_3=0\\k_1+k_2=0,\\k_2+k_3=0\end{cases}$

因为 $\begin{vmatrix}1&0&1\\1&1&0\\0&1&1\end{vmatrix}=2\neq0$，上述方程组仅有零解，即只有当 $k_1=k_2=k_3=0$ 时，

$k_1(\boldsymbol{\alpha}+\boldsymbol{\beta})+k_2(\boldsymbol{\beta}+\boldsymbol{\gamma})+k_3(\boldsymbol{\gamma}+\boldsymbol{\alpha})=\mathbf{0}$ 才成立，所以 $\boldsymbol{\alpha}+\boldsymbol{\beta},\boldsymbol{\beta}+\boldsymbol{\gamma},\boldsymbol{\gamma}+\boldsymbol{\alpha}$ 也线性无关.

由定理 1 及向量组线性相关性的判别方法可以得出下面的结论.

定理 2 对列向量组 $\boldsymbol{\alpha}_1,\boldsymbol{\alpha}_2,\cdots,\boldsymbol{\alpha}_m$ 构成的矩阵 $(\boldsymbol{\alpha}_1,\boldsymbol{\alpha}_2,\cdots,\boldsymbol{\alpha}_m)$ 施以行初等变换，不改变向量组 $\boldsymbol{\alpha}_1,\boldsymbol{\alpha}_2,\cdots,\boldsymbol{\alpha}_m$ 的线性相关性.

向量组的线性相关性和线性组合之间有一些重要的结论，这里介绍给大家，这些结论的证明读者可以自己完成.

定理 3 向量组 $\boldsymbol{\alpha}_1,\boldsymbol{\alpha}_2,\cdots,\boldsymbol{\alpha}_m(m\geqslant2)$ 线性相关的充要条件是：其中至少有一个向量是其余 $m-1$ 个向量的线性组合.

例如，向量组 $\boldsymbol{\alpha}_1=(1,-1,1,0),\boldsymbol{\alpha}_2=(1,0,1,0),\boldsymbol{\alpha}_3=(0,1,0,0)$，因为 $\boldsymbol{\alpha}_1-\boldsymbol{\alpha}_2+\boldsymbol{\alpha}_3=\mathbf{0}$，故向量组 $\boldsymbol{\alpha}_1,\boldsymbol{\alpha}_2,\boldsymbol{\alpha}_3$ 线性相关.

由 $\boldsymbol{\alpha}_1-\boldsymbol{\alpha}_2+\boldsymbol{\alpha}_3=\mathbf{0}$ 可得

$$\boldsymbol{\alpha}_1=\boldsymbol{\alpha}_2-\boldsymbol{\alpha}_3,\boldsymbol{\alpha}_2=\boldsymbol{\alpha}_1+\boldsymbol{\alpha}_3,\boldsymbol{\alpha}_3=\boldsymbol{\alpha}_2-\boldsymbol{\alpha}_1.$$

定理 4 如果向量组 $\boldsymbol{\alpha}_1,\boldsymbol{\alpha}_2,\cdots,\boldsymbol{\alpha}_m,\boldsymbol{\beta}$ 线性相关，而 $\boldsymbol{\alpha}_1,\boldsymbol{\alpha}_2,\cdots,\boldsymbol{\alpha}_m$ 线性无关，则向量 $\boldsymbol{\beta}$ 可用向量组 $\boldsymbol{\alpha}_1,\boldsymbol{\alpha}_2,\cdots,\boldsymbol{\alpha}_m$ 线性表示，且表示法唯一.

例如，设向量 $\boldsymbol{\alpha}=(a_1,a_2,\cdots,a_n)^{\mathrm{T}},\boldsymbol{\varepsilon}_1,\boldsymbol{\varepsilon}_2,\cdots,\boldsymbol{\varepsilon}_n$ 是 n 维单位向量组，$\boldsymbol{\alpha}$ 可用该向量组唯一地线性表示，即 $\boldsymbol{\alpha}=a_1\boldsymbol{\varepsilon}_1+a_2\boldsymbol{\varepsilon}_2+\cdots+a_n\boldsymbol{\varepsilon}_n$.

定理 5 若向量组 $\boldsymbol{\alpha}_1,\boldsymbol{\alpha}_2,\cdots,\boldsymbol{\alpha}_s$ 中每个向量都是向量组 $\boldsymbol{\beta}_1,\boldsymbol{\beta}_2,\cdots,\boldsymbol{\beta}_t$ 的线性组合，且 $t<$

s，则向量组 $\boldsymbol{\alpha}_1,\boldsymbol{\alpha}_2,\cdots,\boldsymbol{\alpha}_s$ 线性相关.

例如：设 $\boldsymbol{\alpha}_1=(1,1)^{\mathrm{T}},\boldsymbol{\alpha}_2=(1,0)^{\mathrm{T}},\boldsymbol{\alpha}_3=(3,3)^{\mathrm{T}},\boldsymbol{\beta}_1=(0,1)^{\mathrm{T}},\boldsymbol{\beta}_2=(1,0)^{\mathrm{T}}$，显然有

$$\boldsymbol{\alpha}_1=\boldsymbol{\beta}_1+\boldsymbol{\beta}_2,\boldsymbol{\alpha}_2=\boldsymbol{\beta}_2,\boldsymbol{\alpha}_3=3\boldsymbol{\beta}_1+3\boldsymbol{\beta}_2,$$

$\boldsymbol{\alpha}_1,\boldsymbol{\alpha}_2,\boldsymbol{\alpha}_3$ 都是 $\boldsymbol{\beta}_1,\boldsymbol{\beta}_2$ 的线性组合，因此 $\boldsymbol{\alpha}_1,\boldsymbol{\alpha}_2,\boldsymbol{\alpha}_3$ 线性相关.

练习二

(A)

1. 下面的说法是否正确？

(1) 如果两个非零向量线性相关，则它们的分量一定对应成比例.

(2) 如果向量组 $\boldsymbol{\alpha}_1,\boldsymbol{\alpha}_2,\cdots,\boldsymbol{\alpha}_m$ 线性相关，则其中至少有一个是零向量.

(3) 如果向量组 $\boldsymbol{\alpha}_1,\boldsymbol{\alpha}_2,\cdots,\boldsymbol{\alpha}_m$ 线性无关，则它的任何一个部分组一定线性无关.

(4) 如果向量组 $\boldsymbol{\alpha}_1,\boldsymbol{\alpha}_2,\cdots,\boldsymbol{\alpha}_m$ 的部分组线性无关，则向量组 $\boldsymbol{\alpha}_1,\boldsymbol{\alpha}_2,\cdots,\boldsymbol{\alpha}_m$ 线性无关.

(5) 如果向量组 $\boldsymbol{\alpha}_1,\boldsymbol{\alpha}_2,\cdots,\boldsymbol{\alpha}_m$ 线性相关，则其中任何一个向量均是其余向量的线性组合.

2. 设 $\boldsymbol{\alpha}_1=\begin{pmatrix}a\\1\\1\end{pmatrix},\boldsymbol{\alpha}_2=\begin{pmatrix}1\\a\\-1\end{pmatrix},\boldsymbol{\alpha}_3=\begin{pmatrix}1\\-1\\a\end{pmatrix}$，若向量组 $\boldsymbol{\alpha}_1,\boldsymbol{\alpha}_2,\boldsymbol{\alpha}_3$ 线性相关，则 $a=$ ________；若向量组 $\boldsymbol{\alpha}_1,\boldsymbol{\alpha}_2,\boldsymbol{\alpha}_3$ 线性无关，则 $a=$ ________.

3. 判断下列向量组的线性相关性：

(1) $\boldsymbol{\alpha}_1=(1,0,-1)^{\mathrm{T}},\boldsymbol{\alpha}_2=(-2,2,0)^{\mathrm{T}},\boldsymbol{\alpha}_3=(3,-5,2)^{\mathrm{T}}$

(2) $\boldsymbol{\alpha}_1=(1,1,3,1)^{\mathrm{T}},\boldsymbol{\alpha}_2=(3,-1,2,4)^{\mathrm{T}},\boldsymbol{\alpha}_3=(2,2,7,-1)^{\mathrm{T}}$

(3) $\boldsymbol{\alpha}_1=(1,0,0,2,5)^{\mathrm{T}},\boldsymbol{\alpha}_2=(0,1,0,3,4)^{\mathrm{T}},\boldsymbol{\alpha}_3=(0,0,1,4,7)^{\mathrm{T}},\boldsymbol{\alpha}_4=(2,-3,4,11,12)^{\mathrm{T}}$

(B)

1. 设 $\boldsymbol{\beta}_1=2\boldsymbol{\alpha}_1-\boldsymbol{\alpha}_2,\boldsymbol{\beta}_2=\boldsymbol{\alpha}_1+\boldsymbol{\alpha}_2,\boldsymbol{\beta}_3=-\boldsymbol{\alpha}_1+3\boldsymbol{\alpha}_2$，验证 $\boldsymbol{\beta}_1,\boldsymbol{\beta}_2,\boldsymbol{\beta}_3$ 线性相关.

2. 已知向量组 $\boldsymbol{\alpha}_1=(1,1,2,1)^{\mathrm{T}},\boldsymbol{\alpha}_2=(1,0,0,2)^{\mathrm{T}},\boldsymbol{\alpha}_3=(-1,-4,-8,k)^{\mathrm{T}}$ 线性相关，求 k.

3. 设 $\boldsymbol{\alpha}_1,\boldsymbol{\alpha}_2$ 线性无关，$\boldsymbol{\alpha}_1+\boldsymbol{\beta},\boldsymbol{\alpha}_2+\boldsymbol{\beta}$ 线性相关，求向量 $\boldsymbol{\beta}$ 由 $\boldsymbol{\alpha}_1,\boldsymbol{\alpha}_2$ 线性表示的表达式.

§3.3　向量组的秩

设 $\boldsymbol{\alpha}_1=(0,1)^{\mathrm{T}},\boldsymbol{\alpha}_2=(1,0)^{\mathrm{T}},\boldsymbol{\alpha}_3=(1,1)^{\mathrm{T}},\boldsymbol{\alpha}_4=(0,2)^{\mathrm{T}}$，在向量组 $\boldsymbol{\alpha}_1,\boldsymbol{\alpha}_2,\boldsymbol{\alpha}_3,\boldsymbol{\alpha}_4$ 中你能否找到线性无关的向量组呢？

我们可以这样分析：它们都是二维向量，因此任意 3 个组成的向量组一定线性相关，利用向量组的线性相关性的基本知识，你很容易就可以找到 $\boldsymbol{\alpha}_1,\boldsymbol{\alpha}_2$ 是线性无关的向量组，另外 $\boldsymbol{\alpha}_2,\boldsymbol{\alpha}_3$ 也是线性无关的向量组，等等.

本节我们将讨论向量组中拥有最大个数的线性无关的部分组 —— 极大无关组，并引出向量组的秩的概念，为解决线性方程组问题提供有效的工具.

一、向量组的极大无关组

定义 1　给定向量组：$\boldsymbol{\alpha}_1,\boldsymbol{\alpha}_2,\cdots,\boldsymbol{\alpha}_m$，如果能够选出 r 个向量 $\boldsymbol{\alpha}_{i_1},\boldsymbol{\alpha}_{i_2},\cdots,\boldsymbol{\alpha}_{i_r}$，满足

(1) $\boldsymbol{\alpha}_{i_1},\boldsymbol{\alpha}_{i_2},\cdots,\boldsymbol{\alpha}_{i_r}$ 线性无关；

(2) 向量组 $\boldsymbol{\alpha}_1,\boldsymbol{\alpha}_2,\cdots,\boldsymbol{\alpha}_m$ 中任意 $r+1$ 个线性相关，

则称 $\boldsymbol{\alpha}_{i_1},\boldsymbol{\alpha}_{i_2},\cdots,\boldsymbol{\alpha}_{i_r}$ 为向量组 $\boldsymbol{\alpha}_1,\boldsymbol{\alpha}_2,\cdots,\boldsymbol{\alpha}_m$ 的一个极大无关向量组，简称**极大无关组**.

在前面的问题中，$\boldsymbol{\alpha}_1,\boldsymbol{\alpha}_2$ 是向量组 $\boldsymbol{\alpha}_1,\boldsymbol{\alpha}_2,\boldsymbol{\alpha}_3,\boldsymbol{\alpha}_4$ 的一个极大无关组，$\boldsymbol{\alpha}_2,\boldsymbol{\alpha}_3$ 也是该向量组的一个极大无关组.

例 1　设向量组 $\boldsymbol{\alpha}_1=\begin{pmatrix}1\\2\end{pmatrix},\boldsymbol{\alpha}_2=\begin{pmatrix}3\\7\end{pmatrix},\boldsymbol{\alpha}_3=\begin{pmatrix}1\\3\end{pmatrix}$.

因 $\boldsymbol{\alpha}_1,\boldsymbol{\alpha}_2$ 线性无关，$\boldsymbol{\alpha}_1,\boldsymbol{\alpha}_2,\boldsymbol{\alpha}_3$ 都是 $\boldsymbol{\alpha}_1,\boldsymbol{\alpha}_2$ 的线性组合，

$\boldsymbol{\alpha}_1=1\boldsymbol{\alpha}_1+0\boldsymbol{\alpha}_2,\boldsymbol{\alpha}_2=0\boldsymbol{\alpha}+1\boldsymbol{\alpha}_2,\boldsymbol{\alpha}_3=-2\boldsymbol{\alpha}_1+\boldsymbol{\alpha}_2$，

因此 $\boldsymbol{\alpha}_1,\boldsymbol{\alpha}_2$ 是向量组 $\boldsymbol{\alpha}_1,\boldsymbol{\alpha}_2,\boldsymbol{\alpha}_3$ 的一个极大无关组. 同理 $\boldsymbol{\alpha}_2,\boldsymbol{\alpha}_3$ 和 $\boldsymbol{\alpha}_1,\boldsymbol{\alpha}_3$ 也都是 $\boldsymbol{\alpha}_1,\boldsymbol{\alpha}_2,\boldsymbol{\alpha}_3$ 的极大无关组.

例 2　设向量组 $\boldsymbol{\alpha}_1=(1,1,0,1)^{\mathrm{T}},\boldsymbol{\alpha}_2=(1,1,1,0)^{\mathrm{T}},\boldsymbol{\alpha}_3=(3,0,0,3)^{\mathrm{T}},\boldsymbol{\alpha}_4=(2,2,2,0)^{\mathrm{T}}$.

可以验证，$\boldsymbol{\alpha}_1,\boldsymbol{\alpha}_2,\boldsymbol{\alpha}_3$ 是向量组 $\boldsymbol{\alpha}_1,\boldsymbol{\alpha}_2,\boldsymbol{\alpha}_3,\boldsymbol{\alpha}_4$ 的一个极大无关组. 同理，$\boldsymbol{\alpha}_1,\boldsymbol{\alpha}_3,\boldsymbol{\alpha}_4$ 也是该向量组的极大无关组.

因此向量组的极大无关组可能不止一个，但可以证明其中所包含的向量的个数一定是相同的.

对于极大无关组,下面的结论显然也是成立的.

定理 1 如果 $\boldsymbol{\alpha}_{i_1},\boldsymbol{\alpha}_{i_2},\cdots,\boldsymbol{\alpha}_{i_r}$ 是向量组 $\boldsymbol{\alpha}_1,\boldsymbol{\alpha}_2,\cdots,\boldsymbol{\alpha}_m$ 的线性无关部分组,则它是极大无关组的充要条件是 $\boldsymbol{\alpha}_1,\boldsymbol{\alpha}_2,\cdots,\boldsymbol{\alpha}_m$ 中任何一个向量都可由 $\boldsymbol{\alpha}_{i_1},\boldsymbol{\alpha}_{i_2},\cdots,\boldsymbol{\alpha}_{i_r}$ 线性表示.

证明 必要性.

若 $\boldsymbol{\alpha}_{i_1},\boldsymbol{\alpha}_{i_2},\cdots,\boldsymbol{\alpha}_{i_r}$ 是 $\boldsymbol{\alpha}_1,\boldsymbol{\alpha}_2,\cdots,\boldsymbol{\alpha}_m$ 的一个极大无关组,$\boldsymbol{\alpha}_j$ 是 $\boldsymbol{\alpha}_1,\boldsymbol{\alpha}_2,\cdots,\boldsymbol{\alpha}_m$ 中的任意一个向量,如果 $\boldsymbol{\alpha}_j$ 是 $\boldsymbol{\alpha}_{i_1},\boldsymbol{\alpha}_{i_2},\cdots,\boldsymbol{\alpha}_{i_r}$ 中的向量时,显然可以用自己线性表示;如果 $\boldsymbol{\alpha}_j$ 不是 $\boldsymbol{\alpha}_{i_1},\boldsymbol{\alpha}_{i_2},\cdots,\boldsymbol{\alpha}_{i_r}$ 中的向量,则 $\boldsymbol{\alpha}_j,\boldsymbol{\alpha}_{i_1},\boldsymbol{\alpha}_{i_2},\cdots,\boldsymbol{\alpha}_{i_r}$ 线性相关,则由 §3.2 定理 4 可知,$\boldsymbol{\alpha}_j$ 可由 $\boldsymbol{\alpha}_{i_1},\boldsymbol{\alpha}_{i_2},\cdots,\boldsymbol{\alpha}_{i_r}$ 线性表示.

充分性.

如果 $\boldsymbol{\alpha}_1,\boldsymbol{\alpha}_2,\cdots,\boldsymbol{\alpha}_m$ 中任何一个向量都可由线性无关的向量组 $\boldsymbol{\alpha}_{i_1},\boldsymbol{\alpha}_{i_2},\cdots,\boldsymbol{\alpha}_{i_r}$ 线性表示,则 $\boldsymbol{\alpha}_1,\boldsymbol{\alpha}_2,\cdots,\boldsymbol{\alpha}_m$ 中任何包含 $r+1$ 个向量的部分组都线性相关,于是 $\boldsymbol{\alpha}_{i_1},\boldsymbol{\alpha}_{i_2},\cdots,\boldsymbol{\alpha}_{i_r}$ 是 $\boldsymbol{\alpha}_1,\boldsymbol{\alpha}_2,\cdots,\boldsymbol{\alpha}_m$ 的一个极大无关组.

二、向量组的秩

定义 2 向量组 $\boldsymbol{\alpha}_1,\boldsymbol{\alpha}_2,\cdots,\boldsymbol{\alpha}_m$ 的极大无关组 $\boldsymbol{\alpha}_{i_1},\boldsymbol{\alpha}_{i_2},\cdots,\boldsymbol{\alpha}_{i_r}$ 所含向量的个数称为该向量组的秩,记作 $r(\boldsymbol{\alpha}_1,\boldsymbol{\alpha}_2,\cdots,\boldsymbol{\alpha}_m)$.

规定:由零向量组成的向量组的秩为 0.

例 1 中,$\boldsymbol{\alpha}_1=\begin{pmatrix}1\\2\end{pmatrix},\boldsymbol{\alpha}_2=\begin{pmatrix}3\\7\end{pmatrix},\boldsymbol{\alpha}_3=\begin{pmatrix}1\\3\end{pmatrix},r(\boldsymbol{\alpha}_1,\boldsymbol{\alpha}_2,\boldsymbol{\alpha}_3)=2$.

例 2 中,$\boldsymbol{\alpha}_1=(1,1,0,1)^{\mathrm{T}},\boldsymbol{\alpha}_2=(1,1,1,0)^{\mathrm{T}},\boldsymbol{\alpha}_3=(3,0,0,3)^{\mathrm{T}},\boldsymbol{\alpha}_4=(2,2,2,0)^{\mathrm{T}},r(\boldsymbol{\alpha}_1,\boldsymbol{\alpha}_2,\boldsymbol{\alpha}_3,\boldsymbol{\alpha}_4)=3$.

关于向量组的秩和矩阵的秩,我们有下面的定理.

定理 2 设 $\boldsymbol{A}$ 是 $m\times n$ 矩阵,则矩阵 $\boldsymbol{A}$ 的秩等于它的列向量组的秩,也等于它的行向量组的秩.

证明 设 $\boldsymbol{A}=(\boldsymbol{\alpha}_1,\boldsymbol{\alpha}_2,\cdots,\boldsymbol{\alpha}_n)$,若 $r(\boldsymbol{A})=r$,由矩阵秩的定义可知,在 $\boldsymbol{A}$ 中存在 r 阶子式不为零,此时对应的 r 个列向量线性无关;同时所有 $r+1$ 阶子式都为零,即任意 $r+1$ 个列向量线性相关. 因此列向量组的秩也为 r. $\boldsymbol{A}$ 中不为零子式所在的 r 个列向量是 $\boldsymbol{A}$ 的列向量组的一个极大无关组.

同理可证,矩阵行向量组的秩也为 r.

推论 1 矩阵 $\boldsymbol{A}$ 的列向量组的秩与其行向量组的秩相等.

三、求向量组的极大无关组

前面我们已经知道,行初等变换不会改变列向量组的线性关系,结合定理 2 和它的证明过程，我们可以得到求向量组的秩及极大无关组的方法和具体步骤.

以向量组中各向量为列向量组成矩阵，利用行初等变换将该矩阵化为行阶梯形矩阵，则可以直接得到向量组的秩和极大无关组.

具体步骤如下：

(1) 将向量组 $\boldsymbol{\alpha}_1,\boldsymbol{\alpha}_2,\cdots,\boldsymbol{\alpha}_m$ 作为矩阵的列构成一个矩阵 $\boldsymbol{A}=(\boldsymbol{\alpha}_1,\boldsymbol{\alpha}_2,\cdots,\boldsymbol{\alpha}_m)$；

(2) 利用行初等变换将矩阵 $\boldsymbol{A}$ 化为行阶梯形矩阵；

(3) 行阶梯形矩阵中非零行的行数就是向量组 $\boldsymbol{\alpha}_1,\boldsymbol{\alpha}_2,\cdots,\boldsymbol{\alpha}_m$ 的秩，首非零所在列对应的原来的列向量组就是极大无关组.

例 3　求向量组 $\boldsymbol{\alpha}_1=(1,-1,2,4)^{\mathrm{T}},\boldsymbol{\alpha}_2=(0,3,1,2)^{\mathrm{T}},\boldsymbol{\alpha}_3=(3,0,7,14)^{\mathrm{T}},\boldsymbol{\alpha}_4=(2,1,5,6)^{\mathrm{T}}$ 的秩和一个极大无关组.

解　设 $\boldsymbol{A}=(\boldsymbol{\alpha}_1,\boldsymbol{\alpha}_2,\boldsymbol{\alpha}_3,\boldsymbol{\alpha}_4)$，

对 $\boldsymbol{A}$ 施以行初等变换化为行阶梯形矩阵得

$$\boldsymbol{A}=\begin{pmatrix}1&0&3&2\\-1&3&0&1\\2&1&7&5\\4&2&14&6\end{pmatrix}\rightarrow\begin{pmatrix}1&0&3&2\\0&3&3&3\\0&1&1&1\\0&2&2&-2\end{pmatrix}\rightarrow\begin{pmatrix}1&0&3&2\\0&3&3&3\\0&0&0&0\\0&0&0&-4\end{pmatrix}\rightarrow\begin{pmatrix}1&0&3&2\\0&3&3&3\\0&0&0&-4\\0&0&0&0\end{pmatrix},$$

由最后一个矩阵可得：$r(\boldsymbol{\alpha}_1,\boldsymbol{\alpha}_2,\boldsymbol{\alpha}_3,\boldsymbol{\alpha}_4)=3$，第 1,2,4 列对应的原来的向量即

$\boldsymbol{\alpha}_1=(1,-1,2,4)^{\mathrm{T}},\boldsymbol{\alpha}_2=(0,3,1,2)^{\mathrm{T}},\boldsymbol{\alpha}_4=(2,1,5,6)^{\mathrm{T}}$ 是向量组的一个极大无关组.

例 4　设矩阵 $\boldsymbol{A}=\begin{pmatrix}2&-1&-1&1&2\\1&1&-2&1&4\\4&-6&2&-2&4\\3&6&-9&7&9\end{pmatrix}$，求矩阵 $\boldsymbol{A}$ 的列向量组的一个极大无关组，并把不属于该极大无关组的列向量用此极大无关组线性表示.

解　设 $\boldsymbol{A}=(\boldsymbol{\alpha}_1,\boldsymbol{\alpha}_2,\boldsymbol{\alpha}_3,\boldsymbol{\alpha}_4,\boldsymbol{\alpha}_5)$，

对矩阵 $\boldsymbol{A}$ 施以行初等变换可得

$$\boldsymbol{A}\rightarrow\begin{pmatrix}1&1&-2&1&4\\0&1&-1&1&0\\0&0&0&1&-3\\0&0&0&0&0\end{pmatrix}\rightarrow\begin{pmatrix}1&0&-1&0&4\\0&1&-1&0&3\\0&0&0&1&-3\\0&0&0&0&0\end{pmatrix},$$

由 $\boldsymbol{A}$ 的行阶梯形矩阵，可得 $r(\boldsymbol{A})=3$，矩阵 $\boldsymbol{A}$ 的 1,2,4 列对应的向量 $\boldsymbol{\alpha}_1,\boldsymbol{\alpha}_2,\boldsymbol{\alpha}_4$ 是列向量组的一个极大无关组.

由 $\boldsymbol{A}$ 的行最简形矩阵可得

$$\boldsymbol{\alpha}_3 = -\boldsymbol{\alpha}_1 - \boldsymbol{\alpha}_2,$$

$$\boldsymbol{\alpha}_5 = 4\boldsymbol{\alpha}_1 + 3\boldsymbol{\alpha}_2 - 3\boldsymbol{\alpha}_4.$$

例 5 求向量组$\boldsymbol{\alpha}_1 = (1,2,-1,1)^{\mathrm{T}}$,$\boldsymbol{\alpha}_2 = (2,0,t,0)^{\mathrm{T}}$,$\boldsymbol{\alpha}_3 = (0,-4,5,-2)^{\mathrm{T}}$,$\boldsymbol{\alpha}_4 = (3,-2,t+4,-1)^{\mathrm{T}}$的秩和一个极大无关组.

解 向量中含有参数t,向量组的秩和极大无关组与t的取值有关.

设矩阵$\boldsymbol{A} = (\boldsymbol{\alpha}_1,\boldsymbol{\alpha}_2,\boldsymbol{\alpha}_3,\boldsymbol{\alpha}_4)$,做初等行变换得

$$\boldsymbol{A} = \begin{pmatrix} 1 & 2 & 0 & 3 \\ 2 & 0 & -4 & -2 \\ -1 & t & 5 & t+4 \\ 1 & 0 & -2 & -1 \end{pmatrix} \to \begin{pmatrix} 1 & 2 & 0 & 3 \\ 0 & -4 & -4 & -8 \\ 0 & t+2 & 5 & t+7 \\ 0 & -2 & -2 & -4 \end{pmatrix} \to \begin{pmatrix} 1 & 2 & 0 & 3 \\ 0 & 1 & 1 & 2 \\ 0 & 0 & 3-t & 3-t \\ 0 & 0 & 0 & 0 \end{pmatrix},$$

分析可得:

(1)$t = 3$时,$r(\boldsymbol{\alpha}_1,\boldsymbol{\alpha}_2,\boldsymbol{\alpha}_3,\boldsymbol{\alpha}_4) = 2$,$\boldsymbol{\alpha}_1,\boldsymbol{\alpha}_2$是一个极大无关组;

(2)$t \neq 3$时,$r(\boldsymbol{\alpha}_1,\boldsymbol{\alpha}_2,\boldsymbol{\alpha}_3,\boldsymbol{\alpha}_4) = 3$,$\boldsymbol{\alpha}_1,\boldsymbol{\alpha}_2,\boldsymbol{\alpha}_3$是一个极大无关组.

练习三

(A)

1. 向量组$\boldsymbol{\alpha}_1,\boldsymbol{\alpha}_2,\cdots,\boldsymbol{\alpha}_m$的秩为$r < m$,则下面的说法是否正确?

(1)$\boldsymbol{\alpha}_1,\boldsymbol{\alpha}_2,\cdots,\boldsymbol{\alpha}_m$中任意含$r$个向量的部分组线性无关.

(2)$\boldsymbol{\alpha}_1,\boldsymbol{\alpha}_2,\cdots,\boldsymbol{\alpha}_m$中任意含$r+1$个向量的部分组线性相关.

(3) 由向量组$\boldsymbol{\alpha}_1,\boldsymbol{\alpha}_2,\cdots,\boldsymbol{\alpha}_m$组成的矩阵的列秩和行秩都是$r$.

(4) 向量组$\boldsymbol{\alpha}_1,\boldsymbol{\alpha}_2,\cdots,\boldsymbol{\alpha}_m$中必有$m-r$个列向量可由其他列向量线性表示.

(5) 向量组$\boldsymbol{\alpha}_1,\boldsymbol{\alpha}_2,\cdots,\boldsymbol{\alpha}_m$全是非零向量.

(6) 向量组$\boldsymbol{\alpha}_1,\boldsymbol{\alpha}_2,\cdots,\boldsymbol{\alpha}_m$线性相关.

2. 设向量组$\boldsymbol{\alpha}_1 = (1,2,-1,1)$,$\boldsymbol{\alpha}_2 = (2,0,t,0)$,$\boldsymbol{\alpha}_3 = (0,-4,5,-2)$的秩为2,则$t =$ __________.

3. 向量组$\boldsymbol{\alpha}_1 = (1,2,-1,4)^{\mathrm{T}}$,$\boldsymbol{\alpha}_2 = (9,100,10,4)^{\mathrm{T}}$,$\boldsymbol{\alpha}_3 = (-2,-4,2,8)^{\mathrm{T}}$的秩为__________.

4. 向量组$\boldsymbol{\alpha}_1 = (1,1,1)^{\mathrm{T}}$,$\boldsymbol{\alpha}_2 = (1,1,0)^{\mathrm{T}}$,$\boldsymbol{\alpha}_3 = (1,0,0)^{\mathrm{T}}$,$\boldsymbol{\alpha}_4 = (1,2,-3)^{\mathrm{T}}$的秩为__________,其中的一个极大无关组为__________.

(B)

1. 求下列向量组的一个极大无关组,并将其余向量用此极大无关组线性表示.

(1)$\boldsymbol{\alpha}_1^{\mathrm{T}}=(1,2,1,3)$,$\boldsymbol{\alpha}_2^{\mathrm{T}}=(4,-1,-5,-6)$,$\boldsymbol{\alpha}_3^{\mathrm{T}}=(1,-3,-4,-7)$;

(2)$\boldsymbol{\alpha}_1=(2,1,1,1)^{\mathrm{T}}$,$\boldsymbol{\alpha}_2=(-1,1,7,10)^{\mathrm{T}}$,$\boldsymbol{\alpha}_3=(3,1,-1,-2)^{\mathrm{T}}$,$\boldsymbol{\alpha}_4=(8,5,9,11)^{\mathrm{T}}$.

2. 求下列矩阵的列向量组的一个极大无关组.

(1)$\begin{pmatrix}1&1&0\\2&0&4\\2&3&-2\end{pmatrix}$;(2)$\begin{pmatrix}25&31&17&43\\75&94&53&132\\75&94&54&134\\25&32&20&48\end{pmatrix}$;(3)$\begin{pmatrix}1&1&2&2&1\\0&2&1&5&-1\\2&0&3&-1&3\\1&1&0&4&-1\end{pmatrix}$.

3. 设向量组$\boldsymbol{\alpha}_1=(a,3,1)^{\mathrm{T}}$,$\boldsymbol{\alpha}_2=(2,b,3)^{\mathrm{T}}$,$\boldsymbol{\alpha}_3=(1,2,1)^{\mathrm{T}}$,$\boldsymbol{\alpha}_4=(2,3,1)^{\mathrm{T}}$的秩为2,求$a,b$的值.

【阅读材料三】　向量空间的概念

我们曾用$\mathbf{R}^n$表示全体n维实向量,并称$\mathbf{R}^n$为n维向量空间,这里介绍向量空间的概念。

定义 1　设V是由同维向量组成的非空集合,若V对向量的加法和数乘运算封闭,即

(1) 若$\boldsymbol{\alpha},\boldsymbol{\beta}\in V$,则$\boldsymbol{\alpha}+\boldsymbol{\beta}\in V$;

(2) 若$\boldsymbol{\alpha}\in V$,λ是实数,则$\lambda\boldsymbol{\alpha}\in V$,

则称V为向量空间.

例 1　设$V=\{(0,x_2,\cdots,x_n)\mid x_2,\cdots,x_n\in\mathbf{R}\}$,判断集合$V$是否构成向量空间.

解　由假设知V为非空集合,对V中任意两个向量

$$\boldsymbol{\alpha}=(0,a_2,\cdots,a_n),\boldsymbol{\beta}=(0,b_2,\cdots,b_n)$$

和实数λ,有

$$\boldsymbol{\alpha}+\boldsymbol{\beta}=(0,a_2+b_2,\cdots,a_n+b_n)\in V,$$

$$\lambda\boldsymbol{\alpha}=(0,\lambda a_2,\cdots,\lambda a_n)\in V,$$

所以V是向量空间.

例 2　设$V=\{(0,x_2,\cdots,x_n)\mid x_2+\cdots+x_n=0,x_i\in\mathbf{R},i=2,\cdots,n\}$,判断集合$V$是否构成向量空间.

解　由于$(0,0,\cdots,0)\in V$,所以V为非空集合,对V中任意两个向量

$$\boldsymbol{\alpha}=(0,a_2,\cdots,a_n),\boldsymbol{\beta}=(0,b_2,\cdots,b_n)$$

和实数λ,有

$$\boldsymbol{\alpha}+\boldsymbol{\beta}=(0,a_2+b_2,\cdots,a_n+b_n)\in V,$$

$\lambda\boldsymbol{\alpha}=(0,\lambda a_2,\cdots,\lambda a_n)\in V$,

所以 V 是向量空间.

例 3 设 $V=\{(1,x_2,\cdots,x_n)\,|\,x_2,\cdots,x_n\in\mathbf{R}\}$,判断 V 是否为向量空间.

解 取向量 $\boldsymbol{\alpha}=(1,a_2,\cdots,a_n)$,实数 $\lambda=2$,则

$$2\boldsymbol{\alpha}=(2,2a_2,\cdots,2a_n)\notin V,$$

所以 V 不是向量空间.

显然,只含零向量的集合是向量空间,称为零空间.

设向量 $\boldsymbol{\alpha}_1,\boldsymbol{\alpha}_2$,由它们的一切线性组合所组成的集合为

$$V=\{k_1\boldsymbol{\alpha}_1+k_2\boldsymbol{\alpha}_2\,|\,k_1,k_2\in\mathbf{R}\},$$

可以验证 V 是向量空间,并称 V 是由 $\boldsymbol{\alpha}_1,\boldsymbol{\alpha}_2$ 生产的向量空间.

一般地,给定一个向量组 $\boldsymbol{\alpha}_1,\boldsymbol{\alpha}_2,\cdots,\boldsymbol{\alpha}_m$,由它的一切线性组合组成的集合

$$V=\{k_1\boldsymbol{\alpha}_1+k_2\boldsymbol{\alpha}_2+\cdots+k_m\boldsymbol{\alpha}_m\,|\,k_1,k_2,\cdots,k_m\in\mathbf{R}\}$$

是向量空间,称之为由 $\boldsymbol{\alpha}_1,\boldsymbol{\alpha}_2,\cdots,\boldsymbol{\alpha}_m$ 生成的向量空间,记为 $L(\boldsymbol{\alpha}_1,\boldsymbol{\alpha}_2,\cdots,\boldsymbol{\alpha}_m)$.

定义 2 设 V_1,V_2 都是向量空间,若 $V_1\subseteq V_2$,则称 V_1 是 V_2 的子空间.

显然,任何由 n 维向量组成的向量空间都是 $\mathbf{R}^n$ 的子空间.

本章小结

一、本章内容

本章的内容包括向量的概念及运算、向量组的线性相关性、向量组的秩与极大无关组三部分.

1.向量的概念及运算主要介绍向量的概念及线性运算、向量的线性组合.

2.向量的线性相关性首先介绍线性相关与线性无关的概念,其后给出了利用线性方程组及矩阵讨论向量组的线性相关性的方法.

3.向量组的秩及极大无关组主要介绍向量组的极大无关组与向量组的秩的概念,归纳了利用矩阵及初等变换求向量组的秩及极大无关组的方法和步骤.

二、学习建议

1.将向量及线性运算看作特殊的矩阵进行理解和掌握会比较容易.

2.在讨论向量组的线性相关性时,理解、牢记线性相关和线性无关的充分必要条件将很有帮助.

3. 在讨论矩阵的秩和极大无关组时，建立相应的矩阵，通过矩阵的初等变换转化为行阶梯形矩阵从而寻找极大无关组.

三、本章重点

1. 向量的概念及其线性运算.
2. 向量组线性相关性的概念及判别.
3. 求向量组的极大无关组.

复习题三

一、填空题

1. 已知向量 $\boldsymbol{\alpha}_1=(1,2,-1)$，$\boldsymbol{\alpha}_2=(2,5,3)$，$\boldsymbol{\alpha}_3=(1,3,4)$，则 $3\boldsymbol{\alpha}_1-2\boldsymbol{\alpha}_2+4\boldsymbol{\alpha}_3$ $=$ ＿＿＿＿＿＿.
2. 已知向量 $\boldsymbol{\alpha}=(3,5,7,9)$，$\boldsymbol{\beta}=(-1,2,-3,4)$，若 $\boldsymbol{\alpha}+\boldsymbol{x}=\boldsymbol{\beta}$，则未知向量 $\boldsymbol{x}$ $=$ ＿＿＿＿＿＿.
3. 设 $\boldsymbol{\alpha}_1=(-1,0,1)$，$\boldsymbol{\alpha}_2=(2,1,3)$，$\boldsymbol{\alpha}_3=(k,1,2)$ 线性相关，则 $k=$ ＿＿＿＿＿＿.
4. 向量组 $\boldsymbol{\alpha}_1=(3,2,2)$，$\boldsymbol{\alpha}_2=(2,4,0)$，$\boldsymbol{\alpha}_3=(2,0,t)$，当 t ＿＿＿＿＿＿ 时，$\boldsymbol{\alpha}_1,\boldsymbol{\alpha}_2,\boldsymbol{\alpha}_3$ 线性相关，当 t ＿＿＿＿＿＿ 时，$\boldsymbol{\alpha}_1,\boldsymbol{\alpha}_2,\boldsymbol{\alpha}_3$ 线性无关.
5. 设 $\boldsymbol{\alpha}_1=(1,1,1)$，$\boldsymbol{\alpha}_2=(a,0,b)$，$\boldsymbol{\alpha}_3=(1,3,2)$，若 $\boldsymbol{\alpha}_1,\boldsymbol{\alpha}_2,\boldsymbol{\alpha}_3$ 线性相关，则 a,b 满足关系式＿＿＿＿＿＿.
6. 若 $\boldsymbol{\beta}=(0,4,2)$ 可由 $\boldsymbol{\alpha}_1=(1,2,3)$，$\boldsymbol{\alpha}_2=(2,3,1)$，$\boldsymbol{\alpha}_3=(3,1,2)$ 线性表示，即 $\boldsymbol{\beta}=k_1\boldsymbol{\alpha}_1+k_2\boldsymbol{\alpha}_2+k_3\boldsymbol{\alpha}_3$，则 $k_1=$ ＿＿＿＿＿＿，$k_2=$ ＿＿＿＿＿＿，$k_3=$ ＿＿＿＿＿＿.
7. 已知向量 $\boldsymbol{\alpha}_1=(1,2,3,4)^{\mathrm{T}}$，$\boldsymbol{\alpha}_2=(2,3,4,5)^{\mathrm{T}}$，$\boldsymbol{\alpha}_3=(3,4,5,6)^{\mathrm{T}}$，$\boldsymbol{\alpha}_4=(4,5,6,7)^{\mathrm{T}}$，则该向量组的秩为＿＿＿＿＿＿.

二、计算题

1. 设 $\boldsymbol{\alpha}=(2,0,-1,3)$，$\boldsymbol{\beta}=(1,7,4,-2)$，$\boldsymbol{\lambda}=(0,1,0,1)$，

   (1) 求 $2\boldsymbol{\alpha}+\boldsymbol{\beta}-3\boldsymbol{\lambda}$；

   (2) 若有 $\boldsymbol{X}$，满足 $3\boldsymbol{\alpha}-\boldsymbol{\beta}+5\boldsymbol{\lambda}+2\boldsymbol{X}=0$，求 $\boldsymbol{X}$.
2. 设向量 $\boldsymbol{\alpha}_1=(-1,4)$，$\boldsymbol{\alpha}_2=(1,2)$，$\boldsymbol{\alpha}_3=(4,11)$，且满足 $a\boldsymbol{\alpha}_1-b\boldsymbol{\alpha}_2-\boldsymbol{\alpha}_3=0$，求 a,b 的

值.

3. 设 $\boldsymbol{\alpha}=(2,5,1,3)$，$\boldsymbol{\beta}=(10,1,5,10)$，$\boldsymbol{\lambda}=(4,1,-1,1)$，求向量 $\boldsymbol{x}$，使 $3(\boldsymbol{\alpha}-\boldsymbol{x})+2(\boldsymbol{\beta}+\boldsymbol{x})=5(\boldsymbol{\lambda}-\boldsymbol{x})$.

4. 设 $\boldsymbol{\alpha}_1=(2,1,3,1)^{\mathrm{T}}$，$\boldsymbol{\alpha}_2=(1,3,1,2)^{\mathrm{T}}$，$\boldsymbol{\alpha}_3=(4,1-1,1)$，求满足 $2(\boldsymbol{\alpha}_1-\boldsymbol{\alpha})+5(\boldsymbol{\alpha}_2+\boldsymbol{\alpha})=2(\boldsymbol{\alpha}_3+\boldsymbol{\alpha})$ 的向量 $\boldsymbol{\alpha}$.

5. 设 $\boldsymbol{\alpha}=(2,-1,1,1)^{\mathrm{T}}$，$\boldsymbol{\beta}=(1,2,-1,5)^{\mathrm{T}}$，$\boldsymbol{\lambda}=(4,3,-1,11)^{\mathrm{T}}$，数 k 使得 $\boldsymbol{\alpha}+k\boldsymbol{\beta}-\boldsymbol{\lambda}=0$，求数 k.

6. 将向量 $\boldsymbol{\beta}$ 用向量组 $\boldsymbol{\alpha}_1,\boldsymbol{\alpha}_2,\boldsymbol{\alpha}_3$ 线性表示.

(1)$\boldsymbol{\beta}=(3,5,-6)$，$\boldsymbol{\alpha}_1=(1,0,1)$，$\boldsymbol{\alpha}_2=(1,1,1)$，$\boldsymbol{\alpha}_3=(0,-1,-1)$；

(2)$\boldsymbol{\beta}=(1,2,1)$，$\boldsymbol{\alpha}_1=(1,1,1)$，$\boldsymbol{\alpha}_2=(1,1,-1)$，$\boldsymbol{\alpha}_3=(1,-1,1)$；

(3)$\boldsymbol{\beta}=(3,5,0)$，$\boldsymbol{\alpha}_1=(1,-1,0)$，$\boldsymbol{\alpha}_2=(2,0,-1)$，$\boldsymbol{\alpha}_3=(-1,7,-1)$；

(4)$\boldsymbol{\beta}=(-1,1,3,1)$，$\boldsymbol{\alpha}_1=(1,2,1,1)$，$\boldsymbol{\alpha}_2=(1,1,1,2)$，$\boldsymbol{\alpha}_3=(-3,-2,1,-3)$；

(5)$\boldsymbol{\beta}=(0,0,0)$，$\boldsymbol{\alpha}_1=(1,1,0)$，$\boldsymbol{\alpha}_2=(2,2,0)$，$\boldsymbol{\alpha}_3=(3,3,0)$；

(6)$\boldsymbol{\beta}=(1,0,-\frac{1}{2})$，$\boldsymbol{\alpha}_1=(1,1,1)$，$\boldsymbol{\alpha}_2=(1,-1,-2)$，$\boldsymbol{\alpha}_3=(-1,1,2)$.

7. 设 $\boldsymbol{\alpha}_1=(2,2,1,1)^{\mathrm{T}}$，$\boldsymbol{\alpha}_2=(3,1,2,1)^{\mathrm{T}}$，$\boldsymbol{\alpha}_3=(0,4,-1,1)^{\mathrm{T}}$，$\boldsymbol{\beta}=(1,3,0,1)^{\mathrm{T}}$，证明：向量 $\boldsymbol{\beta}$ 可由向量组 $\boldsymbol{\alpha}_1,\boldsymbol{\alpha}_2,\boldsymbol{\alpha}_3$ 线性表示，并求出其中一个表达式.

8. 判断下列向量组是线性相关还是线性无关.

(1)$\boldsymbol{\alpha}_1=(1,0,-1)$，$\boldsymbol{\alpha}_2=(-1,2,0)$，$\boldsymbol{\alpha}_3=(3,-5,2)$；

(2)$\boldsymbol{\alpha}_1=(1,0,2)$，$\boldsymbol{\alpha}_2=(1,1,2)$，$\boldsymbol{\alpha}_3=(2,1,4)$；

(3)$\boldsymbol{\alpha}_1=(3,1,2)$，$\boldsymbol{\alpha}_2=(0,4,1)$，$\boldsymbol{\alpha}_3=(5,2,4)$；

(4)$\boldsymbol{\alpha}_1=(1,4,2,7)^{\mathrm{T}}$，$\boldsymbol{\alpha}_2=(3,2,4,5)^{\mathrm{T}}$，$\boldsymbol{\alpha}_3=(1,-1,2,2)^{\mathrm{T}}$，$\boldsymbol{\alpha}_4=(2,8,4,14)^{\mathrm{T}}$；

(5)$\boldsymbol{\alpha}_1=(1,1,3,1)$，$\boldsymbol{\alpha}_2=(3,-1,2,4)$，$\boldsymbol{\alpha}_3=(2,2,7,-1)$.

9. 已知向量组 $\boldsymbol{\alpha}_1=(-2,3,1)$，$\boldsymbol{\alpha}_2=(3,1,2)$，$\boldsymbol{\alpha}_3=(2,t,-1)$，问 t 为何值时，向量组 $\boldsymbol{\alpha}_1,\boldsymbol{\alpha}_2,\boldsymbol{\alpha}_3$ 线性相关?线性无关?

10. 求下列向量组的一个极大无关组，并把其余向量用此极大无关组线性表示.

(1)$\boldsymbol{\alpha}_1=(1,2,1)$，$\boldsymbol{\alpha}_2=(2,3,-1)$，$\boldsymbol{\alpha}_3=(-2,-2,4)$；

(2)$\boldsymbol{\alpha}_1=(1,2,1)$，$\boldsymbol{\alpha}_2=(1,1,0)$，$\boldsymbol{\alpha}_3=(2,3,1)$，$\boldsymbol{\alpha}_4=(3,4,2)$；

(3)$\boldsymbol{\alpha}_1=(1,-1,2,3)$，$\boldsymbol{\alpha}_2=(0,2,5,8)$，$\boldsymbol{\alpha}_3=(2,2,0,-1)$，$\boldsymbol{\alpha}_4=(-1,7,-1,-2)$

(4)$\boldsymbol{\alpha}_1=(1,0,2,1)$，$\boldsymbol{\alpha}_2=(1,2,0,1)$，$\boldsymbol{\alpha}_3=(2,1,3,0)$，$\boldsymbol{\alpha}_4=(2,5,-1,4)$，$\boldsymbol{\alpha}_5=(1,-1,3,-1)$.

(5)$\boldsymbol{\alpha}_1=(1,1,1)$，$\boldsymbol{\alpha}_2=(1,1,0)$，$\boldsymbol{\alpha}_3=(1,0,0)$，$\boldsymbol{\alpha}_4=(1,2,-3)$；

(6)$\boldsymbol{\alpha}_1=(1,2,3)$,$\boldsymbol{\alpha}_2=(2,1,7)$,$\boldsymbol{\alpha}_3=(1,3,4)$,$\boldsymbol{\alpha}_4=(4,1,1)$,$\boldsymbol{\alpha}_5(1,5,-1)$.

(7)$\boldsymbol{\alpha}_1=(1,1,-2,2)$,$\boldsymbol{\alpha}_2=(2,-3,5,1)$,$\boldsymbol{\alpha}_3=(4,-1,-1,5)$,$\boldsymbol{\alpha}_4=(5,0,-1,7)$

(8)$\boldsymbol{\alpha}_1=(1,-1,2,4)$,$\boldsymbol{\alpha}_2=(0,3,1,2)$,$\boldsymbol{\alpha}_3=(3,0,7,14)$,$\boldsymbol{\alpha}_4=(1,-1,2,0)$,$\boldsymbol{\alpha}_5=(2,1,5,6)$.

(9)$\boldsymbol{\alpha}_1=(1,1,2,3)$,$\boldsymbol{\alpha}_2=(1,-1,1,1)$,$\boldsymbol{\alpha}_3=(1,3,3,5)$,$\boldsymbol{\alpha}_4=(4,-2,5,6)$,$\boldsymbol{\alpha}_5=(3,1,5,7)$.

11. 设向量 $\boldsymbol{\alpha}_1=(1,1,1)$,$\boldsymbol{\alpha}_2=(1,2,3)$,$\boldsymbol{\alpha}_3=(1,3,t)$,

(1) 当 t 为何值时,向量组 $\boldsymbol{\alpha}_1,\boldsymbol{\alpha}_2,\boldsymbol{\alpha}_3$ 线性无关?

(2) 当 t 为何值时,向量组 $\boldsymbol{\alpha}_1,\boldsymbol{\alpha}_2,\boldsymbol{\alpha}_3$ 线性相关?

(3) 当向量组 $\boldsymbol{\alpha}_1,\boldsymbol{\alpha}_2,\boldsymbol{\alpha}_3$ 线性相关时,将 $\boldsymbol{\alpha}_3$ 表示为 $\boldsymbol{\alpha}_1,\boldsymbol{\alpha}_2$ 的线性组合.

自测题三

一、选择题(每题 3 分,共 18 分)

1. 设向量组 Ⅰ 是向量组 Ⅱ 的部分组,那么(　　).

A. 如果 Ⅰ 线性无关,那么 Ⅱ 也线性无关;

B. 如果 Ⅱ 线性无关,那么 Ⅰ 也线性无关;

C. 如果 Ⅱ 线性相关,那么 Ⅰ 也线性相关;

D. 如果 Ⅰ 线性相关,那么 Ⅱ 可能线性无关,也可能线性相关.

2. 如果向量 $\boldsymbol{\alpha}_1=(1,1,2)$,$\boldsymbol{\alpha}_2=(3,t,1)$,$\boldsymbol{\alpha}_3=(0,2,-t)$ 线性相关,那么 t 的值为(　　).

A. $t\neq-2$ 或 $t\neq5$;　　B. $t\neq-2,t\neq5$;

C. $t=-2$ 或 $t=5$;　　D. $t=2$ 或 $t=5$.

3. $\boldsymbol{A}$ 为四阶方阵,且 $|\boldsymbol{A}|=0$,则 $\boldsymbol{A}$ 中(　　).

A. 必有一列元素全是零;

B. 必有两列元素成比例;

C. 必有一列向量是其余列向量的线性组合;

D. 任一列向量都是其余列向量的线性组合.

4. 设 $\boldsymbol{\alpha}_1, \boldsymbol{\alpha}_2, \boldsymbol{\alpha}_3, \boldsymbol{\alpha}_4$ 是任意 n 维向量，那么向量组 $\boldsymbol{\beta}_1 = \boldsymbol{\alpha}_1 - \boldsymbol{\alpha}_4, \boldsymbol{\beta}_2 = \boldsymbol{\alpha}_2 - \boldsymbol{\alpha}_3, \boldsymbol{\beta}_3 = \boldsymbol{\alpha}_3 - \boldsymbol{\alpha}_4,$ $\boldsymbol{\beta}_4 = \boldsymbol{\alpha}_4 - \boldsymbol{\alpha}_1$ 的秩(　　).

   A. 等于 4；　　B. 小于 4；

   C. 等于 3；　　D. 小于 3.

5. 向量组 $\boldsymbol{\alpha}_1 = (1,1,0)^{\mathrm{T}}, \boldsymbol{\alpha}_2 = (0,1,1)^{\mathrm{T}}, \boldsymbol{\alpha}_3 = (0,0,1)^{\mathrm{T}}, \boldsymbol{\alpha}_4 = (0,1,0)^{\mathrm{T}}$ 中，下列(　　)不是该向量组的极大无关组.

   A. $\boldsymbol{\alpha}_1, \boldsymbol{\alpha}_2, \boldsymbol{\alpha}_3$；　　B. $\boldsymbol{\alpha}_1, \boldsymbol{\alpha}_3, \boldsymbol{\alpha}_4$；

   C. $\boldsymbol{\alpha}_1, \boldsymbol{\alpha}_2, \boldsymbol{\alpha}_4$；　　D. $\boldsymbol{\alpha}_2, \boldsymbol{\alpha}_3, \boldsymbol{\alpha}_4$.

6. 部分组 $\boldsymbol{\alpha}_1, \boldsymbol{\alpha}_2, \cdots, \boldsymbol{\alpha}_r$ 是向量组 $\boldsymbol{\alpha}_1, \boldsymbol{\alpha}_2, \cdots, \boldsymbol{\alpha}_m$ 的极大无关组的充分必要条件是(　　).

   A. $\boldsymbol{\alpha}_1, \boldsymbol{\alpha}_2, \cdots, \boldsymbol{\alpha}_r$ 线性无关，且向量组 $\boldsymbol{\alpha}_1, \boldsymbol{\alpha}_2, \cdots, \boldsymbol{\alpha}_m$ 的秩为 r；

   B. $\boldsymbol{\alpha}_1, \boldsymbol{\alpha}_2, \cdots, \boldsymbol{\alpha}_m$ 中至少有一个向量是 $\boldsymbol{\alpha}_1, \boldsymbol{\alpha}_2, \cdots, \boldsymbol{\alpha}_r$ 的线性组合；

   C. $\boldsymbol{\alpha}_1, \boldsymbol{\alpha}_2, \cdots, \boldsymbol{\alpha}_m$ 中每一个向量是 $\boldsymbol{\alpha}_1, \boldsymbol{\alpha}_2, \cdots, \boldsymbol{\alpha}_r$ 的线性组合；

   D. $\boldsymbol{\alpha}_1, \boldsymbol{\alpha}_2, \cdots, \boldsymbol{\alpha}_r$ 线性无关.

二、填空题(每题 3 分，共 18 分)

1. 已知向量 $\boldsymbol{\alpha}_1 = (1,2,3,1), \boldsymbol{\alpha}_2 = (3,2,1,-1), \boldsymbol{\alpha}_3 = (-2,0,2,0)$，则 $3\boldsymbol{\alpha}_1 + 2\boldsymbol{\alpha}_2 - 5\boldsymbol{\alpha}_3$ = ________.

2. 已知向量 $\boldsymbol{\alpha}_1 = (1,2,3), \boldsymbol{\alpha}_2 = (1,0,0), \boldsymbol{\alpha}_3 = (3,2,5)$，并且 $\boldsymbol{\alpha}_1 - \boldsymbol{\alpha}_2 + \boldsymbol{\gamma} = \boldsymbol{\alpha}_3$，则 $\boldsymbol{\gamma}$ = ________.

3. 设 $\boldsymbol{\varepsilon}_1, \boldsymbol{\varepsilon}_2, \boldsymbol{\varepsilon}_3$ 是 $\mathbf{R}^3$ 的单位向量，$\boldsymbol{\alpha} = (3,-2,1)^{\mathrm{T}}$，则 $\boldsymbol{\alpha}$ = ________.

4. 已知向量组 $\boldsymbol{\alpha}_1 = (1,1,1)^{\mathrm{T}}, \boldsymbol{\alpha}_2 = (0,1,1)^{\mathrm{T}}, \boldsymbol{\alpha}_3 = (1,2,k)^{\mathrm{T}}$ 线性相关，则 k = ________.

5. 设 $\boldsymbol{\alpha}_1 = (1,0,1), \boldsymbol{\alpha}_2 = (1,1,1), \boldsymbol{\alpha}_3 = (0,-1,-1), \boldsymbol{\beta} = (3,5,-6)$，则 $\boldsymbol{\beta}$ = ________.

6. 向量组 $\boldsymbol{\alpha}_1 = (3,1,-1,1), \boldsymbol{\alpha}_2 = (1,1,1,1), \boldsymbol{\alpha}_3 = (2,0,-2,1)$ 的秩为________.

三、计算题(每题 12 分，共 48 分)

1. 设 $\boldsymbol{\alpha}_1 = (1,2,0,0)^{\mathrm{T}}, \boldsymbol{\alpha}_2 = (0,1,2,0)^{\mathrm{T}}, \boldsymbol{\alpha}_3 = (0,0,1,2)^{\mathrm{T}}, \boldsymbol{\alpha}_4 = (2,0,0,1)^{\mathrm{T}}$，求 $\boldsymbol{\alpha}_1 + 2\boldsymbol{\alpha}_2 + 3\boldsymbol{\alpha}_3 - 4\boldsymbol{\alpha}_4$.

2. 设向量组 $\boldsymbol{\alpha}_1^{\mathrm{T}} = (1,1,1), \boldsymbol{\alpha}_2^{\mathrm{T}} = (1,2,3), \boldsymbol{\alpha}_3^{\mathrm{T}} = (1,3,t)$.

   (1) 当 t 为何值时，向量组 $\boldsymbol{\alpha}_1, \boldsymbol{\alpha}_2, \boldsymbol{\alpha}_3$ 线性相关？

   (2) 当 t 为何值时，向量组 $\boldsymbol{\alpha}_1, \boldsymbol{\alpha}_2, \boldsymbol{\alpha}_3$ 线性无关？

(3) 当向量组 $\boldsymbol{\alpha}_1,\boldsymbol{\alpha}_2,\boldsymbol{\alpha}_3$ 线性相关时,将 $\boldsymbol{\alpha}_3$ 表示为 $\boldsymbol{\alpha}_1,\boldsymbol{\alpha}_2$ 的线性组合.

3. 确定向量 $\boldsymbol{\beta}_3=(2,a,b)^{\mathrm{T}}$,使向量组 $\boldsymbol{\beta}_1=(1,1,0)^{\mathrm{T}},\boldsymbol{\beta}_2=(1,1,1)^{\mathrm{T}},\boldsymbol{\beta}_3$ 与向量组 $\boldsymbol{\alpha}_1=(0,1,0)^{\mathrm{T}},\boldsymbol{\alpha}_2=(1,2,1)^{\mathrm{T}},\boldsymbol{\alpha}_3=(1,0,1)^{\mathrm{T}}$ 的秩相同,且 $\boldsymbol{\beta}_3$ 可由 $\boldsymbol{\alpha}_1,\boldsymbol{\alpha}_2,\boldsymbol{\alpha}_3$ 线性表示.

4. 求下列向量组的秩和一个极大无关组,并将其余向量用此极大无关组线性表示.

(1) $\boldsymbol{\alpha}_1=(1,1,3,1)^{\mathrm{T}},\boldsymbol{\alpha}_2=(-1,1,-1,3)^{\mathrm{T}},\boldsymbol{\alpha}_3=(5,-2,8,-9)^{\mathrm{T}},\boldsymbol{\alpha}_4=(-1,3,1,7)^{\mathrm{T}}$;

(2) $\boldsymbol{\alpha}_1=(1,1,2,3)^{\mathrm{T}},\boldsymbol{\alpha}_2=(1,-1,1,1)^{\mathrm{T}},\boldsymbol{\alpha}_3=(1,3,3,5)^{\mathrm{T}},\boldsymbol{\alpha}_4=(4,-2,5,6)^{\mathrm{T}}$.

四、证明题(每题 8 分,共 16 分)

1. 如果向量组 $\boldsymbol{\alpha}_1,\boldsymbol{\alpha}_2,\cdots,\boldsymbol{\alpha}_s$ 线性无关,证明向量组 $\boldsymbol{\alpha}_1,\boldsymbol{\alpha}_1+\boldsymbol{\alpha}_2,\cdots,\boldsymbol{\alpha}_1+\boldsymbol{\alpha}_2+\cdots+\boldsymbol{\alpha}_s$ 也线性无关.

2. 设 $\boldsymbol{A}$ 是 n 阶方阵,证明它的列向量组为极大无关组的充分必要条件是 $|\boldsymbol{A}|\neq 0$.

第四章　线性方程组

【本章摘要】

求解线性方程组是线性代数最主要的任务，此类问题在科学技术与经济管理领域有着相当广泛的应用，在第一章里我们已经研究过线性方程组的一种特殊情形，即线性方程组所含方程的个数等于未知量的个数，且方程组的系数行列式不等于零的情形. 我们有必要从更普遍的角度来讨论线性方程组的一般理论. 本章主要讨论一般线性方程组的解法和解的结构等问题.

【学习目标】

学会应用消元法求解线性方程组，并针对线性方程组作出解的情况讨论，最终给出解的情况分析.

§4.1　消元法

克莱姆法则只能应用于未知量个数等于方程个数，且系数行列式不为零的线性方程组，需计算多个行列式. 这在行列式阶数较高时，十分烦琐，因此克莱姆法则一般只具有理论意义. 为了求出一般的线性方程组，并讨论解的情况，本节将介绍线性方程组的消元解法.

一、消元法

例 1　解线性方程组

$$\begin{cases} x_1+3x_2+x_3=5 & (1) \\ 2x_1+x_2+x_3=2 & (2) \\ x_1+x_2+5x_3=-7 & (3) \end{cases} \tag{4.1}$$

解　方程组中的方程(1) 分别乘(−2) 和(−1) 加到方程(2) 和(3) 上，消去这两个方程中的 x_1，得

$$\begin{cases} x_1+3x_2+x_3=5 & (1) \\ -5x_2-x_3=-8 & (4) \\ -2x_2+4x_3=-12 & (5) \end{cases}$$

将(5)式两边除以(−2)，并与(4)式交换位置，得

$$\begin{cases} x_1 + 3x_2 + x_3 = 5 & (1) \\ x_2 - 2x_3 = 6 & (6) \\ -5x_2 - x_3 = -8 & (4) \end{cases}$$

再将(6)式的5倍加到(4)式上，得

$$\begin{cases} x_1 + 3x_2 + x_3 = 5 & (1) \\ x_2 - 2x_3 = 6 & (6) \\ -11x_3 = 22 & (7) \end{cases} \tag{4.2}$$

方程组(4.2)与原线性方程组(4.1)同解，这一过程称为消元过程，方程组(4.2)中自上而下的各方程所含未知量个数依次减少，这种形式的方程组称为**行阶梯形方程组**.

在方程组(4.2)中，由(7)式可得 $x_3 = -2$；将 $x_3 = -2$ 代入(6)可得 $x_2 = 2$；将 $x_2 = 2$，$x_3 = -2$ 代入(1)可得 $x_1 = 1$.

所以原方程组的解为 $x_1 = 1, x_2 = 2, x_3 = -2$.

由行阶梯形方程组逐次求得各未知量的过程，称为回代过程. 线性方程组的这种解法称为**消元法**.

从上述解题过程可以看出，用消元法求解线性方程组的具体做法就是对方程组反复实施以下三种变换：

(1) 交换某两个方程的位置；

(2) 用一个非零数乘某一个方程的两边；

(3) 将一个方程的倍数加到另一个方程上去.

以上这三种变换称为线性方程组的初等变换. 而消元法的目的就是利用方程组的初等变换将原方程组化为行阶梯形方程组，显然这个行阶梯形方程组与原线性方程组同解，解这个行阶梯形方程组得原方程组的解.

不难看出，上面的求解过程只是对各方程的系数和常数项进行运算，消元过程和回代过程可以用矩阵的行初等变换表示，即如果用矩阵表示其系数及常数项，则将原方程组化为行阶梯形方程组的过程就是将对应矩阵化为行阶梯形矩阵的过程.

$$(\boldsymbol{A} \vdots \boldsymbol{b}) = \left(\begin{array}{ccc:c} 1 & 3 & 1 & 5 \\ 2 & 1 & 1 & 2 \\ 1 & 1 & 5 & -7 \end{array}\right) \xrightarrow[r_3 - r_1]{r_2 - 2r_1} \left(\begin{array}{ccc:c} 1 & 3 & 1 & 5 \\ 0 & -5 & -1 & -8 \\ 0 & -2 & 4 & -12 \end{array}\right)$$

$$\xrightarrow[r_2 \leftrightarrow r_3]{-\frac{1}{2}r_3} \left(\begin{array}{ccc:c} 1 & 3 & 1 & 5 \\ 0 & 1 & -2 & 6 \\ 0 & -5 & -1 & -8 \end{array}\right) \xrightarrow{r_3 + 5r_2} \left(\begin{array}{ccc:c} 1 & 3 & 1 & 5 \\ 0 & 1 & -2 & 6 \\ 0 & 0 & -11 & 22 \end{array}\right)$$

最后一个行阶梯形矩阵对应的线性方程组就是方程组(4.2). 利用矩阵的行初等变换，回代过程可表示如下(接上面最后一个矩阵)：

$$\xrightarrow{-\frac{1}{11}r_3}\begin{pmatrix}1 & 3 & 1 & \vdots & 5\\0 & 1 & -2 & \vdots & 6\\0 & 0 & 1 & \vdots & -2\end{pmatrix}\xrightarrow[r_1-r_3]{r_2+2r_3}\begin{pmatrix}1 & 3 & 0 & \vdots & 7\\0 & 1 & 0 & \vdots & 2\\0 & 0 & 1 & \vdots & -2\end{pmatrix}\xrightarrow{r_1-3r_2}\begin{pmatrix}1 & 0 & 0 & \vdots & 1\\0 & 1 & 0 & \vdots & 2\\0 & 0 & 1 & \vdots & -2\end{pmatrix}.$$

由此可得方程组(4.1)的解为

$$x_1=1,x_2=2,x_3=-2.$$

注 将一个方程组化为行阶梯形方程组的步骤并不是唯一的，所以，同一个方程组的行阶梯形方程组也不是唯一的. 特别地，我们还可以将一个一般的行阶梯形方程组化为行最简形方程组，从而使我们能直接"读"出该线性方程组的解.

从例1我们可得到如下启示：用消元法解三元线性方程组的过程，相当于对该方程组的增广矩阵做初等行变换.

在求解未知量个数与方程个数不同的线性方程组，或方程组无解或有无穷多解的情形，也可以采用上面消元法的矩阵形式.

例2 解线性方程组：$\begin{cases}2x_1-2x_2-11x_3+4x_4=0\\x_1-x_2-3x_3+x_4=1\\2x_1-2x_2-x_3=4\\4x_1-4x_2+3x_3-2x_4=6\end{cases}$.

解 对方程组的增广矩阵施以行初等变换，化为行阶梯形矩阵.

$$(\boldsymbol{A}\vdots\boldsymbol{b})=\begin{pmatrix}2 & -2 & -11 & 4 & \vdots & 0\\1 & -1 & -3 & 1 & \vdots & 1\\2 & -2 & -1 & 0 & \vdots & 4\\4 & -4 & 3 & -2 & \vdots & 6\end{pmatrix}\xrightarrow{r_1\leftrightarrow r_2}\begin{pmatrix}1 & -1 & -3 & 1 & \vdots & 1\\2 & -2 & -11 & 4 & \vdots & 0\\2 & -2 & -1 & 0 & \vdots & 4\\4 & -4 & 3 & -2 & \vdots & 6\end{pmatrix}$$

$$\xrightarrow[\substack{r_3-2r_1\\r_4-4r_1}]{r_2-2r_1}\begin{pmatrix}1 & -1 & -3 & 1 & \vdots & 1\\0 & 0 & -5 & 2 & \vdots & -2\\0 & 0 & 5 & -2 & \vdots & 2\\0 & 0 & 15 & -6 & \vdots & 2\end{pmatrix}\xrightarrow[r_4+3r_2]{r_3+r_2}\begin{pmatrix}1 & -1 & -3 & 1 & \vdots & 1\\0 & 0 & -5 & 2 & \vdots & -2\\0 & 0 & 0 & 0 & \vdots & 0\\0 & 0 & 0 & 0 & \vdots & -4\end{pmatrix}$$

$$\xrightarrow{r_3\leftrightarrow r_4}\begin{pmatrix}1 & -1 & -3 & 1 & \vdots & 1\\0 & 0 & -5 & 2 & \vdots & -2\\0 & 0 & 0 & 0 & \vdots & -4\\0 & 0 & 0 & 0 & \vdots & 0\end{pmatrix}$$

最后的行阶梯形矩阵对应的行阶梯形方程组为

$$\begin{cases} x_1 - x_2 - 3x_3 + x_4 = 1 \\ -5x_3 + 2x_4 = -2 \\ 0 = -4 \end{cases},$$

这是一个矛盾方程组,无解,所以原方程组也无解.

在例 2 中,我们注意到,系数矩阵的秩 $r(\boldsymbol{A}) = 2$,而增广矩阵的秩 $r(\boldsymbol{A}\quad \boldsymbol{b}) = 3$,即 $r(\boldsymbol{A}) \neq r(\boldsymbol{A}\quad \boldsymbol{b})$,方程组无解.

例 3　解线性方程组 $\begin{cases} x_1 + 3x_2 - 2x_3 + x_4 = 3 \\ 2x_1 + x_2 - 3x_3 = 2 \\ x_1 - 2x_2 - x_3 - x_4 = -1 \end{cases}$.

解　对方程组的增广矩阵施以行初等变换,化为行阶梯形矩阵:

$$(\boldsymbol{A} \mid \boldsymbol{b}) = \left(\begin{array}{cccc|c} 1 & 3 & -2 & 1 & 3 \\ 2 & 1 & -3 & 0 & 2 \\ 1 & -2 & -1 & -1 & -1 \end{array}\right) \xrightarrow[r_3 - r_1]{r_2 - 2r_1} \left(\begin{array}{cccc|c} 1 & 3 & -2 & 1 & 3 \\ 0 & -5 & 1 & -2 & -4 \\ 0 & -5 & 1 & -2 & -4 \end{array}\right)$$

$$\xrightarrow{r_3 - r_2} \left(\begin{array}{cccc|c} 1 & 3 & -2 & 1 & 3 \\ 0 & -5 & 1 & -2 & -4 \\ 0 & 0 & 0 & 0 & 0 \end{array}\right)$$

最后的行阶梯形矩阵所对应的行阶梯形方程组为

$$\begin{cases} x_1 + 3x_2 - 2x_3 + x_4 = 3 \\ -5x_2 + x_3 - 2x_4 = -4 \end{cases},$$

其中最后一个方程已化为"$0 = 0$",说明该方程是"多余"的方程,不再写出.把上面的行阶梯形方程组改写为 $\begin{cases} x_1 + 3x_2 = 3 + 2x_3 - x_4 \\ -5x_2 = -4 - x_3 + 2x_4 \end{cases}$.

可以看出,若任意取定 x_3, x_4 的一组值,就可以唯一地确定对应的 x_1, x_2 的值,从而得到方程组的一组解.因此原方程组有无穷多组解.这时,变量 x_3, x_4 称为自由未知量.

为使未知量 x_1, x_2,只用自由未知量表示,可以由上面的行阶梯形矩阵继续进行行初等变换化为简化的行阶梯形矩阵,完成回代过程(接上面的最后一个矩阵):

$$\xrightarrow{-\frac{1}{5}r_2} \left(\begin{array}{cccc|c} 1 & 3 & -2 & 1 & 3 \\ 0 & 1 & -\frac{1}{5} & \frac{2}{5} & \frac{4}{5} \\ 0 & 0 & 0 & 0 & 0 \end{array}\right) \xrightarrow{r_1 - 3r_2} \begin{pmatrix} 1 & 0 & -\frac{7}{5} & -\frac{1}{5} & \frac{3}{5} \\ 0 & 1 & -\frac{1}{5} & \frac{2}{5} & \frac{4}{5} \\ 0 & 0 & 0 & 0 & 0 \end{pmatrix},$$

最后的阶梯形矩阵对应的线性方程组

$$\begin{cases} x_1 = \dfrac{3}{5} + \dfrac{7}{5}x_3 + \dfrac{1}{5}x_4 \\ x_2 = \dfrac{4}{5} + \dfrac{1}{5}x_3 - \dfrac{2}{5}x_4 \end{cases}$$

与原方程组同解.取自由未知量 $x_3 = c_1, x_4 = c_2$,

则原方程组的全部解(或一般解)为

$$\begin{cases} x_1 = \dfrac{3}{5} + \dfrac{7}{5}c_1 + \dfrac{1}{5}c_2 \\ x_2 = \dfrac{4}{5} + \dfrac{1}{5}c_1 - \dfrac{2}{5}c_2, \\ x_3 = c_1 \\ x_4 = c_2 \end{cases}$$

其中 c_1, c_2 为任意常数.

由上面的例1至例3可以看出:利用消元法可以求解任意的线性方程组,求解过程可由方程组的增广矩阵进行行初等变换得到.方程组可能无解,可能有唯一解,也可能有无穷多解.

二、线性方程组解的判别定理

对一般线性方程组是否有同样的结论?答案是肯定的.以下就一般线性方程组求解的问题进行讨论.

设线性方程组

$$\begin{cases} a_{11}x_1 + a_{12}x_2 + \cdots + a_{1n}x_n = b_1 \\ a_{21}x_1 + a_{22}x_2 + \cdots + a_{2n}x_n = b_2 \\ \cdots\cdots\cdots\cdots\cdots\cdots\cdots\cdots \\ a_{m1}x_1 + a_{m2}x_2 + \cdots + a_{mn}x_n = b_m \end{cases} \tag{4.3}$$

线性方程组(4.3)的矩阵形式为 $\boldsymbol{Ax} = \boldsymbol{b}$ (4.4)

其中 $\boldsymbol{A} = \begin{pmatrix} a_{11} & a_{12} & \cdots & a_{1n} \\ a_{21} & a_{22} & \cdots & a_{2n} \\ \cdots & \cdots & \cdots & \cdots \\ a_{m1} & a_{m2} & \cdots & a_{mn} \end{pmatrix}, \boldsymbol{x} = \begin{pmatrix} x_1 \\ x_2 \\ \vdots \\ x_n \end{pmatrix}, \boldsymbol{b} = \begin{pmatrix} b_1 \\ b_2 \\ \vdots \\ b_m \end{pmatrix}$.

记 $\widetilde{\boldsymbol{A}} = (\boldsymbol{A} \quad \boldsymbol{b})$,则称矩阵 $\widetilde{\boldsymbol{A}}$ 为线性方程组(4.3)的增广矩阵.

当 $b_i = 0, i = 1,2,\cdots,m$ 时,线性方程组(4.3)称为齐次的;否则称为非齐次的.

显然,齐次线性方程组的矩阵形式为

$$\boldsymbol{Ax} = 0 \tag{4.5}$$

定理 1　设 $\boldsymbol{A} = (a_{ij})_{m\times n}$，$n$ 元齐次线性方程组 $\boldsymbol{Ax} = \boldsymbol{0}$ 有非零解的充要条件是系数矩阵的秩 $r(\boldsymbol{A}) < n$.

定理 2　设 $\boldsymbol{A} = (a_{ij})_{m\times n}$，$n$ 元非齐次线性方程组 $\boldsymbol{Ax} = \boldsymbol{b}$ 有解的充要条件是系数矩阵 $\boldsymbol{A}$ 的秩等于增广矩阵 $\widetilde{\boldsymbol{A}} = (\boldsymbol{A} \quad \boldsymbol{b})$ 的秩，即 $r(\boldsymbol{A}) = r(\widetilde{\boldsymbol{A}})$.

注　上述定理的结果，简要总结如下：

(1) $r(\boldsymbol{A}) = r(\widetilde{\boldsymbol{A}}) = n \Leftrightarrow \boldsymbol{Ax} = \boldsymbol{b}$ 有唯一解；

(2) $r(\boldsymbol{A}) = r(\widetilde{\boldsymbol{A}}) < n \Leftrightarrow \boldsymbol{Ax} = \boldsymbol{b}$ 有无穷多解；

(3) $r(\boldsymbol{A}) \neq r(\widetilde{\boldsymbol{A}}) \Leftrightarrow \boldsymbol{Ax} = \boldsymbol{b}$ 无解；

(4) $r(\boldsymbol{A}) = n \Leftrightarrow \boldsymbol{Ax} = \boldsymbol{0}$ 只有零解；

(5) $r(\boldsymbol{A}) < n \Leftrightarrow \boldsymbol{Ax} = \boldsymbol{0}$ 有非零解.

而定理的证明实际上给出了求解线性方程组(4.3)的方法：

对非齐次线性方程组，将增广矩阵 $\widetilde{\boldsymbol{A}} = (\boldsymbol{A} \quad \boldsymbol{b})$ 化为行阶梯形矩阵，便可直接判断其是否有解. 若有解，再化为行最简形矩阵，便可直接写出其全部解. 其中要注意，当 $r(A) = r(\widetilde{\boldsymbol{A}}) = r < n$ 时，$\widetilde{\boldsymbol{A}}$ 的行阶梯形矩阵中含有 r 个非零行，把这 r 行的第一个非零元所对应的未知量作为非自由量，其余 $n-r$ 个作为自由未知量.

对齐次线性方程组，将其系数矩阵化为行最简形矩阵，便可直接写出其全部解.

练习一

(A)

1. 判断方程组 $\begin{cases} x_1 + 2x_2 - 3x_3 + x_4 = 1 \\ x_1 + x_2 + x_3 + x_4 = 0 \end{cases}$ 是否有解，如有解，是否有唯一的一组解？

2. 判断方程组 $\begin{cases} -3x_1 + x_2 + 4x_3 = 1 \\ x_1 + x_2 + x_3 = 0 \\ -2x_1 + x_3 = -1 \\ x_1 + x_2 - 2x_3 = 0 \end{cases}$ 是否有解.

3. 判断齐次线性方程组 $\begin{cases} x_1 + 2x_2 + x_3 + x_4 = 0 \\ 2x_1 + x_2 - 2x_3 - 2x_4 = 0 \\ x_1 - x_2 - 4x_3 - 3x_4 = 0 \end{cases}$ 解的情况.

(B)

1. 证明方程组$\begin{cases} x_1 - x_2 = a_1 \\ x_2 - x_3 = a_2 \\ x_3 - x_4 = a_3 \\ x_4 - x_5 = a_4 \\ x_5 - x_1 = a_5 \end{cases}$有解的充要条件是 $a_1 + a_2 + a_3 + a_4 + a_5 = 0$.

2. 讨论线性方程组$\begin{cases} x_1 + x_2 + x_3 + x_4 = 0 \\ x_2 + 2x_3 + 2x_4 = 1 \\ -x_2 + (a-3)x_3 - 2x_4 = b \\ 3x_1 + 2x_2 + x_3 + ax_4 = -1 \end{cases}$,当 a,b 取何值时,方程组无解?有唯一解?有无穷多解?

§4.2　齐次线性方程组解的结构

线性方程组 $\boldsymbol{Ax} = \boldsymbol{b}$ 可能无解,也可能有解.在有解的情况下,可能有唯一解,也可能有无穷多解.在线性方程组有无穷多组解时,这些解之间有何种关系?能否用有限多个元素来表示这无穷多解?这将是后两节需讨论的问题.

设有齐次线性方程组

$$\begin{cases} a_{11}x_1 + a_{12}x_2 + \cdots + a_{1n}x_n = 0 \\ a_{21}x_1 + a_{22}x_2 + \cdots + a_{2n}x_n = 0 \\ \cdots\cdots\cdots\cdots\cdots\cdots \\ a_{m1}x_1 + a_{m2}x_2 + \cdots + a_{mn}x_n = 0 \end{cases} \tag{4.6}$$

记 $\boldsymbol{A} = \begin{pmatrix} a_{11} & a_{12} & \cdots & a_{1n} \\ a_{21} & a_{22} & \cdots & a_{2n} \\ \cdots & \cdots & & \cdots \\ a_{m1} & a_{m2} & \cdots & a_{mn} \end{pmatrix}$,$\boldsymbol{x} = \begin{pmatrix} x_1 \\ x_2 \\ \vdots \\ x_n \end{pmatrix}$,则方程组(4.6)可写为向量方程

$$\boldsymbol{Ax} = \boldsymbol{0} \tag{4.7}$$

称方程(4.7)的解 $\boldsymbol{x} = (x_1, x_2, \cdots, x_n)^{\mathrm{T}}$ 为方程组(4.6)的解向量.

一、齐次线性方程组解的性质

性质1　若 $\boldsymbol{\xi}_1$,$\boldsymbol{\xi}_2$ 为方程组(4.6)的解,则 $\boldsymbol{\xi}_1 + \boldsymbol{\xi}_2$ 也是该方程组的解.

性质 2　若 $\boldsymbol{\xi}_1$ 为方程组(4.6)的解，k 为实数，则 $k\boldsymbol{\xi}_1$ 也是该方程组的解.

注　齐次线性方程组若有非零解，则它就有无穷多个解.

由上节知：线性方程组 $\boldsymbol{Ax}=\boldsymbol{0}$ 的全体解向量所构成的集合对于加法和数乘是封闭的，因此构成一个向量空间. 称此向量空间为齐次线性方程组 $\boldsymbol{Ax}=\boldsymbol{0}$ 的**解空间**.

定义 1　齐次线性方程组 $\boldsymbol{Ax}=\boldsymbol{0}$ 的有限个解 $\boldsymbol{\eta}_1,\boldsymbol{\eta}_2,\cdots,\boldsymbol{\eta}_t$ 满足：

(1) $\boldsymbol{\eta}_1,\boldsymbol{\eta}_2,\cdots,\boldsymbol{\eta}_t$ 线性无关；

(2) $\boldsymbol{Ax}=\boldsymbol{0}$ 的任意一个解均可由 $\boldsymbol{\eta}_1,\boldsymbol{\eta}_2,\cdots,\boldsymbol{\eta}_t$ 线性表示.

则称 $\boldsymbol{\eta}_1,\boldsymbol{\eta}_2,\cdots,\boldsymbol{\eta}_t$ 是齐次线性方程组 $\boldsymbol{Ax}=\boldsymbol{0}$ 的一个**基础解系**.

注　由定义 1，若 $\boldsymbol{\eta}_1,\boldsymbol{\eta}_2,\cdots,\boldsymbol{\eta}_t$ 是齐次线性方程组 $\boldsymbol{Ax}=\boldsymbol{0}$ 的一个基础解系，则 $\boldsymbol{Ax}=\boldsymbol{0}$ 的通解可表示为 $x=k_1\boldsymbol{\eta}_1+k_2\boldsymbol{\eta}_2+\cdots+k_t\boldsymbol{\eta}_t$，其中 $k_1,k_2,\cdots,k_t$ 为任意常数.

当一个齐次线性方程组只有零解时，该方程组没有基础解系；而当一个齐次线性方程组有非零解时，是否一定有基础解系呢？如果有的话，怎样去求它的基础解系？下面的定理 1 回答了这两个问题.

二、齐次线性方程组解的结构

定理 1　对齐次线性方程组 $\boldsymbol{Ax}=\boldsymbol{0}$，若 $r(\boldsymbol{A})=r<n$，则该方程组的基础解系一定存在，且每个基础解系中所含解向量的个数均等于 $n-r$，其中 n 是方程组所含未知量的个数.（证明略）

若记 $\boldsymbol{\eta}_1,\boldsymbol{\eta}_2,\cdots,\boldsymbol{\eta}_{n-r}$ 是线性方程组 $\boldsymbol{Ax}=\boldsymbol{0}$ 的一个基础解系，则 $\boldsymbol{Ax}=\boldsymbol{0}$ 的全部解可表为

$$\boldsymbol{x}=c_1\boldsymbol{\eta}_1+c_2\boldsymbol{\eta}_2+\cdots+c_{n-r}\boldsymbol{\eta}_{n-r} \tag{4.8}$$

其中 $c_1,c_2,\cdots,c_{n-r}$ 为任意实数，称表达式(4.8)为齐次线性方程组 $\boldsymbol{Ax}=\boldsymbol{0}$ 的通解.

例 1　求齐次线性方程组 $\begin{cases}x_1+x_2-x_3-x_4=0\\2x_1-5x_2+3x_3+2x_4=0\\7x_1-7x_2+3x_3+x_4=0\end{cases}$ 的基础解系与通解.

解　对系数矩阵 $\boldsymbol{A}$ 做行初等行变换，化为行最简阶梯形矩阵：

$$\boldsymbol{A}=\begin{pmatrix}1&1&-1&-1\\2&-5&3&2\\7&-7&3&1\end{pmatrix}\longrightarrow\begin{pmatrix}1&0&-2/7&-3/7\\0&1&-5/7&-4/7\\0&0&0&0\end{pmatrix},$$

得到原方程组的同解方程组为 $\begin{cases}x_1=\dfrac{2}{7}x_3+\dfrac{3}{7}x_4\\x_2=\dfrac{5}{7}x_3+\dfrac{4}{7}x_4\end{cases}$，自由变量为 x_3,x_4.

令自由变量$\begin{pmatrix} x_3 \\ x_4 \end{pmatrix} = \begin{pmatrix} 1 \\ 0 \end{pmatrix}, \begin{pmatrix} 0 \\ 1 \end{pmatrix}$，即得该齐次线性方程组 $\boldsymbol{Ax} = \boldsymbol{0}$ 的一个基础解系为

$$\boldsymbol{\eta}_1 = \begin{pmatrix} 2/7 \\ 5/7 \\ 1 \\ 0 \end{pmatrix}, \boldsymbol{\eta}_2 = \begin{pmatrix} 3/7 \\ 4/7 \\ 0 \\ 1 \end{pmatrix}.$$

因此，该方程组的通解为

$$\begin{pmatrix} x_1 \\ x_2 \\ x_3 \\ x_4 \end{pmatrix} = C_1 \begin{pmatrix} 2/7 \\ 5/7 \\ 1 \\ 0 \end{pmatrix} + C_2 \begin{pmatrix} 3/7 \\ 4/7 \\ 0 \\ 1 \end{pmatrix}，其中\ C_1, C_2 \in \mathbf{R}.$$

例 2 用基础解系表示线性方程组$\begin{cases} x_1 + x_2 + x_3 + 4x_4 - 3x_5 = 0 \\ x_1 - x_2 + 3x_3 - 2x_4 - x_5 = 0 \\ 2x_1 + x_2 + 3x_3 + 5x_4 - 5x_5 = 0 \\ 3x_1 + x_2 + 5x_3 + 6x_4 - 7x_5 = 0 \end{cases}$的通解.

解 $m = 4, n = 5, m < n$，因此所给方程组有无穷多个解. 对系数矩阵 $\mathbf{A}$ 施以初等行变换：

$$\mathbf{A} = \begin{pmatrix} 1 & 1 & 1 & 4 & -3 \\ 1 & -1 & 3 & -2 & -1 \\ 2 & 1 & 3 & 5 & -5 \\ 3 & 1 & 5 & 6 & -7 \end{pmatrix} \longrightarrow \begin{pmatrix} 1 & 1 & 1 & 4 & -3 \\ 0 & -2 & 2 & -6 & 2 \\ 0 & -1 & 1 & -3 & 1 \\ 0 & -2 & 2 & -6 & 2 \end{pmatrix} \longrightarrow \begin{pmatrix} 1 & 0 & 2 & 1 & -2 \\ 0 & 1 & -1 & 3 & -1 \\ 0 & 0 & 0 & 0 & 0 \\ 0 & 0 & 0 & 0 & 0 \end{pmatrix},$$

则原方程组与下面方程组同解：

$\begin{cases} x_1 = -2x_3 - x_4 + 2x_5 \\ x_2 = x_3 - 3x_4 + x_5 \end{cases}$，其中 x_3, x_4, x_5 为自由未知量.

令自由未知量$\begin{pmatrix} x_3 \\ x_4 \\ x_5 \end{pmatrix} = \begin{pmatrix} 1 \\ 0 \\ 0 \end{pmatrix}, \begin{pmatrix} 0 \\ 1 \\ 0 \end{pmatrix}, \begin{pmatrix} 0 \\ 0 \\ 1 \end{pmatrix}$，分别得方程组的解为

$\boldsymbol{\eta}_1 = (-2,1,1,0,0)^{\mathrm{T}}, \boldsymbol{\eta}_2 = (-1,-3,0,1,0)^{\mathrm{T}}, \boldsymbol{\eta}_3 = (2,1,0,0,1)^{\mathrm{T}}$，$\boldsymbol{\eta}_1, \boldsymbol{\eta}_2, \boldsymbol{\eta}_3$ 就是该方程组的一个基础解系. 因此，该方程组的通解为

$\boldsymbol{\eta} = \boldsymbol{c}_1\boldsymbol{\eta}_1 + \boldsymbol{c}_2\boldsymbol{\eta}_2 + \boldsymbol{c}_3\boldsymbol{\eta}_3$，其中 c_1, c_2, c_3 为任意常数.

练习二

(A)

1. 选择题

(1) 设四元齐次线性方程组$\begin{cases} x_1 + x_2 = 0 \\ x_2 - x_4 = 0 \end{cases}$,则此方程组的基础解系为(　　).

A. $(0,0,1,0)^{\mathrm{T}}$;　　B. $(-1,1,0,1)^{\mathrm{T}}$;

C. $(0,0,1,0)^{\mathrm{T}},(-1,1,0,1)^{\mathrm{T}}$;　　D. 不存在.

(2) 设齐次线性方程组 $\boldsymbol{Ax}=\boldsymbol{0}$,其中 $\boldsymbol{A}$ 为 $m\times n$ 矩阵,且 $r(\boldsymbol{A})=n-3$. 如果 $\boldsymbol{\eta}_1,\boldsymbol{\eta}_2,\boldsymbol{\eta}_3$ 是该方程组的三个线性无关的解向量,则方程组 $\boldsymbol{Ax}=0$ 的基础解系为(　　).

A. $\boldsymbol{\eta}_1-\boldsymbol{\eta}_2,\boldsymbol{\eta}_2-\boldsymbol{\eta}_3,\boldsymbol{\eta}_3-\boldsymbol{\eta}_1$;　　B. $\boldsymbol{\eta}_1,\boldsymbol{\eta}_1+\boldsymbol{\eta}_2,\boldsymbol{\eta}_1+\boldsymbol{\eta}_2+\boldsymbol{\eta}_3$;

C. $\boldsymbol{\eta}_3-\boldsymbol{\eta}_2-\boldsymbol{\eta}_1,\boldsymbol{\eta}_1+\boldsymbol{\eta}_2+\boldsymbol{\eta}_3,\boldsymbol{\eta}_3$;　　D. $\boldsymbol{\eta}_1,\boldsymbol{\eta}_2$.

2. 求下列齐次线性方程组的一个基础解系和全部解,并用此基础解系表示全部解.

(1)$\begin{cases} x_1 + x_2 + x_3 = 0 \\ 2x_2 - x_3 - x_4 = 0 \end{cases}$;(2)$\begin{cases} x_1 - x_2 + 5x_3 = 0 \\ x_1 + 3x_2 - 9x_3 = 0 \\ x_1 + x_2 - 2x_3 = 0 \\ 3x_1 - x_2 + 8x_3 = 0 \end{cases}$.

(B)

1. 求解齐次线性方程组$\begin{cases} x_1 + x_2 - x_3 + 2x_4 + x_5 = 0 \\ x_3 + 3x_4 - x_5 = 0 \\ 2x_3 + x_4 - 2x_5 = 0 \end{cases}$的基础解系和通解.

2. 设三元齐次线性方程组$\begin{cases} ax_1 + x_2 + x_3 = 0 \\ x_1 + ax_2 + x_3 = 0, \\ x_1 + x_2 + ax_3 = 0 \end{cases}$

(1) 确定当 a 为何值时,方程组有非零解;

(2) 当方程组有非零解时,求出它的基础解系和全部解.

§4.3　非齐次线性方程组解的结构

设非齐次线性方程组

$$\begin{cases} a_{11}x_1 + a_{12}x_2 + \cdots + a_{1n}x_n = b_1 \\ a_{21}x_1 + a_{22}x_2 + \cdots + a_{2n}x_n = b_2 \\ \cdots\cdots\cdots\cdots\cdots\cdots\cdots\cdots \\ a_{m1}x_1 + a_{m2}x_2 + \cdots + a_{mn}x_n = b_m \end{cases} \tag{4.8}$$

类似的，它也可写作向量方程

$$\boldsymbol{Ax} = \boldsymbol{b} \tag{4.9}$$

称方程(4.9)的解 $\boldsymbol{x} = (x_1, x_2, \cdots, x_n)^{\mathrm{T}}$ 为方程组(4.8)的解向量.

一、非齐次线性方程组解的性质

性质 1　设 $\boldsymbol{\eta}_1, \boldsymbol{\eta}_2$ 是非齐次线性方程组 $\boldsymbol{Ax} = \boldsymbol{b}$ 的解，则 $\boldsymbol{\eta}_1 - \boldsymbol{\eta}_2$ 是对应的齐次线性方程组 $\boldsymbol{Ax} = \boldsymbol{0}$ 的解.(证明略)

性质 2　设 $\boldsymbol{\eta}$ 是非齐次线性方程组 $\boldsymbol{Ax} = \boldsymbol{b}$ 的解，$\boldsymbol{\xi}$ 为对应的齐次线性方程组 $\boldsymbol{Ax} = \boldsymbol{0}$ 的解，则 $\boldsymbol{\xi} + \boldsymbol{\eta}$ 为非齐次线性方程组 $\boldsymbol{Ax} = \boldsymbol{b}$ 的解.(证明略)

二、非齐次线性方程组解的结构

定理 1　设 $\boldsymbol{\eta}^*$ 是非齐次线性方程组 $\boldsymbol{Ax} = \boldsymbol{b}$ 的一个解，$\boldsymbol{\xi}$ 是对应齐次线性方程组 $\boldsymbol{Ax} = \boldsymbol{0}$ 的通解，则 $\boldsymbol{x} = \boldsymbol{\xi} + \boldsymbol{\eta}^*$ 是非齐次线性方程组 $\boldsymbol{Ax} = \boldsymbol{b}$ 的通解.(证明略)

注　设有非齐次线性方程组 $\boldsymbol{Ax} = \boldsymbol{b}$，而 $\boldsymbol{\alpha}_1, \boldsymbol{\alpha}_2, \cdots, \boldsymbol{\alpha}_n$ 是系数矩阵 $\boldsymbol{A}$ 的列向量组，则下列四个命题等价：

(1) 非齐次线性方程组 $\boldsymbol{Ax} = \boldsymbol{b}$ 有解；

(2) 向量 $\boldsymbol{b}$ 能由向量组 $\boldsymbol{\alpha}_1, \boldsymbol{\alpha}_2, \cdots, \boldsymbol{\alpha}_n$ 线性表示；

(3) 向量组 $\boldsymbol{\alpha}_1, \boldsymbol{\alpha}_2, \cdots, \boldsymbol{\alpha}_n$ 与向量组 $\boldsymbol{\alpha}_1, \boldsymbol{\alpha}_2, \cdots, \boldsymbol{\alpha}_n, \boldsymbol{b}$ 等价；

(4) $r(\boldsymbol{A}) = r(\boldsymbol{A} \vdots \boldsymbol{b})$.

例 1　求如下方程组的通解：$\begin{cases} x_1 + x_2 + x_3 + x_4 + x_5 = 7 \\ 3x_1 + x_2 + 2x_3 + x_4 - 3x_5 = -2. \\ 2x_2 + x_3 + 2x_4 + 6x_5 = 23 \end{cases}$

解　$(\boldsymbol{A} \quad \boldsymbol{b}) = \begin{pmatrix} 1 & 1 & 1 & 1 & 1 & 7 \\ 3 & 1 & 2 & 1 & -3 & -2 \\ 0 & 2 & 1 & 2 & 6 & 23 \end{pmatrix} \longrightarrow \begin{pmatrix} 1 & 0 & 1/2 & 0 & -2 & -9/2 \\ 0 & 1 & 1/2 & 1 & 3 & 23/2 \\ 0 & 0 & 0 & 0 & 0 & 0 \end{pmatrix}$,

由 $r(\boldsymbol{A}) = r(\boldsymbol{A} \quad \boldsymbol{b})$，知方程组有解.

又 $r(\boldsymbol{A}) = 2, n - r = 3$，所以方程组有无穷多解，且原方程组等价于方程组

$$\begin{cases} x_1 = -\dfrac{1}{2}x_3 + 2x_5 - \dfrac{9}{2} \\ x_2 = -\dfrac{1}{2}x_3 - x_4 - 3x_5 + \dfrac{23}{2} \end{cases} \tag{4.10}$$

令自由变量为 $x_3 = x_4 = x_5 = 0$，得 $x_1 = -9/2, x_2 = 23/2$，则原方程组的特解为

$$\boldsymbol{\eta}^* = (-9/2 \quad 23/2 \quad 0 \quad 0 \quad 0)^{\mathrm{T}}.$$

令自由变量分别为 $\begin{pmatrix} x_3 \\ x_4 \\ x_5 \end{pmatrix} = \begin{pmatrix} 1 \\ 0 \\ 0 \end{pmatrix}, \begin{pmatrix} 0 \\ 1 \\ 0 \end{pmatrix}, \begin{pmatrix} 0 \\ 0 \\ 1 \end{pmatrix}$，代入等价方程组(4.10)对应的齐次方程组

$$\begin{cases} x_1 = -\dfrac{1}{2}x_3 + 2x_5 \\ x_2 = -\dfrac{1}{2}x_3 - x_4 - 3x_5 \end{cases},$$

可求得其基础解系为 $\boldsymbol{\xi}_1 = \begin{pmatrix} -1/2 \\ -1/2 \\ 1 \\ 0 \\ 0 \end{pmatrix}, \boldsymbol{\xi}_2 = \begin{pmatrix} 0 \\ -1 \\ 0 \\ 1 \\ 0 \end{pmatrix}, \boldsymbol{\xi}_3 = \begin{pmatrix} 2 \\ -3 \\ 0 \\ 0 \\ 1 \end{pmatrix}$，

故所求的原方程组通解为 $\boldsymbol{x} = C_1 \begin{pmatrix} -1/2 \\ -1/2 \\ 1 \\ 0 \\ 0 \end{pmatrix} + C_2 \begin{pmatrix} 0 \\ -1 \\ 0 \\ 1 \\ 0 \end{pmatrix} + C_3 \begin{pmatrix} 2 \\ -3 \\ 0 \\ 0 \\ 1 \end{pmatrix} + \begin{pmatrix} -9/2 \\ 23/2 \\ 0 \\ 0 \\ 0 \end{pmatrix}$，其中 C_1, C_2，C_3 为任意常数.

例 2　求解非齐次线性方程组 $\begin{cases} x_1 + x_2 - 3x_3 - x_4 = 1 \\ 3x_1 - x_2 - 3x_3 + 4x_4 = 4 \\ x_1 + 5x_2 - 9x_3 - 8x_4 = 0 \end{cases}$ 的全部解.

解　对方程组的增广矩阵做如下初等行变换：

$$\widetilde{\boldsymbol{A}} = (\boldsymbol{A} \mid \boldsymbol{b}) = \left(\begin{array}{cccc|c} 1 & 1 & -3 & -1 & 1 \\ 3 & -1 & -3 & 4 & 4 \\ 1 & 5 & -9 & -8 & 0 \end{array}\right) \xrightarrow[r_3 - r_1]{r_2 - 3r_1} \left(\begin{array}{cccc|c} 1 & 1 & -3 & -1 & 1 \\ 0 & -4 & 6 & 7 & 1 \\ 0 & 4 & -6 & -7 & -1 \end{array}\right)$$

$$\xrightarrow{r_3 + r_2} \left(\begin{array}{cccc|c} 1 & 1 & -3 & -1 & 1 \\ 0 & -4 & 6 & 7 & 1 \\ 0 & 0 & 0 & 0 & 0 \end{array}\right) \xrightarrow{-\frac{1}{4}r_2} \left(\begin{array}{cccc|c} 1 & 1 & -3 & -1 & 1 \\ 0 & 1 & -\dfrac{3}{2} & -\dfrac{7}{4} & -\dfrac{1}{4} \\ 0 & 0 & 0 & 0 & 0 \end{array}\right)$$

$$\xrightarrow{r_1-r_2}\left(\begin{array}{cccc:c}1 & 0 & -\frac{3}{2} & \frac{3}{4} & \frac{5}{4} \\ 0 & 1 & -\frac{3}{2} & -\frac{7}{4} & -\frac{1}{4} \\ 0 & 0 & 0 & 0 & 0\end{array}\right).$$

在上面的初等变换中没有做过列变换，因此可立即求出特解 $\boldsymbol{\gamma}$ 和对应齐次线性方程组的基础解系：

$$\boldsymbol{\gamma}=\begin{pmatrix}\frac{5}{4}\\ -\frac{1}{4}\\ 0\\ 0\end{pmatrix},\boldsymbol{\eta}_1=\begin{pmatrix}\frac{3}{2}\\ \frac{3}{2}\\ 1\\ 0\end{pmatrix},\boldsymbol{\eta}_2=\begin{pmatrix}-\frac{3}{4}\\ \frac{7}{4}\\ 0\\ 1\end{pmatrix},$$

因此，原方程组的全部解为 $\boldsymbol{x}=\begin{pmatrix}\frac{5}{4}\\ -\frac{1}{4}\\ 0\\ 0\end{pmatrix}+c_1\begin{pmatrix}\frac{3}{2}\\ \frac{3}{2}\\ 1\\ 0\end{pmatrix}+c_2\begin{pmatrix}-\frac{3}{4}\\ \frac{7}{4}\\ 0\\ 1\end{pmatrix}$，其中 c_1,c_2 为任意常数.

练习三

(A)

1. 求线性方程组 $\begin{cases}x_1+3x_2-x_3-x_4=6\\ 3x_1-x_2+5x_3-3x_4=6\\ 3x_1+4x_2+x_3-3x_4=12\end{cases}$ 的通解.

2. 已知线性方程组 $\begin{cases}x_1+x_2+x_3+x_4=1\\ x_2-x_3+2x_4=1\\ 2x_1+3x_2+(a+2)x_3+4x_4=b+3\\ 3x_1+5x_2+x_3+(a+8)x_4=5\end{cases}$，问 a,b 为何值时，方程组有无穷多组解？并求其解(用导出组的基础解系表示).

(B)

1. 求非齐次线性方程组$\begin{cases} x_1+x_2-3x_3-x_4=1 \\ 3x_1-x_2-3x_3-4x_4=4 \\ x_1+5x_2-9x_3-8x_4=0 \end{cases}$的通解.

2. 设四元非齐次线性方程组$\boldsymbol{Ax}=\boldsymbol{b}$的系数矩阵$\boldsymbol{A}$的秩为3，已知它的三个解向量为$\boldsymbol{\eta}_1$，$\boldsymbol{\eta}_2$，$\boldsymbol{\eta}_3$，其中$\boldsymbol{\eta}_1=\begin{pmatrix} 3 \\ -4 \\ 1 \\ 2 \end{pmatrix}$，$\boldsymbol{\eta}_2+\boldsymbol{\eta}_3=\begin{pmatrix} 4 \\ 6 \\ 8 \\ 0 \end{pmatrix}$，求该方程组的通解.

3. 设四元非齐次线性方程组$\boldsymbol{Ax}=\boldsymbol{b}$的系数矩阵$\boldsymbol{A}$的秩为2，已知它的三个解向量为$\boldsymbol{\eta}_1$，$\boldsymbol{\eta}_2$，$\boldsymbol{\eta}_3$，其中$\boldsymbol{\eta}_1=\begin{pmatrix} 4 \\ 3 \\ 2 \\ 1 \end{pmatrix}$，$\boldsymbol{\eta}_2=\begin{pmatrix} 1 \\ 3 \\ 5 \\ 1 \end{pmatrix}$，$\boldsymbol{\eta}_3=\begin{pmatrix} -2 \\ 6 \\ 3 \\ 2 \end{pmatrix}$，求该方程组的通解.

§4.4　线性方程组的应用

一个复杂的实际问题往往可以简化或归结为一个线性问题，线性方程或线性方程组是最简单最常见的方程或方程组. 例如，大型的土建结构、机械结构、大型的输电网络、管道网络等的计算，通过简单的分析均可直接归结为线性方程组. 下面介绍几个应用线性方程组解决的模型.

问题 1　工资问题

现有一个木工、一个电工、一个油漆工和一个粉饰工，四人相互同意彼此装修他们自己的房子. 在装修之前，他们约定每人工作 13 天(包括给自己家干活在内)，每人的日工资根据一般的市价在 50 ～ 70 元，每人的日工资数应使得每人的总收入与总支出相等. 表 4-1 是他们协商后制定出的工作天数的分配方案，如何计算出他们每人应得的日工资以及每人房子的装修费(只计算工钱，不包括材料费) 是多少？

表 4-1　工时分配方案

天数	工种			
	木工	电工	油漆工	粉饰工
在木工家工作天数	4	3	2	3
在电工家工作天数	5	4	2	3
在油漆工家工作天数	2	5	3	3
在粉饰工家工作天数	2	1	6	4

【模型分析与建立】

这是一个收入 — 支出的闭合模型.设木工、电工、油漆工和粉饰工的日工资分别为 x_1，x_2，x_3，x_4(元)，为满足“平衡”条件，每人的收支相等，要求每人在这 13 天内“总收入 = 总支出”，则可建立线性方程组

$$\begin{cases} 4x_1 + 3x_2 + 2x_3 + 3x_4 = 13x_1 \\ 5x_1 + 4x_2 + 2x_3 + 3x_4 = 13x_2 \\ 2x_1 + 5x_2 + 3x_3 + 3x_4 = 13x_3 \\ 2x_1 + x_2 + 6x_3 + 4x_4 = 13x_4 \end{cases}$$

整理可得齐次线性方程组

$$\begin{cases} -9x_1 + 3x_2 + 2x_3 + 3x_4 = 0 \\ 5x_1 - 9x_2 + 2x_3 + 3x_4 = 0 \\ 2x_1 + 5x_2 - 10x_3 + 3x_4 = 0 \\ 2x_1 + x_2 + 6x_3 - 9x_4 = 0 \end{cases}$$

【模型求解】

可利用初等行变换解此方程组如下：

$$\boldsymbol{A} = \begin{pmatrix} -9 & 3 & 2 & 3 \\ 5 & -9 & 2 & 3 \\ 2 & 5 & -10 & 3 \\ 2 & 1 & 6 & -9 \end{pmatrix} \xrightarrow[\substack{r_2 - r_3 - r_4 \\ r_3 - r_4}]{r_1 + r_2 + r_3 + r_4} \begin{pmatrix} 0 & 0 & 0 & 0 \\ 1 & -15 & 6 & 9 \\ 0 & 4 & -16 & 12 \\ 2 & 1 & 6 & -9 \end{pmatrix}$$

$$\xrightarrow[\substack{r_2 \cdot \frac{1}{4} \\ r_3 - 2r_1}]{r_1 \leftrightarrow r_2, r_2 \leftrightarrow r_3, r_3 \leftrightarrow r_4} \begin{pmatrix} 1 & -15 & 6 & 9 \\ 0 & 1 & -4 & 3 \\ 0 & 31 & -6 & -27 \\ 0 & 0 & 0 & 0 \end{pmatrix} \xrightarrow{r_3 - 31r_2} \begin{pmatrix} 1 & -15 & 6 & 9 \\ 0 & 1 & -4 & 3 \\ 0 & 0 & 118 & -120 \\ 0 & 0 & 0 & 0 \end{pmatrix}$$

得对应的方程组为

$$\begin{cases} x_1 - 15x_2 + 6x_3 + 9x_4 = 0 \\ x_2 - 4x_3 + 3x_4 = 0 \\ 118x_3 - 120x_4 = 0 \end{cases}$$

即　　$x_1 = \frac{54}{59}x_4, x_2 = \frac{63}{59}x_4, x_1 = \frac{60}{59}x_4, 50 \leqslant x_4 \leqslant 70.$

取 $x_4 = 59$，得 $x_1 = 54, x_2 = 63, x_1 = 60$，或得 $(x_1, x_2, x_3, x_4)^{\mathrm{T}} = k(54, 63, 60, 59)^{\mathrm{T}}$.

为了使 x_1, x_2, x_3, x_4 取值在 $50 \sim 70$ 之间，令 $k = 1$ 即可.

所以，木工、电工、油漆工和粉饰工的日工资分别为 54 元、63 元、60 元和 59 元. 每人房子的装修费用相当于本人 13 天的工资，因此分别为 702 元、819 元、780 元和 767 元.

问题 2　韩信点兵

韩信点兵，有兵一队，人数在 500 至 1000 之内. 三三数之剩二，五五数之剩三，七七数之剩二. 问这队兵有多少人？

【模型分析与建立】

设这队兵的人数 u 为非负整数，且有非负整数 x, y, z 使得

$$\begin{cases} u = 3x + 2 \\ u = 5y + 3 \\ u = 7z + 2 \end{cases}，即 \begin{cases} u - 3x = 2 \\ u - 5y = 3. \\ u - 7z = 2 \end{cases}$$

【模型求解】

易求得方程组的一般解为

$$\begin{cases} u = 7z + 2 \\ x = \frac{7}{3}z \\ y = \frac{7}{5}z - \frac{1}{5} \end{cases},$$

从而原问题的解为 $u = 7z + 2, x = \frac{7}{3}z, y = \frac{7}{5}z - \frac{1}{5}$，其中 x, y, z, u 均为非负整数.

显然，z 应能被 3 整除，$7z - 1$ 应能被 5 整除，且 $72 \leqslant z \leqslant 142$，所以 z 的取值可能为 78，93，108，123，138，故这队兵的人数可能为 548 人、653 人、758 人、863 人或 968 人.

问题 3　T 恤衫销售模型

小明百货商店销售四种型号的 T 恤衫：小号、中号、大号和加大号. 各种型号 T 恤衫的销售价格分别为：22 元 / 件、24 元 / 件、26 元 / 件、30 元 / 件. 某日盘点时，小明把各种型号 T 恤

衫的销售数量弄混了，但他知道共售出了13件T恤衫，收入为320元，且大号的销售量为小号与加大号销售量之和，大号的销售收入也为小号与加大号销售收入之和.问小明当日销售了各种型号的T恤衫各多少件？

【模型假设与变量说明】

1.假设各种型号的T恤衫均按销售价格出售.

2.假设收入是指卖出T恤衫的毛收入，未扣成本.

3.设小号、中号、大号与加大号T恤衫的销售量分别为$x_i(i=1,2,3,4)$.

【模型的分析与建立】

由问题知，$x_i(i=1,2,3,4)$满足以下方程组

$$\begin{cases} x_1+x_2+x_3+x_4=13 \\ 22x_1+24x_2+26x_3+30x_4=320 \\ x_3=x_1+x_4 \\ 26x_3=22x_1+30x_4 \end{cases},$$

将它改写成以下方程组

$$\begin{cases} x_1+x_2+x_3+x_4=13 \\ 22x_1+24x_2+26x_3+30x_4=320 \\ x_1-x_3+x_4=0 \\ 22x_1-26x_3+30x_4=0 \end{cases}.$$

【模型求解】

可以运用消元法，亦可运用MATLAB软件求解，结果如下：

小号、中号、大号与加大号T恤衫的销售量分别为1件、9件、2件和1件.

练习四

(A)

【化肥成分问题】有三种化肥，成分如表4-2所示.

表4-2 化肥成分

种类	成分		
	钾/%	氮/%	磷/%
A	20	30	50
B	10	20	70
C	0	30	70

现要得到200kg含钾12%、氮25%、磷63%的化肥，需要以上三种化肥的量各是多少？

(B)

某公园在湖的周围设有甲、乙、丙三个游船出租点,游客可以在任何一处租船与还船。租船与还船的情况统计如下:从甲处租的船只中有 80% 在甲处还,20% 在乙处还;从乙处租的船只中有 20% 在甲处还,80% 在丙处还;从丙处租的船中只有 20% 在甲处还,20% 在乙处还,60% 在丙处还。为了游客安全,公园要设立一个游船检修站,试问游船检修站建在哪个点最好(假定公园的船只基本上每天都被人租用)?当丙处拥有公园游船数的$\frac{1}{3}$时,甲、乙两处分别拥有的比例是怎样的?

【阅读材料四】　投入产出模型

在经济活动中,分析投入多少财力、物力、人力,产出多少社会财富是衡量经济效益高低的主要标志.投入产出技术正是研究一个经济系统各部门间的“投入”与“产出”关系的数学模型,该方法最早由美国著名的经济学家瓦·列昂捷夫(W. Leontief)提出,是目前比较成熟的经济分析方法.

投入产出法来源于一个经济系统各部门生产和消耗的实际统计资料.它同时描述了当时各部门之间的投入与产出协调关系,反映了产品供应与需求的平衡关系,因而在实际中有广泛应用.在经济分析方面可以用于结构分析,还可以用于编制经济计划和进行经济调整等.编制计划的一种做法是先规定各部门计划期的总产量,然后计算出各部门的最终需求;另一种做法是确定计划期各部门的最终需求,然后再计算出各部门的总产出.后一种做法符合以社会需求决定社会产品的原则,同时也有利于调整各部门产品的结构比例,是一种较合理的做法.

例 1　设一个经济系统包括 3 个部门,在某一个生产周期内各部门间的消耗系数及最终产品如表 4-3 所示.求各部门的总产品及部门间的流量.

表 4-3　消耗系数及最终产品

生产部门	消耗部门			最终产品
	1	2	3	
	消耗系数			
1	0.25	0.1	0.1	245
2	0.2	0.2	0.1	90
3	0.1	0.1	0.2	175

解　设 $x_i(i=1,2,3)$ 表示第 i 部门的总产品. 已知

$$\boldsymbol{A}=(a_{ij})=\begin{pmatrix}0.25 & 0.1 & 0.1\\ 0.2 & 0.2 & 0.1\\ 0.1 & 0.1 & 0.2\end{pmatrix}$$

代入产品分配平衡方程组,得 $\begin{cases}x_1=0.25x_1+0.1x_2+0.1x_3+245\\ x_2=0.2x_1+0.2x_2+0.1x_3+90\\ x_3=0.1x_1+0.1x_2+0.2x_3+175\end{cases}$,

因 $\boldsymbol{A}$ 与 $\boldsymbol{y}$ 满足定理的条件,故 $\boldsymbol{x}$ 有非负解,且

$$\boldsymbol{x}=(\boldsymbol{E}-\boldsymbol{A})^{-1}y,\text{其中}(\boldsymbol{E}-\boldsymbol{A})^{-1}=\frac{10}{891}\begin{pmatrix}126 & 18 & 18\\ 34 & 118 & 19\\ 20 & 17 & 116\end{pmatrix},$$

所以,$\boldsymbol{x}=\dfrac{10}{891}\begin{pmatrix}126 & 18 & 18\\ 34 & 118 & 19\\ 20 & 17 & 116\end{pmatrix}\begin{pmatrix}245\\ 90\\ 175\end{pmatrix}=\begin{pmatrix}400\\ 250\\ 300\end{pmatrix}$.

如果部门很多时,可借助计算机用迭代法求近似解. 由 $x_{ij}=a_{ij}x_j(i,j=1,2,\cdots,n)$,按 $x_1=400,x_2=250,x_3=300,x_{11}=100,x_{12}=25,x_{13}=30$,计算部门间流量可得 $x_{21}=80,x_{22}=50,x_{23}=30,x_{31}=40,x_{32}=25,x_{33}=60$.

现将所求得的各部门的总产量及部门间流量列成表 4-4.

表 4-4　部门间流量及总产量

生产部门	消耗部门			y	x
	1	2	3		
	x_{ij}				
1	100	25	30	245	400
2	80	50	30	90	250
3	40	25	60	175	300

例 2　假设某地区经济系统只分为 3 个部门:农业、工业和服务业,这三个部门间的生产分配关系可列成表 4-5.

表 4-5　投入产出表　（单位：万元）

投入	中间产品			合计	最终产品 y	总产品 x
	农业	工业	服务业			
农业	27	44	2	73	120	193
工业	58	11010	82	11250	13716	24966
服务业	23	284	153	460	960	1420
合计	108	11338	337			
新创价值 z	85	13628	1083			
总收入	193	24966	1420			

根据表4-5和直接消耗系数的定义，可求出直接消耗系数 $a_{ij}(i,j=1,2,3)$，从而求得直接消耗系数矩阵 $\boldsymbol{A}$：

$$\boldsymbol{A}=\begin{pmatrix}0.1399 & 0.0018 & 0.0014\\ 0.3005 & 0.4410 & 0.1282\\ 0.1192 & 0.0114 & 0.1077\end{pmatrix}$$

$$\boldsymbol{E}-\boldsymbol{A}=\begin{pmatrix}0.8601 & -0.0018 & -0.0014\\ -0.3005 & 0.5590 & -0.1282\\ -0.1192 & -0.0114 & 0.8923\end{pmatrix}$$

经计算，得 $(\boldsymbol{E}-\boldsymbol{A})^{-1}=\begin{pmatrix}1.1643 & 0.0038 & 0.0024\\ 0.6635 & 1.7962 & 0.2591\\ 0.1640 & 0.0234 & 1.1243\end{pmatrix}$

如果给定下一年计划的最终需求向量 $\boldsymbol{y}=(135,13820,1023)^{\mathrm{T}}$，则由模型 $(\boldsymbol{E}-\boldsymbol{A})\boldsymbol{x}=\boldsymbol{y}$，解得

$$\boldsymbol{x}=(\boldsymbol{E}-\boldsymbol{A})^{-1}\boldsymbol{y}=\begin{pmatrix}212\\ 25178\\ 1496\end{pmatrix}.$$

因此，可预测下一年各部门的总产出为 $x_1=212,x_2=25178,x_3=1496$.

利用这一结果，可以进一步预测下一年各部门间的流量 $x_{ij}=a_{ij}x_j(i,j=1,2,3)$ 和各部门的新创价值 $z_j(j=1,2,3)$，结果见表4-6.

表 4-6　新创价值表　（单位:万元）

投入	中间产品			合计	最终产品 y	总产品 x
	农业	工业	服务业			
农业	29.7	45.3	2.1	135	212.1	
工业	63.5	11103.2	191.3	13820	25178	
服务业	25.3	287.0	161.1	1023	1496.4	
新创价值 z	93.6	13742.5	1141.9			
总收入	212.1	25178.0	1496.4			

本章小结

一、本章内容

本章线性方程组的内容是线性代数发展的渊源，正是线性方程组的求解研究导致了向量线性相关性的研究，即确定多余方程和保留方程、保留未知量和自由未知量的问题. 这些问题可通过矩阵的秩和子式的计算来确定. 第三章的内容，无论是线性相关性还是矩阵的秩，都是和方程组求解密切相关的，要通过知识结构的联系，从而整体掌握知识体系.

本章内容具体包括以下几个方面：消元法、齐次线性方程组解的结构、非齐次线性方程组解的结构及线性方程组的应用.

二、学习建议

1. 一个线性方程组可以用它的系数矩阵 $\boldsymbol{A}$ 和增广矩阵 $\overline{\boldsymbol{A}}$ 来表征. 方程组解的情况集中反映在 $\boldsymbol{A}$ 和 $\overline{\boldsymbol{A}}$ 的秩上. 求解线性方程组的最简单、计算量最小的方法当推消元法，即用方程组的初等变换把方程组化简成行阶梯形方程组. 用矩阵的话，就是把 $\overline{\boldsymbol{A}}$（增广矩阵）用初等行变换简化成行阶梯形矩阵. 这种计算是本课程中最基本、最有用的一种计算，希望大家多做练习，熟练掌握.

2. 求一个齐次线性方程组的基础解系的步骤如下：

(1) 对系数矩阵施加初等变换（只施加行变换），使一些未知数的系数化为 1，并且只有一行的系数为 1，其余行的系数为 0.

(2) 根据系数矩阵的秩和未知数的个数，确定基础解系中解向量的个数.

(3) 把那些系数已化为 1 的未知数,用那些系数不能化为 1 的未知数(可称为自由未知量)表示出来.

(4) 对那些自由变量(即上述的系数不能化为 1 的未知数)每一次取一个值为 1,其余值取为 0,依次求出它的基础解系.

若是求全部解,还应写成 $\lambda_1\boldsymbol{\eta}_1+\lambda_2\boldsymbol{\eta}_2+\cdots+\lambda_m\boldsymbol{\eta}_m$,其中 $\boldsymbol{\eta}_1,\boldsymbol{\eta}_2,\cdots,\boldsymbol{\eta}_m$ 是基础解系.

三、本章重点

矩阵的初等行变换应是初等变换的重点,它对应于方程的恒等变换(保持同解).行阶梯形矩阵对应的方程组可通过把自由未知量移到右边,再通过回代,求解.而行最简形不用回代可直接写出解的表示式.

方程组的解结构是本章的难点,齐次方程组有非零解与对应的行向量组或列向量组线性相关性有对应关系,非齐次方程组有解和向量的表示有一种对应关系,要学会灵活地应用这些关系来分析问题.

复习题四

一、填空题

1. 若线性方程组 $\boldsymbol{AX}=\boldsymbol{B}$ 的系数矩阵 A 和常数项矩阵 B 分别为 $A=\begin{pmatrix}0&0&1\\1&0&0\\0&1&0\end{pmatrix}$,$\boldsymbol{B}=\begin{pmatrix}1\\2\\3\end{pmatrix}$,则此线性方程组的解为__________.

2. 如果 n 元非齐次线性方程组 $\boldsymbol{Ax}=\boldsymbol{b}$ 有解,$r(\mathbf{A})=m$,则当 $m=$__________时,方程组有唯一解,当__________时有无穷多解.

3. 齐次线性方程组 $\begin{cases}\lambda x_1+x_2+x_3=0\\x_1+\lambda x_2-x_3=0\\2x_1-x_2+x_3=0\end{cases}$ 只有零解,则 λ 应该满足条件__________.

4.齐次线性方程组$\begin{cases} x_1 + x_2 + \lambda x_3 = 0 \\ -x_1 + \lambda x_2 + x_3 = 0 \\ x_1 - 2x_2 + 2x_3 = 0 \end{cases}$有非零解，则$\lambda$应该满足条件__________.

5.若线性方程组$\boldsymbol{AX}=\boldsymbol{B}$的增广矩阵$\widetilde{\boldsymbol{A}}$经初等变换化为$\widetilde{\boldsymbol{A}}=\begin{pmatrix} 1 & 1 & 0 & 1 \\ 0 & 0 & 2 & 2 \end{pmatrix}$，则此线性方程组的解为__________.

6.若三元线性方程组$\boldsymbol{AX}=\boldsymbol{B}$有唯一解，则系数矩阵$\boldsymbol{A}$的秩$r(\boldsymbol{A})=$__________，增广矩阵$\widetilde{\boldsymbol{A}}$的秩$r(\widetilde{\boldsymbol{A}})=$__________.

7.已知五元齐次线性方程组$\boldsymbol{AX}=\boldsymbol{0}$有非零解，则系数矩阵$\boldsymbol{A}$的秩$r(\boldsymbol{A})$为__________.

8.已知线性方程组$\begin{cases} x_1 + x_2 + x_3 + x_4 = 3 \\ x_1 + 3x_2 + 2x_3 + 4x_4 = 6 \\ 2x_1 + x_3 - x_4 = 3 \end{cases}$，其一般解的自由未知量的个数是__________.

9.若线性方程组$\boldsymbol{AX}=\boldsymbol{B}$的增广矩阵$\widetilde{\boldsymbol{A}}$经初等行变换化为$\widetilde{\boldsymbol{A}}=\begin{pmatrix} 1 & 2 & 3 & 4 \\ 0 & 0 & 1 & 2 \\ 0 & 0 & \boldsymbol{\lambda} & 4 \end{pmatrix}$，则当__________时，此线性方程组有无穷多解；当__________时，此线性方程组无解.

二、计算题

1.用消元法解下列线性方程组：

(1)$\begin{cases} 2x_1 - x_2 + 3x_3 = 3 \\ 3x_1 + x_2 - 5x_3 = 0 \\ 4x_1 - x_2 + x_3 = 3 \\ x_1 + 3x_2 - 13x_3 = -6 \end{cases}$

(2)$\begin{cases} x_1 - x_2 + 2x_3 = 1 \\ x_1 - 2x_2 - x_3 = 2 \\ 3x_1 - x_2 + 5x_3 = 3 \\ -x_1 + 2x_3 = -2 \end{cases}$

(3)$\begin{cases} x_1 - x_2 + 3x_2 - x_4 = 1 \\ 2x_1 - x_2 - x_3 + 4x_4 = 2 \\ 3x_1 - 2x_2 + 3x_4 = 3 \\ x_1 - 4x_3 + 5x_4 = -1 \end{cases}$

(4) $\begin{cases} 2x_1+3x_2+x_3=4 \\ x_1-2x_2+4x_3=-5 \\ 3x_1+8x_2-2x_3=13 \\ 4x_1-x_2+9x_3=-6 \end{cases}$

(5) $\begin{cases} x_1-x_2+5x_3-x_4=0 \\ x_1+x_2-2x_3+3x_4=0 \\ 3x_1-x_2+8x_3+x_4=0 \\ x_1-3x_2-9x_3+7x_4=0 \end{cases}$

(6) $\begin{cases} x_1+x_2-3x_3-x_4=1 \\ 3x_1-x_2-3x_3+4x_4=1 \\ x_1+5x_2-9x_3-8x_4=1 \end{cases}$

(7) $\begin{cases} x_1-x_2+5x_3-x_4=0 \\ x_1+x_2-x_3+3x_4=0 \\ 3x_1-x_2+9x_3+x_4=0 \\ x_1+3x_2-7x_3+7x_4=0 \end{cases}$

(8) $\begin{cases} x_1+2x_2+x_3-x_4=4 \\ 3x_1+6x_2-x_3-3x_4=8 \\ 5x_1+10x_2+x_3-5x_4=16 \end{cases}$

(9) $\begin{cases} x_1-2x_2+3x_3-4x_4=4 \\ x_2-x_3+x_4=-3 \\ x_1+3x_2-3x_4=1 \\ -7x_2+3x_3+x_4=-1 \end{cases}$

(10) $\begin{cases} 2x_1-2x_2+x_3-x_4+x_5=2 \\ x_1-3x_2+2x_3-2x_4+4x_5=3 \\ 3x_1-6x_2+4x_3-2x_4+8x_5=7 \\ x_1+x_2-x_3+x_4-3x_5=-1 \end{cases}$

(11) $\begin{cases} 2x_1-4x_2+5x_3+3x_4=0 \\ 3x_1-6x_2+4x_3+2x_4=0 \\ 4x_1-8x_2+17x_3+11x_4=0 \end{cases}$

2. 已知下列线性方程组，求 $r(\widetilde{\mathbf{A}})$ 和 $r(\mathbf{A})$，并判断解的情况，若有解，求出解.

(1) $\begin{cases} x_1 + x_2 - x_3 = -1 \\ x_1 + x_2 + x_3 = 3 \\ x_1 + 2x_2 - 3x_3 = 1 \end{cases}$

(2) $\begin{cases} x_1 + 2x_2 + 3x_4 = 1 \\ x_1 + x_2 + x_3 + 5x_4 = -2 \\ -x_1 - 3x_2 + x_3 - x_4 = -4 \end{cases}$

(3) $\begin{cases} x_1 - x_2 + x_3 - x_4 = 1 \\ x_1 - x_2 - x_3 + x_4 = 0 \\ x_1 - x_2 - 2x_3 + 2x_4 = -\dfrac{1}{2} \end{cases}$

(4) $\begin{cases} x_1 - 2x_2 + 3x_3 - x_4 = 2 \\ 3x_1 - x_2 + 5x_3 - 3x_4 = 6 \\ 2x_1 + x_2 + 2x_3 - 2x_4 = 10 \end{cases}$

(5) $\begin{cases} 2x_1 + x_2 - x_3 - x_4 + x_5 = 0 \\ x_1 - x_2 + x_3 + x_4 - 2x_5 = 0 \\ 3x_1 + 3x_2 - 3x_3 - 3x_4 + 4x_5 = 0 \\ 4x_1 + 5x_2 - 5x_3 - 5x_4 + 7x_5 = 0 \end{cases}$

(6) $\begin{cases} x_1 + x_2 + x_3 + 4x_4 - 3x_5 = 0 \\ x_1 - x_2 + 3x_3 - 2x_4 - x_5 = 0 \\ 2x_1 + x_2 + 3x_3 + 5x_4 - 5x_5 = 0 \\ 3x_1 + x_2 + 5x_3 + 6x_4 - 7x_5 = 0 \end{cases}$

3. 设含有参数 λ 的线性方程组为 $\begin{cases} \lambda x_1 + x_2 - x_3 = \lambda \\ x_1 + \lambda x_2 + x_3 = 1 \\ x_1 + x_2 - \lambda x_3 = \lambda \end{cases}$，问 λ 为何值时，方程组有唯一解？无穷多个解？无解？

4. 当 a 为何值时，线性方程组 $\begin{cases} x_1 + x_2 - x_3 = 1 \\ 2x_1 + 3x_2 + ax_3 = 3 \\ x_1 + ax_2 + 3x_3 = 2 \end{cases}$ 无解？有唯一解？有无穷多个解？在方程组有无穷多个解的情况下，求出它的一般解.

5. 求下列齐次线性方程组的一个基础解系，并求方程组的通解.

(1) $\begin{cases} x_1 + x_2 - x_3 = 0 \\ -2x_1 - x_2 + 2x_3 = 0 \\ -x_1 + x_3 = 0 \end{cases}$

(2) $\begin{cases} x_1 + 2x_2 + 4x_3 - 3x_4 = 0 \\ 2x_1 + 3x_2 + 2x_3 - x_4 = 0 \\ 4x_1 + 5x_2 - 2x_3 + 3x_4 = 0 \\ -x_1 + 3x_2 + 26x_3 - 22x_4 = 0 \end{cases}$

(3) $\begin{cases} x_1 + x_2 + x_3 + 4x_4 - 3x_5 = 0 \\ x_1 - x_2 + 3x_3 - 2x_4 - x_5 = 0 \\ 2x_1 + x_2 + 3x_3 + 5x_4 - 5x_5 = 0 \\ 3x_1 + x_2 + 5x_3 + 6x_4 - 7x_5 = 0 \end{cases}$

(4) $\begin{cases} x_1 - 5x_2 + 2x_3 - 3x_4 = 0 \\ 5x_1 + 3x_2 + 6x_3 - x_4 = 0 \\ 2x_1 + 4x_2 + 2x_3 + x_4 = 0 \end{cases}$

(5) $\begin{cases} x_1 - x_2 - x_3 - x_4 = 0 \\ 2x_1 - 2x_2 - x_3 + x_4 = 0 \\ 3x_1 - 3x_2 - 4x_3 - 6x_4 = 0 \end{cases}$

6. 判断下列线性方程组是否有解，若有解，试求其解（有无穷多个解时，求方程组的通解）.

(1) $\begin{cases} 3x_1 - 5x_2 + 5x_3 = 0 \\ 2x_1 - 3x_2 + 2x_3 = 1 \\ x_2 - 4x_3 = 8 \end{cases}$

(2) $\begin{cases} 9x_1 + 12x_2 + 3x_3 + 7x_4 = 10 \\ 6x_1 + 8x_2 + 2x_3 + 5x_4 = 7 \\ 3x_1 + 4x_2 + x_3 + 5x_4 = 6 \end{cases}$

(3) $\begin{cases} x_1 + 3x_2 + 3x_3 - 2x_4 + x_5 = 3 \\ 2x_1 + 6x_2 + x_3 - 3x_4 = 2 \\ x_1 + 3x_2 - 2x_3 - x_4 - x_5 = -1 \\ 3x_1 + 9x_2 + x_3 - 5x_4 + x_5 = 5 \end{cases}$

7. 当 t 为何值时,线性方程组 $\begin{cases} x_1 + x_2 + tx_3 = 4 \\ x_1 - x_2 + 2x_3 = -4 \\ -x_1 + tx_2 + x_3 = t^2 \end{cases}$ 有无穷多个解?求出此时方程组的通解,用其导出组的基础解系表示.

8. 求非齐次线性方程组的一个特解及通解.

(1) $\begin{cases} x_1 - 5x_2 + 2x_3 - 3x_4 = 11 \\ 5x_1 + 3x_2 + 6x_3 - x_4 = -1 \\ 2x_1 + 4x_2 + 2x_3 + x_4 = -6 \end{cases}$

(2) $\begin{cases} -x_1 - x_2 + 3x_3 + x_4 = -1 \\ 3x_1 + 3x_2 - 8x_3 - 5x_4 = 7 \\ x_1 + x_2 - 2x_3 - 3x_4 = 5 \end{cases}$

自测题四

一、单项选择题(每题 3 分,共 30 分)

1. 线性方程组 $\begin{cases} x_1 + x_2 = 1 \\ x_1 + x_2 = 0 \end{cases}$ 解的情况是(　　).

A. 有无穷多解;　　B. 只有 0 解;

C. 有唯一解;　　D. 无解.

2. 当(　　)时,线性方程组 $\boldsymbol{AX} = \boldsymbol{b}(\boldsymbol{b} \neq \boldsymbol{0})$ 有唯一解,其中 n 是未知量的个数.

A. $r(\boldsymbol{A}) = r(\overline{\boldsymbol{A}})$;　　B. $r(\boldsymbol{A}) = r(\overline{\boldsymbol{A}}) - 1$;

C. $r(\boldsymbol{A}) = r(\overline{\boldsymbol{A}}) = n$;　　D. $r(\boldsymbol{A}) = n, r(\overline{\boldsymbol{A}}) = n + 1$.

3. a_i, b_i 均为非零常数($i = 1,2,3$),且齐次线性方程组 $\begin{cases} a_1x_1 + a_2x_2 + a_3x_3 = 0 \\ b_1x_1 + b_2x_2 + b_3x_3 = 0 \end{cases}$ 的基础解系含 2 个解向量,则必有(　　).

A. $\begin{bmatrix} a_1 & a_2 \\ b_1 & b_2 \end{bmatrix} = \boldsymbol{0}$;　　B. $\begin{bmatrix} a_1 & a_2 \\ b_1 & b_2 \end{bmatrix} \neq \boldsymbol{0}$;

C. $a_i = b_i (i = 1,2,3)$;　　D. $\dfrac{a_1}{b_1} = \dfrac{a_2}{b_2} = \dfrac{a_3}{b_3}$.

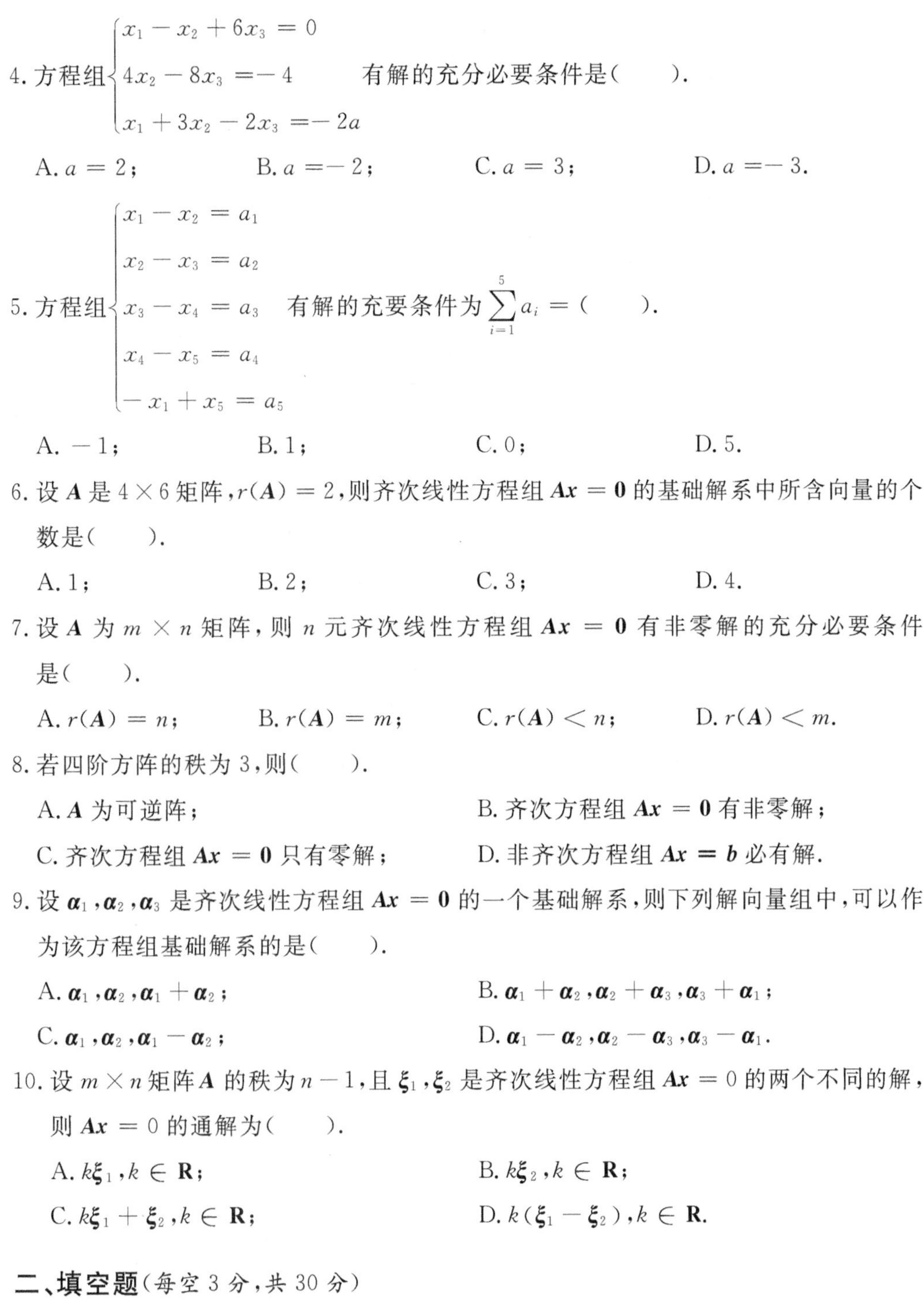

4. 方程组$\begin{cases} x_1 - x_2 + 6x_3 = 0 \\ 4x_2 - 8x_3 = -4 \\ x_1 + 3x_2 - 2x_3 = -2a \end{cases}$有解的充分必要条件是(　　).

A. $a = 2$;　　B. $a = -2$;　　C. $a = 3$;　　D. $a = -3$.

5. 方程组$\begin{cases} x_1 - x_2 = a_1 \\ x_2 - x_3 = a_2 \\ x_3 - x_4 = a_3 \\ x_4 - x_5 = a_4 \\ -x_1 + x_5 = a_5 \end{cases}$有解的充要条件为$\sum_{i=1}^{5} a_i =$(　　).

A. -1;　　B. 1;　　C. 0;　　D. 5.

6. 设$\boldsymbol{A}$是4×6矩阵,$r(\boldsymbol{A}) = 2$,则齐次线性方程组$\boldsymbol{Ax} = \boldsymbol{0}$的基础解系中所含向量的个数是(　　).

A. 1;　　B. 2;　　C. 3;　　D. 4.

7. 设$\boldsymbol{A}$为$m \times n$矩阵,则n元齐次线性方程组$\boldsymbol{Ax} = \boldsymbol{0}$有非零解的充分必要条件是(　　).

A. $r(\boldsymbol{A}) = n$;　　B. $r(\boldsymbol{A}) = m$;　　C. $r(\boldsymbol{A}) < n$;　　D. $r(\boldsymbol{A}) < m$.

8. 若四阶方阵的秩为3,则(　　).

A. $\boldsymbol{A}$为可逆阵;　　B. 齐次方程组$\boldsymbol{Ax} = \boldsymbol{0}$有非零解;

C. 齐次方程组$\boldsymbol{Ax} = \boldsymbol{0}$只有零解;　　D. 非齐次方程组$\boldsymbol{Ax} = \boldsymbol{b}$必有解.

9. 设$\boldsymbol{\alpha}_1, \boldsymbol{\alpha}_2, \boldsymbol{\alpha}_3$是齐次线性方程组$\boldsymbol{Ax} = \boldsymbol{0}$的一个基础解系,则下列解向量组中,可以作为该方程组基础解系的是(　　).

A. $\boldsymbol{\alpha}_1, \boldsymbol{\alpha}_2, \boldsymbol{\alpha}_1 + \boldsymbol{\alpha}_2$;　　B. $\boldsymbol{\alpha}_1 + \boldsymbol{\alpha}_2, \boldsymbol{\alpha}_2 + \boldsymbol{\alpha}_3, \boldsymbol{\alpha}_3 + \boldsymbol{\alpha}_1$;

C. $\boldsymbol{\alpha}_1, \boldsymbol{\alpha}_2, \boldsymbol{\alpha}_1 - \boldsymbol{\alpha}_2$;　　D. $\boldsymbol{\alpha}_1 - \boldsymbol{\alpha}_2, \boldsymbol{\alpha}_2 - \boldsymbol{\alpha}_3, \boldsymbol{\alpha}_3 - \boldsymbol{\alpha}_1$.

10. 设$m \times n$矩阵$\boldsymbol{A}$的秩为$n-1$,且$\boldsymbol{\xi}_1, \boldsymbol{\xi}_2$是齐次线性方程组$\boldsymbol{Ax} = 0$的两个不同的解,则$\boldsymbol{Ax} = 0$的通解为(　　).

A. $k\boldsymbol{\xi}_1, k \in \mathbf{R}$;　　B. $k\boldsymbol{\xi}_2, k \in \mathbf{R}$;

C. $k\boldsymbol{\xi}_1 + \boldsymbol{\xi}_2, k \in \mathbf{R}$;　　D. $k(\boldsymbol{\xi}_1 - \boldsymbol{\xi}_2), k \in \mathbf{R}$.

二、填空题(每空3分,共30分)

1. 若线性方程组的增广矩阵为$\overline{\boldsymbol{A}} = \begin{pmatrix} 1 & \lambda & 2 \\ 2 & 1 & 0 \end{pmatrix}$,则当$\lambda =$ ________ 时线性方程组无解.

2. 设线性方程组 $\boldsymbol{Ax}=\boldsymbol{b}$，且 $\overline{\boldsymbol{A}}\rightarrow\begin{pmatrix}1 & 1 & 1 & 6\\0 & -1 & 3 & 2\\0 & 0 & t+1 & 0\end{pmatrix}$，则当 $t=$ ________ 时，方程组有无穷多解.

3. 对线性方程组 $\boldsymbol{Ax}=\boldsymbol{b}$ 的增广矩阵经初等变换后化为 $(\boldsymbol{A}\,\vdots\,\boldsymbol{b})\rightarrow\begin{pmatrix}1 & 2 & 1 & -4 & 0\\0 & 1 & 2 & 1 & -2\\0 & 0 & 0 & 1 & 3\end{pmatrix}$，则方程组一般解中自由未知量的个数为________个.

4. 齐次线性方程组 $\begin{cases}x_1+x_2+x_3=0\\2x_1-x_2+3x_3=0\end{cases}$ 的基础解系所含解向量的个数为________个.

5. 已知 $\boldsymbol{x}_1=(1,0,2)^{\mathrm{T}}$，$\boldsymbol{x}_2=(3,4,5)^{\mathrm{T}}$ 是三元非齐次线性方程组 $\boldsymbol{Ax}=\boldsymbol{b}$ 的两个解向量，则对应齐次线性方程组 $\boldsymbol{Ax}=\boldsymbol{0}$ 有一个非零解 $\boldsymbol{\xi}=$ ________.

6. 设 a_1,a_2 是非齐次线性方程组 $\boldsymbol{Ax}=\boldsymbol{b}$ 的解. 则 $A(5a_2-4a_1)=$ ________.

7. 设齐次线性方程 $\boldsymbol{Ax}=\boldsymbol{0}$ 有解 $\boldsymbol{\xi}$，而非齐次线性方程且 $\boldsymbol{Ax}=\boldsymbol{b}$ 有解 $\boldsymbol{\eta}$，则 $\boldsymbol{\xi}+\boldsymbol{\eta}$ 是方程组________的解.

8. 方程组 $\begin{cases}x_1+x_2=0\\x_2+x_3=0\end{cases}$ 的基础解系为________.

9. 设 $\boldsymbol{A}=\begin{pmatrix}a_{11} & a_{12} & a_{13}\\a_{21} & a_{22} & a_{23}\\a_{31} & a_{32} & a_{33}\end{pmatrix}$ 为 3 阶非奇异矩阵，则齐次线性方程组 $\begin{cases}a_{11}x_1+a_{12}x_2+a_{13}x_3=0\\a_{21}x_1+a_{22}x_2+a_{23}x_3=0\\a_{31}x_1+a_{32}x_2+a_{33}x_3=0\end{cases}$ 的解为________.

10. 设非齐次线性方程组 $\boldsymbol{Ax}=\boldsymbol{b}$ 的增广矩阵为 $\left(\begin{array}{cccc:c}1 & 0 & 0 & 2 & 1\\0 & 1 & 0 & -1 & 2\\0 & 0 & 2 & 4 & 6\end{array}\right)$，则该方程组的通解为________.

三、解答题（每题 15 分，共 30 分）

1. 求方程组$\begin{cases} x_1 + 2x_2 + 2x_3 + x_4 = 0 \\ 2x_1 + x_2 - 2x_3 - 2x_4 = 0 \\ x_1 - x_2 - 4x_3 - 3x_4 = 0 \end{cases}$的一个基础解系.

2. 求线性方程组$\begin{cases} x_1 - x_2 - x_3 + x_4 = 0 \\ x_1 - x_2 + x_3 - 3x_4 = 1 \\ x_1 - x_2 - 2x_3 + 3x_4 = -1/2 \end{cases}$的通解.

四、讨论题（本题 10 分）

问 λ 为何值时，线性方程组$\begin{cases} x_1 + x_3 = \lambda \\ 4x_1 + x_2 + 2x_3 = \lambda + 2 \\ 6x_1 + x_2 + 4x_3 = 2\lambda + 3 \end{cases}$有解，并求出其通解.

模拟试卷

一、填空题(每空3分,共39分,在以下各小题中画有______处填上答案.)

1. 行列式$\begin{vmatrix} 2009 & 2010 \\ 2011 & 2012 \end{vmatrix}$的值为__________.

2. 设$\boldsymbol{A}=\begin{bmatrix} 1 & 2 \\ 4 & 3 \end{bmatrix}$,$\boldsymbol{B}=\begin{bmatrix} 2 & 1 \\ 2 & x \end{bmatrix}$,如果$\boldsymbol{AB}=\boldsymbol{BA}$,则$x=$__________.

3. 设$\boldsymbol{A},\boldsymbol{B},\boldsymbol{C}$为同阶方阵,且$\boldsymbol{ABC}=\boldsymbol{E}$,则$\boldsymbol{A}^{-1}=$__________.

4. 已知矩阵$\boldsymbol{A}=\begin{pmatrix} 2 & 1 \\ 0 & 3 \end{pmatrix}$,$\boldsymbol{B}=\begin{pmatrix} 1 & -1 \\ 2 & 1 \end{pmatrix}$,则$\boldsymbol{A}+\boldsymbol{B}=$__________,$\boldsymbol{B}-\boldsymbol{A}^{\mathrm{T}}=$__________,

$\boldsymbol{A}\cdot\boldsymbol{B}=$__________,$\boldsymbol{A}^{-1}=$__________.

5. 若矩阵$\boldsymbol{A}$经过若干次行初等变换得到$\begin{pmatrix} 2 & 0 & -1 & 4 & 6 \\ 0 & -4 & 5 & 7 & 2 \\ 0 & 0 & 0 & -1 & 2 \\ 0 & 0 & 0 & 0 & 0 \end{pmatrix}$,则矩阵的秩$r(\boldsymbol{A})$

$=$__________.

6. 若有线性方程组$\begin{cases} 2x_1+x_2-5x_3+x_4=8 \\ x_1-3x_2-6x_4=9 \\ 2x_2-x_3+2x_4=-5 \\ x_1+4x_2-7x_3+6x_4=0 \end{cases}$,试写出该线性方程组对应的增广矩阵

$\widetilde{\boldsymbol{A}}=\begin{pmatrix} \quad \\ \quad \end{pmatrix}$,如果该增广矩阵通过一系列行初等变换得到下列矩阵

____

$\begin{pmatrix} 1 & 0 & 0 & 0 & 3 \\ 0 & 1 & 0 & 0 & -4 \\ 0 & 0 & 1 & 0 & -1 \\ 0 & 0 & 0 & 1 & 1 \end{pmatrix}$,那么该线性方程组的解为__________.

7. 对线性方程组 $\boldsymbol{AX}=\boldsymbol{B}$ 的增广矩阵进行初等行变换，化成阶梯形矩阵

$$\begin{bmatrix}1 & 2 & 3 & 1 & 1\\ 0 & 1 & -1 & 2 & 0\\ 0 & 0 & 1 & -1 & 2\\ 0 & 0 & 0 & s & t\end{bmatrix}$$

时，则：(1) 当 $s=0,t\neq 0$ 时，方程组__________；(2) 当 $s=0$，$t=0$ 时，方程组__________；(3) 当 $s\neq 0,t\neq 0$ 时，方程组__________.（以上三个空选填：无解、有唯一解、有无穷多解）

二、单项选择题（每题 5 分，共 15 分，在以下各小题后填上选项.）

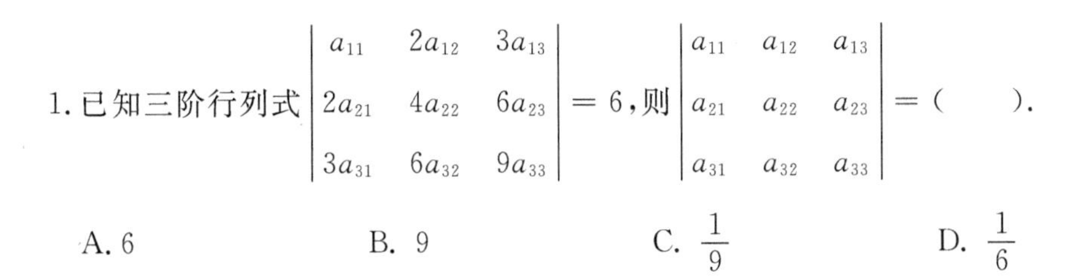

1. 已知三阶行列式 $\begin{vmatrix}a_{11} & 2a_{12} & 3a_{13}\\ 2a_{21} & 4a_{22} & 6a_{23}\\ 3a_{31} & 6a_{32} & 9a_{33}\end{vmatrix}=6$，则 $\begin{vmatrix}a_{11} & a_{12} & a_{13}\\ a_{21} & a_{22} & a_{23}\\ a_{31} & a_{32} & a_{33}\end{vmatrix}=$（　　）.

A. 6　　　B. 9　　　C. $\dfrac{1}{9}$　　　D. $\dfrac{1}{6}$

2. 设矩阵 $\boldsymbol{A}=\begin{bmatrix}1 & 2\\ 3 & 4\end{bmatrix}$，那么 $\boldsymbol{A}$ 的伴随矩阵 $\boldsymbol{A}^*$ 为（　　）.

A. $\begin{bmatrix}1 & -2\\ -3 & 4\end{bmatrix}$　　　B. $\begin{bmatrix}4 & -2\\ -3 & 1\end{bmatrix}$　　　C. $\begin{bmatrix}4 & 3\\ 2 & 1\end{bmatrix}$　　　D. $\begin{bmatrix}1 & 3\\ 2 & 4\end{bmatrix}$

3. 下列结论正确的是（　　）.

A. $\boldsymbol{A}$、$\boldsymbol{B}$ 均为方阵，则 $(\boldsymbol{AB})^2=\boldsymbol{A}^2\boldsymbol{B}^2$

B. $\boldsymbol{A}$ 为方阵且 $\boldsymbol{A}^2=\boldsymbol{0}$，则 $\boldsymbol{A}=\boldsymbol{0}$

C. $\boldsymbol{A}$、$\boldsymbol{B}$ 均为方阵，则 $(\boldsymbol{AB})^{\mathrm{T}}=\boldsymbol{A}^{\mathrm{T}}\boldsymbol{B}^{\mathrm{T}}$

D. 若 $\boldsymbol{A}^{\mathrm{T}}=A,\boldsymbol{B}^{\mathrm{T}}=\boldsymbol{B}$，则 $(\boldsymbol{AB})^{\mathrm{T}}=\boldsymbol{BA}$

4. 设 $\boldsymbol{A}$、$\boldsymbol{B}$ 均可逆，则矩阵方程 $\boldsymbol{AXB}^{-1}=\boldsymbol{CB}+\boldsymbol{C}$ 的解为（　　）.

A. $\boldsymbol{X}=A^{-1}\boldsymbol{C}(\boldsymbol{B}+\boldsymbol{E})\boldsymbol{B}$　　　B. $\boldsymbol{X}=\boldsymbol{A}^{-1}(\boldsymbol{B}+\boldsymbol{E})\boldsymbol{CB}$

C. $\boldsymbol{X}=\boldsymbol{A}^{-1}\boldsymbol{C}(\boldsymbol{B}+\boldsymbol{E})\boldsymbol{CB}$　　　D. $\boldsymbol{X}=\boldsymbol{A}(\boldsymbol{CB}+\boldsymbol{C})\boldsymbol{B}^{-1}$

5. 线性方程组 $\boldsymbol{A}_{m\times n}\boldsymbol{X}=\boldsymbol{B}$ 有解的充分必要条件是（　　）.

A. $\boldsymbol{B}=\boldsymbol{0}$　　　B. $m<n$　　　C. $m=n$　　　D. $R(\boldsymbol{A})=R(\overline{\boldsymbol{A}})$

三、是非判断题（对的打 √，错的打 ×. 每题 2 分，共 10 分）

1. 两个零矩阵一定相等.（　　）

2. 矩阵 $\boldsymbol{A}$ 可逆当且仅当 $|\boldsymbol{A}|\neq 0$.（　　）

3. $|A+B|=|A|+|B|$.（　　）

4. $A^2-B^2=(A+B)(A-B)$.（　　）

5. 若矩阵 A 存在 r 阶子式不为零，则 A 的秩为 r.（　　）

四、计算题（每题 10 分，共 20 分）（注意：答题时要有适当的运算步骤并计算出结果.）

1. 已知 $A=\begin{pmatrix}-2 & 4\\ 1 & -2\end{pmatrix}$，$B=\begin{pmatrix}2 & 4\\ -3 & -6\end{pmatrix}$ 求 AB 与 BA. 比较计算结果，你发现了什么？

2. 信息加密解密模型：在军事通信中，常将字符（信号）与数字一一对应，如

a	*b*	*c*	*d*	*e*	*f*	*g*	…	*x*	*y*	*z*
1	2	3	4	5	6	7	…	24	25	26

例如 *are* 对应一矩阵 $B=(1\quad 18\quad 5)$，但如果按这种方式传输，则很容易被敌方破译. 于是，必须采用加密，即用一个约定的加密矩阵 A 乘以原信号 B，传输信号为 $C^{\mathrm{T}}=AB^{\mathrm{T}}$，收到信号的一方再将信号还原（破译）. 如果敌方不知道加密矩阵，则很难破译. 设收到信号为 $C=(23\quad 40\quad 42)$，并已知加密矩阵为 $A=\begin{pmatrix}-1 & 0 & 1\\ 0 & 1 & 1\\ 1 & 1 & 1\end{pmatrix}$，问原信号 B 是什么？

五、专业应用题（本题 10 分）

某城市有两组单行道，构成了一个包含四个节点 A,B,C,D 的十字路口如图所示. 在交通繁忙时段的汽车从外部进出此十字路口的流量（每小时的车流数）标于图上. 现要求计算每两个节点之间路段上的交通流量 x_1,x_2,x_3,x_4（提示：在每个节点上，进入和离开的车数应该相等）.

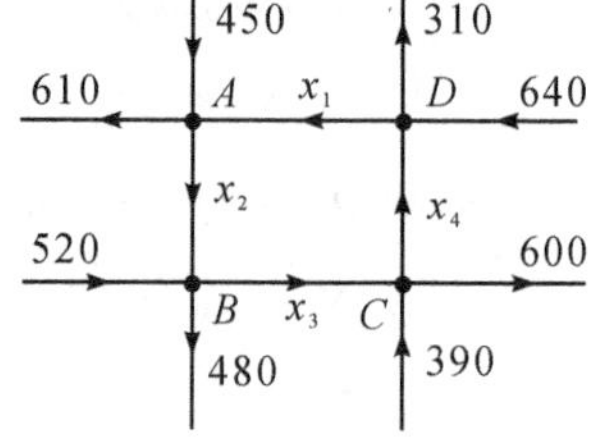

单行线交通流图

解：在每个节点上，进入和离开的车数应该相等，这就决定了四个流通的方程：

节点 A：　$x_1+450=x_2+610$

节点 B：　$x_2+520=x_3+480$

节点 C：　$x_3+390=x_4+600$

节点 D：　$x_4+640=x_1+310$

将这组方程进行整理得

$$\begin{cases} x_1 - x_2 = 160 \\ x_2 - x_3 = -40 \\ x_3 - x_4 = 210 \\ -x_1 + x_4 = -330 \end{cases}$$

试用矩阵初等变换求解上述线性方程组的通解.

六、体会题(本题 6 分)

“线性代数”课程结束了,你能否写出最能反映这门课程本质特征的几个基本概念?你能告诉我们你选它们的理由吗?

参考文献

[1] 赵树嫄.经济应用数学基础(二)—— 线性代数.4 版.北京:中国人民大学出版社,2008.

[2] 赵树嫄、胡显佑等.经济应用数学基础(二)—— 线性代数(第四版)学习参考.北京:中国人民大学出版社,2008.

[3] 吴赣昌.线性代数与概率统计(经管类).2 版.北京:中国人民大学出版社,2009.

[4] 张政修,曹成宾等.经济数学基础 —— 线性代数.2 版.北京:高等教育出版社,2003.

[5] 刘吉佑,徐诚浩.线性代数(经管类).武汉:武汉大学出版社,2006.

[6] 陈笑缘.高等数学.北京:中国财政经济出版社,2010.

[7] 顾静相.经济数学基础(下册).北京:高等教育出版社,2000.

[8] 李以渝,郑铁鹏.高等应用数学(下册).北京:北京师范大学出版社,2009.

[9] 杨茂信,陈璞华,庚镜波.线性代数.广州:华南理工大学出版社,1995.

[10] 吴赣昌.线性代数学习辅导与习题解答(理工类.高职高专版).2 版.北京:中国人民大学出版社,2010.

[11] 李秀玲,刘丽梅,张奎.应用数学 —— 线性代数.北京:中国商业出版社,2015.

[12] 黄秋和,莫京兰,宁桂英.线性代数.武汉:武汉大学出版社,2017.

[13] 宋建梅,董竹青,景滨杰.线性代数与线性规划.镇江:江苏大学出版社,2017.

参考答案

第一章　行列式

练习一(A)

1. (1) -2;(2) -1;(3) a^2-2a-8.

2. (1)0;(2) -16;(3)24.

3. (1) $x=13, y=17$;(2) $x_1=1, x_2=2, x_3=3$.

4. (1)2;(2)10;(3)3;(4) $\frac{n(n-1)}{2}$.

练习一(B)

1. (1) $ab(b-a)$;(2)0;(3) $a_{11}a_{22}a_{33}$;(4)6.

2. (1) $x_1=3, x_2=-1$;(2) $x=1, y=-1, z=1$.

3. $x=2$ 或 $x=3$.

4. (1) a_{11};(2) $b_{11}b_{22}b_{33}$;(3) -1;(4)1.

练习二(A)

1. $M_{13}=\begin{vmatrix} 4 & 1 \\ -1 & 1 \end{vmatrix}=5, M_{23}=\begin{vmatrix} 2 & -1 \\ -1 & 1 \end{vmatrix}=1, M_{33}=\begin{vmatrix} 2 & -1 \\ 4 & 1 \end{vmatrix}=6$;

$A_{13}=(-1)^{1+3}M_{13}=5, A_{23}=(-1)^{2+3}M_{23}=-1, A_{33}=(-1)^{3+3}M_{33}=6, D=-8$.

2. $A_{11}=5, A_{21}=-3, A_{31}=-7, A_{41}=-4, D=-15$.

3. (1)14 ;(2)0.

4. $f(x)=-4-4x$.

练习二(B)

1. (1)1;(2) -1.

2. $A_{31}=0, A_{32}=29$.

3. -18.

4. (1) -4;(2) $(x-1)(x^2-4)$.　**5.** 略.

练习三(A)

1. 6.　**2.** 3.　**3.** 0.　**4.** 0.　**5.** -2.　**6.** 6.

练习三(B)

1. (1)6123000;(2) $-2(x^3+y^3)$.

2. (1) -3;(2) $(x+4a)(x-a)^4$.

3. 40.　**4.** $-8m$.　**5.** 略.　**6.** $x^n+(-1)^{n+1}y^n$.

练习四(A)

1. (1) $x_1=-1, x_2=3, x_3=-1$;(2) $x_1=4, x_2=-6, x_3=4, x_4=-1$.

2. a_1, a_2, a_3 两两不相等.　**3.** $\lambda=-2$ 或 $\lambda=1$.

练习四(B)

1. (1) $x_1=x_2=x_3=0$;(2) $x=100, y=80, z=40$.

2. $\lambda=0$ 或 $\lambda=2$ 或 $\lambda=3$.

3. a,b,c 两两互不相等, $x_1=a, x_2=b, x_3=c$.

4. $a_0=3, a_1=-\dfrac{3}{2}, a_2=2, a_3=-\dfrac{1}{2}$.

5. 2,20.

复习题一

一、填空题

1. $-abc$　**2.** 2,偶　**3.** 8,偶　**4.** 正　**5.** -4　**6.** 2　**7.** -4　**8.** -1　**9.** -12,0　**10.** 2　**11.** -12　**12.** -6　**13.** -5,5　**14.** 2　**15.** 7　**16.** 2　**17.** -2,2　**18.** -6　**19.** $(-1)^n a^n$　**20.** 1　**21.** $(a-b)^n$　**22.** $k\neq 2$　**23.** 6　**24.** $n!$　**25.** $(1-x)(2-x)\cdots(n-x)$

26. -2　**27.** $\frac{1}{6}$　**28.** -4　**29.** $k=-2$　**30.** $a \neq b \neq c$

二、选择题

1. AB　**2.** CD　**3.** C　**4.** D　**5.** C　**6.** D　**7.** BC　**8.** C　**9.** B　**10.** B　**11.** D　**12.** C

三、计算题

1. (1)8　(2)18　(3)0　(4)$(b-a)(c-a)(c-b)$　(5)-24　(6)$abcd$

2. 略

3. 0,29

4. -20

5. (1)2　(2)13　(3)$\frac{n(n-1)}{2}$

6. (1)负　(2)负　(3)正

7. $k=1, l=2$

8. (1)$a=1$ 或 $a=-5$　(2)$a \neq 0$ 且 $a \neq 1$

9. (1)8　(2)160　(3)6　(4)1　(5)-31　(6)$-2(x^3+y^3)$　(7)483

10. (1)-246　(2)-799　(3)$-2(n-2)!$　(4)$n!$

(5)96　(6)$(x+n-2)(x-3)(x-4)\cdots(x-n-1)$

11. (1)$a^n+(-1)^{n+1}b^n$　(2)$a_1a_2\cdots a_n+(-1)^{n+1}b_1b_2\cdots b_n$　(3)$-2(n-2)!$

(4)$b_1b_2\cdots b_n$　(5)$[x+(n-1)a](x-a)^{n-1}$　(6)$a_2a_2\cdots a_n(1+\sum_{j=1}^{n}\frac{1}{a_j})$

12. (1)$x_1=0, x_2=2$　(2)$x_1=-1, x_2=1, x_3=-2, x_4=2$

13. (1)$\begin{cases} x_1=\frac{2}{3} \\ x_2=\frac{1}{3} \end{cases}$　(2)$\begin{cases} x_1=-1 \\ x_2=1 \end{cases}$　(3)$\begin{cases} x_1=1 \\ x_2=2 \\ x_3=3 \end{cases}$　(4)$\begin{cases} x_1=3 \\ x_2=4 \\ x_3=5 \end{cases}$　(5)$\begin{cases} x_1=-1 \\ x_2=1 \\ x_3=-1 \end{cases}$

14. 是

15. (1)$k_1=-1, k_2=4$　(2)$k_1=-1, k_2=2$　(3)$k_1=1, k_2=2, k_3=-3$　(4)$k=1$

16. (1)$k \neq -2$ 且 $k \neq 1$　(2)$k \neq 0$ 且 $k \neq 1$

17. $a=1$ 或 $b=0$

自测题一

一、选择题

1. B　**2.** A　**3.** C　**4.** A　**5.** C　**6.** B.

二、填空题

1. 3　**2.** 112　**3.** $\frac{1}{6}$　**4.** -4　**5.** 5　**6.** 0 .

三、计算题

1. 4.　**2.** $4a_1a_2a_3$.　**3.** $-30,30$.

四、应用题

1. $f(x)=-x^2+2x-3$.　**2.** 400,500,600.

五、证明题

提示: $D_n=(-1)^n \cdot \begin{vmatrix} 0 & -a_{12} & -a_{13} & \cdots \\ a_{12} & 0 & -a_{23} & \cdots \\ a_{13} & a_{23} & 0 & \cdots \\ \vdots & \vdots & & \vdots \\ a_{1n} & a_{2n} & a_{3n} & \cdots \end{vmatrix}=(-1)^n \cdot D_n^{\mathrm{T}}$,即 $D_n-(-1)^nD_n^{\mathrm{T}}=0$.

因为 $D_n^{\mathrm{T}}=D_n$,所以 $D_n-(-1)^nD_n=0$.

又因 n 为奇数,得 $D_n-(-1)^nD_n=D_n+D_n=0$,解得 $D_n=0$,故结论成立.

第二章　矩阵

练习一

1. $\begin{pmatrix} 100 & 150 & 150 & 100 \\ 200 & 260 & 240 & 220 \\ 280 & 220 & 200 & 200 \end{pmatrix}$.　**2.** 略.

练习二(A)

1. $a=1,b=7,c=0,d=2$.

2. (1) $\begin{pmatrix} -1 & 6 & 5 \\ -2 & -1 & 12 \end{pmatrix}$;(2) $\begin{pmatrix} -3 & 6 \\ 0 & -5 \end{pmatrix}$.

3. $\begin{pmatrix} -9 & 1 & 3 \\ -14 & 18 & -19 \\ -6 & 5 & -25 \end{pmatrix}$.

4. (1) $\begin{pmatrix} 35 \\ 6 \\ 49 \end{pmatrix}$；(2) $\begin{pmatrix} 10 & 4 & -1 \\ 4 & -3 & -1 \end{pmatrix}$；(3) $\begin{pmatrix} 0 & 0 & 0 \\ 0 & 0 & 0 \\ 0 & 0 & 0 \end{pmatrix}$.

5. $\boldsymbol{AB} = (0)$；$\boldsymbol{BA} = \begin{pmatrix} 2 & 3 & -1 \\ -2 & -3 & 1 \\ -2 & -3 & 1 \end{pmatrix}$.

6. $\begin{pmatrix} 0 & 0 \\ 0 & 0 \end{pmatrix}$.

7. $\begin{pmatrix} 0 & 1 \\ 2 & 0 \\ 0 & 2 \end{pmatrix}$.

8. (1) $\begin{pmatrix} 1 & 1 \\ 0 & 0 \end{pmatrix}$；(2) $\begin{pmatrix} 1 & 0 \\ 5\lambda & 1 \end{pmatrix}$；(3) $\begin{pmatrix} a^3 & 0 & 0 \\ 0 & b^3 & 0 \\ 0 & 0 & c^3 \end{pmatrix}$.

9. $\begin{pmatrix} -2 & -1 & -2 \\ 12 & 1 & 13 \\ 8 & 9 & 20 \end{pmatrix}$；270.

练习二(B)

1. $\begin{pmatrix} a & b \\ 0 & a \end{pmatrix}$.　**2.** 略.　**3.** 略.　**4.** $-m^4$.

练习三(A)

1. (1) $\begin{pmatrix} 1 & 0 \\ 0 & 1 \end{pmatrix}$；(2) $\begin{pmatrix} 1 & 0 \\ 0 & 1 \end{pmatrix}$；(3) $\begin{pmatrix} 1 & 0 & 0 \\ 0 & 1 & 0 \end{pmatrix}$；(4) $\begin{pmatrix} 1 & 0 & 0 \\ 0 & 1 & 0 \\ 0 & 0 & 0 \end{pmatrix}$.

2. $\begin{pmatrix} 1 & 0 & 5 & 0 \\ 0 & 1 & -3 & 0 \\ 0 & 0 & 0 & 1 \\ 0 & 0 & 0 & 0 \end{pmatrix}$.

练习三(B)

1. $\begin{pmatrix} 1 & 0 & 0 \\ 0 & 1 & 0 \\ 0 & 0 & 1 \end{pmatrix}$.

2. (1) $\begin{pmatrix} 1 & 7 & 1 \\ 0 & -16 & -1 \\ 0 & 0 & 0 \end{pmatrix}$；(2) $\begin{pmatrix} 1 & 2 & 3 & 1 & 5 \\ 0 & 0 & -6 & -3 & -13 \\ 0 & 0 & 0 & 0 & 0 \\ 0 & 0 & 0 & 0 & 0 \end{pmatrix}$.

练习四(A)

(1)3；(2)2；(3)3.

练习四(B)

1. (1)3；(2)3.

2. 当 $\lambda = 3$ 时，$r = 2$；当 $\lambda \neq 3$ 时，$r = 3$.

3. $a = 1, b = 2$.

练习五(A)

1. (1) $\begin{pmatrix} 1 & 0 & 0 \\ -\frac{1}{2} & \frac{1}{2} & 0 \\ 0 & -\frac{1}{3} & \frac{1}{3} \end{pmatrix}$；(2) $\begin{pmatrix} \frac{7}{6} & \frac{2}{3} & -\frac{3}{2} \\ -1 & -1 & 2 \\ -\frac{1}{2} & 0 & \frac{1}{2} \end{pmatrix}$.

2. (1) $\begin{pmatrix} \frac{3}{4} & 1 \\ \frac{5}{4} & 2 \end{pmatrix}$；(2) $\begin{pmatrix} -2 & 1 & 0 \\ -\frac{13}{2} & 3 & -\frac{1}{2} \\ -16 & 7 & -1 \end{pmatrix}$.

3. $\begin{pmatrix} 10 & 2 \\ -15 & -3 \\ 12 & 4 \end{pmatrix}$.

4. $\begin{cases} x_1 = 5 \\ x_2 = 0 \\ x_3 = 3 \end{cases}$.

练习五(B)

1. (1) $\begin{pmatrix} 1 & -4 & -3 \\ 1 & -5 & -3 \\ -1 & 6 & 4 \end{pmatrix}$;(2) $\begin{pmatrix} 1 & -2 & 1 & 0 \\ 0 & 1 & -2 & 1 \\ 0 & 0 & 1 & -2 \\ 0 & 0 & 0 & 1 \end{pmatrix}$;(3) 不可逆.

2. (1) $\begin{pmatrix} 2 & -23 \\ 0 & 8 \end{pmatrix}$;　(2) $\begin{pmatrix} 7 \\ 12 \\ -5 \end{pmatrix}$;　(3) $\begin{pmatrix} 1 & -3 & 3 \\ 0 & 1 & -2 \end{pmatrix}$;　(4) $\begin{pmatrix} 1 & 1 \\ \frac{1}{4} & 0 \end{pmatrix}$;

(5) $\frac{1}{7}\begin{pmatrix} 2 & -37 & -8 \\ -1 & -34 & -6 \\ 3 & -38 & -6 \end{pmatrix}$.

3. $\begin{cases} x_1 = 1 \\ x_2 = 0 \\ x_3 = 0 \end{cases}$.

4. $\begin{pmatrix} 0 & 1 & -1 \\ -1 & 0 & 1 \\ 1 & -1 & 0 \end{pmatrix}$.

5. $\begin{pmatrix} 2 & 0 & 1 \\ 0 & 3 & 6 \\ 1 & 6 & 2 \end{pmatrix}$.

6. 略.　**7.** 略.

复习题二

一、填空题

1. 4,3　**2.** 4,3　**3.** $\boldsymbol{B}^{\mathrm{T}}\boldsymbol{A}^{\mathrm{T}}$

4. $\begin{pmatrix} -1 \\ 9 \end{pmatrix}$

5. $\begin{pmatrix}1 & 2 & 3\\1 & 2 & 3\\1 & 2 & 3\end{pmatrix}$

6. $\begin{pmatrix}1 & -1 & 0 & 2\\2 & -2 & 0 & 4\\3 & -3 & 0 & 6\end{pmatrix}$

7. -4 **8.** $2,-4$ **9.** $\frac{1}{2}$

10. $\begin{pmatrix}1 & 2\lambda\\0 & 1\end{pmatrix}$

11. $\begin{pmatrix}0 & 0\\0 & 0\end{pmatrix}$ **12.** 3 **13.** 2,2 **14.** 3 **15.** 6 **16.** $\frac{9}{64}$

17. 2,162 **18.** $-\frac{1}{2}$ **19.** $\frac{1}{125}$ **20.** $\frac{1}{9}$ **21.** $\begin{pmatrix}4 & -2\\-3 & 1\end{pmatrix}$

22. $\begin{pmatrix}8 & -6\\-7 & 5\end{pmatrix}$

23. $\begin{pmatrix}3 & -6 & 2\\-3 & 10 & -4\\1 & -4 & 2\end{pmatrix}$

24. $|\boldsymbol{A}|\neq 0$

25. $3,-6$

26. $\begin{pmatrix}1 & 0 & 0\\0 & \frac{1}{2} & 0\\0 & 0 & \frac{1}{3}\end{pmatrix}$

27. $\begin{pmatrix}0 & 1 & 0 & 0\\1 & 0 & 0 & 0\\0 & 0 & 2 & -1\\0 & 0 & -1 & 1\end{pmatrix}$

28. $-3,2,-1$ **29.** 16,4000

二、选择题

1. B **2.** D **3.** B **4.** C **5.** B **6.** C **7.** B **8.** C **9.** A **10.** D **11.** B **12.** D

三、计算题

1. (1)$\begin{pmatrix}-1&6&5\\-2&-1&12\end{pmatrix}$ (2)$\begin{pmatrix}12&20\\-11&19\\8&-26\end{pmatrix}$ (3)$\begin{pmatrix}4&22\\3&-6\\-5&12\end{pmatrix}$

2. (1)$\begin{pmatrix}-12&-17&13\\-19&18&8\end{pmatrix}$ (2)$\begin{pmatrix}2&3&-\frac{5}{2}\\4&-\frac{7}{2}&-2\end{pmatrix}$

3. (1)$\begin{pmatrix}1&-8&-3\\-3&-2&-7\\-1&-8&-9\\-5&-2&-13\end{pmatrix}$ (2)$\begin{pmatrix}3&1&1&-1\\-4&0&-4&0\\-1&-3&-3&-5\end{pmatrix}$ (3)$\begin{pmatrix}\frac{10}{3}&\frac{10}{3}&2&2\\0&\frac{4}{3}&0&\frac{4}{3}\\\frac{2}{3}&\frac{2}{3}&2&2\end{pmatrix}$

4. (1)$\begin{pmatrix}5&2\\7&0\end{pmatrix}$ (2)$\begin{pmatrix}10&4&-1\\4&-3&-1\end{pmatrix}$ (3)$\begin{pmatrix}7&-2&11\\8&-9&-3\\-2&12&8\end{pmatrix}$

5. (1)$\begin{pmatrix}-19&-9\\-1&-7\end{pmatrix}$ (2)$\begin{pmatrix}34&2&2\\2&20&-6\\2&-6&2\end{pmatrix}$ (3)$\begin{pmatrix}-6&-3\\5&-2\end{pmatrix}$

6. (1)$\begin{pmatrix}-1&5&2\\1&-3&4\\0&11&-2\end{pmatrix}$ (2)$\begin{pmatrix}0&0&2\\5&-5&9\\8&-1&0\end{pmatrix}$.

7. $\begin{pmatrix}3&4&3\\4&3&7\\10&13&9\end{pmatrix}$

8. $\begin{pmatrix}1&3&5\\-1&0&1\end{pmatrix}$

9. 略

10. $x=-4, y=1, z=-1, w=2$

11. (1)$\begin{pmatrix}1&0&0\\2&1&0\\3&2&1\end{pmatrix}$ (2)$\begin{pmatrix}a^2&0&0\\0&b^2&0\\0&0&c^2\end{pmatrix}$ (3)$\begin{pmatrix}0&0&0\\0&0&0\\0&0&0\end{pmatrix}$ (4)$\begin{pmatrix}a^n&&\\&b^n&\\&&c^n\end{pmatrix}$ (5)$\begin{pmatrix}1&&&\\&1&&\\&&1&\\&&&1\end{pmatrix}$

12. $-3,16,-48,13,-81,-3$

13. $A^* = \begin{pmatrix} 1 & -1 & 3 \\ 2 & 7 & -3 \\ -1 & 10 & -3 \end{pmatrix}$

14. (1) $-\frac{1}{24}$　(2) -6　(3) $-\frac{1}{6}$　(4) $-\frac{1}{6}$　(5) $(-3)^4 \cdot (-2)^3$

15. (1)32　(2) $\begin{pmatrix} 1 & \frac{3}{2} & 0 & 0 \\ 0 & \frac{1}{2} & 0 & 0 \\ 0 & 0 & 3 & -2 \\ 0 & 0 & -1 & 1 \end{pmatrix}$　(3) $\begin{pmatrix} 1 & 21 & 0 & 0 \\ 0 & 8 & 0 & 0 \\ 0 & 0 & 11 & 30 \\ 0 & 0 & 15 & 41 \end{pmatrix}$

16. (1) $\begin{pmatrix} 1 & 0 \\ 0 & 0 \end{pmatrix}$　(2) $\begin{pmatrix} 1 & 0 & 0 \\ 0 & 1 & 0 \\ 0 & 0 & 1 \end{pmatrix}$　(3) $\begin{pmatrix} 1 & 0 & 0 & 0 \\ 0 & 1 & 0 & 0 \\ 0 & 0 & 0 & 0 \end{pmatrix}$　(4) $\begin{pmatrix} 1 & 0 & 0 & 0 & 0 \\ 0 & 1 & 0 & 0 & 0 \\ 0 & 0 & 1 & 0 & 0 \end{pmatrix}$

17. 略

18. 略

19. (1)2　(2)1　(3)2　(4)2　(5)3　(6)4　(7)3　(8)3　(9)3　(10)3　(11)4　(12)5

20. $k=9$

21. $k=3$

22. $\begin{cases} x=0 \\ y=2 \end{cases}$

23. (1) $\frac{1}{ad-bc}\begin{pmatrix} d & -b \\ -c & a \end{pmatrix}$　(2) $\begin{pmatrix} 3 & 9 & 4 \\ -2 & -5 & -2 \\ -2 & -7 & -3 \end{pmatrix}$　(3) $\begin{pmatrix} -2 & 1 & 1 \\ -6 & 1 & 4 \\ 5 & -1 & -3 \end{pmatrix}$

(4) $\begin{pmatrix} -\frac{5}{2} & 1 & -\frac{1}{2} \\ 5 & -1 & 1 \\ \frac{7}{2} & -1 & \frac{1}{2} \end{pmatrix}$　(5) $\frac{1}{58}\begin{pmatrix} 12 & -6 & 14 \\ 19 & 5 & -2 \\ -8 & 4 & 10 \end{pmatrix}$

24. (1) $\frac{1}{7}\begin{pmatrix} 13 & 2 \\ 10 & -13 \\ 18 & -1 \end{pmatrix}$　(2) $\begin{pmatrix} 1 & 1 \\ 3 & 2 \\ -1 & -\frac{1}{2} \end{pmatrix}$　(3) $\begin{pmatrix} 4 & 6 \\ -5 & -5 \\ 7 & 8 \end{pmatrix}$

(4) $\frac{1}{7}\begin{pmatrix} 1 & 20 & 1 \\ -8 & 57 & 20 \end{pmatrix}$ (5) $\begin{pmatrix} -\frac{5}{2} & -4 & -\frac{7}{2} \\ -1 & -2 & -2 \end{pmatrix}$ (6) $\begin{pmatrix} \frac{2}{3} & \frac{1}{3} \\ \frac{1}{3} & \frac{1}{6} \end{pmatrix}$

25. $\begin{pmatrix} 3 & -1 \\ 2 & 0 \\ 1 & -1 \end{pmatrix}$

26. $\begin{pmatrix} 3 & -8 & -6 \\ 2 & -9 & -6 \\ -2 & 12 & 9 \end{pmatrix}$

27. $\begin{pmatrix} c_1 & c_2 \\ 0 & c_1 \end{pmatrix}$

28. $\begin{cases} x_1 = 1 \\ x_2 = 3 \\ x_3 = 2 \end{cases}$

29. $\begin{cases} x_1 = -3 \\ x_2 = 1 \\ x_3 = -3 \end{cases}$

30. (1) $\begin{pmatrix} 1 & 0 & 0 \\ -\frac{1}{2} & \frac{1}{2} & 0 \\ 0 & -\frac{1}{3} & \frac{1}{3} \end{pmatrix}$ (2) $\begin{pmatrix} 2 & -1 & 1 \\ 4 & -2 & 1 \\ -\frac{3}{2} & 1 & -\frac{1}{2} \end{pmatrix}$ (3) $\begin{pmatrix} 1 & 3 & -2 \\ -\frac{3}{2} & -3 & \frac{5}{2} \\ 1 & 1 & -1 \end{pmatrix}$

(4) $\begin{pmatrix} 1 & -\frac{1}{2} & \frac{1}{2} \\ 1 & -\frac{1}{2} & -\frac{1}{2} \\ -2 & \frac{3}{2} & -\frac{1}{2} \end{pmatrix}$ (5) $\begin{pmatrix} 1 & -3 & -2 \\ 1 & -5 & -3 \\ -1 & 6 & 4 \end{pmatrix}$ (6) $\begin{pmatrix} 2 & -1 & 1 \\ -7 & 5 & -3 \\ -3 & 2 & -1 \end{pmatrix}$

(7) $\begin{pmatrix} a_1^{-1} & & & \\ & a_2^{-1} & & \\ & & \ddots & \\ & & & a_n^{-1} \end{pmatrix}$ (8) $\begin{pmatrix} 1 & -2 & 1 & 0 \\ 0 & 1 & -2 & 1 \\ 0 & 0 & 1 & -2 \\ 0 & 0 & 0 & 1 \end{pmatrix}$ (9) $\begin{pmatrix} 1 & 1 & -1 & 0 & 1 \\ 0 & 1 & 1 & -1 & 0 \\ 0 & 0 & 1 & 1 & -1 \\ 0 & 0 & 0 & 1 & 1 \\ 0 & 0 & 0 & 0 & 1 \end{pmatrix}$

自测题二

一、选择题

1. C **2.** B **3.** C **4.** A **5.** D **6.** A **7.** D **8.** A **9.** B **10.** C.

二、填空题

1. $\frac{1}{9},\frac{4}{9}$. **2.** $\begin{pmatrix} 0 & 6 & -3 \\ 5 & -1 & 8 \end{pmatrix}$. **3.** 5×4 **4.** 二、二、14.

5. -72. **6.** 1. **7.** $\begin{pmatrix} 1 & 0 & 0 \\ 0 & \frac{1}{2} & 0 \\ 0 & 0 & \frac{1}{3} \end{pmatrix}$. **8.** $\begin{pmatrix} 0 & 0 \\ 2 & 2 \end{pmatrix}$.

9. $\boldsymbol{A}^{-1}\boldsymbol{C}\boldsymbol{B}^{-1}$. **10.** 2.

三、计算题

1. $\begin{pmatrix} 1 & 2 \\ 0 & 0 \end{pmatrix}$.

2. $\boldsymbol{AB}=(22)$；$\boldsymbol{BA}=\begin{pmatrix} 2 & 0 & 6 & 10 \\ -1 & 0 & -3 & -5 \\ 0 & 0 & 0 & 0 \\ 4 & 0 & 12 & 20 \end{pmatrix}$.

3. $\begin{pmatrix} -4 & -3 & 1 \\ -5 & -3 & 1 \\ 6 & 4 & -1 \end{pmatrix}$. **4.** $\begin{pmatrix} 3 & 1 \\ 5 & 2 \\ -2 & 0 \end{pmatrix}$. **5.** $r(\boldsymbol{A})=2$.

第三章　向量

练习一(A)

1. $\boldsymbol{\alpha}-\boldsymbol{\beta}=(1,0,-1,0)^{\mathrm{T}}$，$\boldsymbol{\alpha}+2\boldsymbol{\beta}+3\boldsymbol{\gamma}=(1,3,5,3)^{\mathrm{T}}$.

2. $\boldsymbol{\beta}=\boldsymbol{\varepsilon}_1+2\boldsymbol{\varepsilon}_2-\boldsymbol{\varepsilon}_3+3\boldsymbol{\varepsilon}_4$. **3.** $a=-1$.

练习一(B)

1. $\boldsymbol{\gamma}=(1,3,2,-5)^{\mathrm{T}}$.

2. $\boldsymbol{\beta}=-11\boldsymbol{\alpha}_1+14\boldsymbol{\alpha}_2+9\boldsymbol{\alpha}_3$.

3. (1) 当 $b\neq 2$ 时,β 不能由 $\boldsymbol{\alpha}_1,\boldsymbol{\alpha}_2,\boldsymbol{\alpha}_3$ 线性表示.

(2) 当 $b=2a\neq 1$ 时,$\boldsymbol{\beta}$ 能由 $\boldsymbol{\alpha}_1,\boldsymbol{\alpha}_2,\boldsymbol{\alpha}_3$ 唯一的线性表示,表达式为 $\boldsymbol{\beta}=-\boldsymbol{\alpha}_1+2\boldsymbol{\alpha}_2$;

当 $b=2a=1$ 时,$\boldsymbol{\beta}$ 能由 $\boldsymbol{\alpha}_1,\boldsymbol{\alpha}_2,\boldsymbol{\alpha}_3$ 线性表示,表达式不唯一,为 $\boldsymbol{\beta}=-(2k+1)\boldsymbol{\alpha}_1+(k+2)\boldsymbol{\alpha}_2+k\boldsymbol{\alpha}_3$,其中 k 为任意常数.

练习二(A)

1. (1) 正确;(2) 不正确;(3) 正确;(4) 不正确;(5) 正确.

2. $a=2$ 或 $a=-1$ 时线性相关,$a\neq 2$ 且 $a\neq -1$ 时线性无关.

3. (1)$\boldsymbol{\alpha}_1,\boldsymbol{\alpha}_2,\boldsymbol{\alpha}_3$ 线性相关;(2)$\boldsymbol{\alpha}_1,\boldsymbol{\alpha}_2,\boldsymbol{\alpha}_3$ 线性无关;(3)$\boldsymbol{\alpha}_1,\boldsymbol{\alpha}_2,\boldsymbol{\alpha}_3,\boldsymbol{\alpha}_4$ 线性无关.

练习二(B)

1. (略). **2.** $k=2$. **3.** $\boldsymbol{\beta}=-\dfrac{k_1}{k_1+k_2}\boldsymbol{\alpha}_1-\dfrac{k_2}{k_1+k_2}\boldsymbol{\alpha}_2,k_1,k_2\in\mathbf{R},k_1+k_2\neq 0$.

练习三(A)

1. (1);(2) 正确.;(3) 正确;(4) 正确;(5) 不正确;(6) 正确.

2. $t=3$. **3.** 向量组 $\boldsymbol{\alpha}_1,\boldsymbol{\alpha}_2,\boldsymbol{\alpha}_3$ 的秩为 2.

4. 向量组 $\boldsymbol{\alpha}_1,\boldsymbol{\alpha}_2,\boldsymbol{\alpha}_3,\boldsymbol{\alpha}_4$ 的秩为 3,$\boldsymbol{\alpha}_1,\boldsymbol{\alpha}_2,\boldsymbol{\alpha}_3$ 是其中的一个极大无关组.

练习三(B)

1. (1)$\boldsymbol{\alpha}_1^{\mathrm{T}},\boldsymbol{\alpha}_2^{\mathrm{T}}$ 是向量组的极大无关组,$\boldsymbol{\alpha}_3^{\mathrm{T}}=-\dfrac{11}{9}\boldsymbol{\alpha}_1^{\mathrm{T}}+\dfrac{5}{9}\boldsymbol{\alpha}_2^{\mathrm{T}}$;

(2)$\boldsymbol{\alpha}_1,\boldsymbol{\alpha}_2$ 是向量组的一个极大无关组,$\boldsymbol{\alpha}_3=\dfrac{4}{3}\boldsymbol{\alpha}_1-\dfrac{1}{3}\boldsymbol{\alpha}_2,\boldsymbol{\alpha}_4=\dfrac{13}{3}\boldsymbol{\alpha}_1+\dfrac{2}{3}\boldsymbol{\alpha}_2$.

2. (1) 第 1 列和第 3 列向量是矩阵的列向量组的一个极大无关组;

(2) 第 1、2、3 列构成一个极大无关组;

(3) 第 1、2、3 列构成一个极大无关组.

3. $a=2,b=5$.

复习题三

一、填空题

1. (3,8,7)　**2.** (−4,−3,−10,−5)　**3.** 3　**4.** 2,≠2　**5.** $a=2b$　**6.** 1,1,−1　**7.** 2

二、计算题

1. (1)(5,4,2,1)　(2)$(-\frac{5}{2},1,\frac{7}{2},-8)$

2. $a=\frac{1}{2},b=-\frac{9}{2}$

3. $(-\frac{3}{2},-3,-\frac{9}{2},-6)$

4. $\boldsymbol{\alpha}=(-1,-15,-13,-10)^T$

5. $k=2$

6. (1)$\boldsymbol{\beta}=-11\boldsymbol{\alpha}_1+14\boldsymbol{\alpha}_2+9\boldsymbol{\alpha}_3$

(2)$\boldsymbol{\beta}=\frac{3}{2}\boldsymbol{\alpha}_1+0\boldsymbol{\alpha}_2-\frac{1}{2}\boldsymbol{\alpha}_3$

(3)$\boldsymbol{\beta}=2\boldsymbol{\alpha}_1+\boldsymbol{\alpha}_2+\boldsymbol{\alpha}_3$

(4)$\boldsymbol{\beta}$不能由$\boldsymbol{\alpha}_1,\boldsymbol{\alpha}_2,\boldsymbol{\alpha}_3$线性表示

(5)有无穷多种表示法,其中一种为:$\boldsymbol{\beta}=\boldsymbol{\alpha}_3-\boldsymbol{\alpha}_1-\boldsymbol{\alpha}_2$

(6)有无穷多种表示法,其中一种为:$\boldsymbol{\beta}=\frac{1}{2}\boldsymbol{\alpha}_1+\frac{1}{2}\boldsymbol{\alpha}_2+0\boldsymbol{\alpha}_3$

7. $\boldsymbol{\beta}=2\boldsymbol{\alpha}_1-\boldsymbol{\alpha}_2+0\boldsymbol{\alpha}_3$

8. (1)线性相关　(2)线性相关　(3)线性无关　(4)线性相关　(5)线性无关

9. $t=-3$时线性相关,$t\neq-3$时线性无关

10. (极大无关组不唯一,此答案给出其中一种结果)

(1)极大无关组为$\boldsymbol{\alpha}_1,\boldsymbol{\alpha}_2$时,$\boldsymbol{\alpha}_3=2\boldsymbol{\alpha}_1-2\boldsymbol{\alpha}_2$.

(2)极大无关组为$\boldsymbol{\alpha}_1,\boldsymbol{\alpha}_2,\boldsymbol{\alpha}_4$时,$\boldsymbol{\alpha}_3=\boldsymbol{\alpha}_1+\boldsymbol{\alpha}_2+0\boldsymbol{\alpha}_4$

(3)极大无关组为$\boldsymbol{\alpha}_1,\boldsymbol{\alpha}_2,\boldsymbol{\alpha}_3$时,$\boldsymbol{\alpha}_4=-3\boldsymbol{\alpha}_1+\boldsymbol{\alpha}_2+\boldsymbol{\alpha}_3$.

(4)极大无关组为$\boldsymbol{\alpha}_1,\boldsymbol{\alpha}_2,\boldsymbol{\alpha}_3$时,$\boldsymbol{\alpha}_4=\boldsymbol{\alpha}_1+3\boldsymbol{\alpha}_2-\boldsymbol{\alpha}_3,\boldsymbol{\alpha}_5=-\boldsymbol{\alpha}_2+\boldsymbol{\alpha}_3$.

(5)极大无关组为$\boldsymbol{\alpha}_1,\boldsymbol{\alpha}_2,\boldsymbol{\alpha}_3$时,$\boldsymbol{\alpha}_4=-3\boldsymbol{\alpha}_1+5\boldsymbol{\alpha}_2-\boldsymbol{\alpha}_3$.

(6)极大无关组为$\boldsymbol{\alpha}_1,\boldsymbol{\alpha}_2,\boldsymbol{\alpha}_3$时,$\boldsymbol{\alpha}_4=16\boldsymbol{\alpha}_1-\boldsymbol{\alpha}_2-10\boldsymbol{\alpha}_3,\boldsymbol{\alpha}_5=\frac{27}{4}\boldsymbol{\alpha}_1-\frac{7}{4}\boldsymbol{\alpha}_2-\frac{9}{4}\boldsymbol{\alpha}_3$.

(7)极大无关组为$\boldsymbol{\alpha}_1,\boldsymbol{\alpha}_2,\boldsymbol{\alpha}_3$时,$\boldsymbol{\alpha}_4=3\boldsymbol{\alpha}_1+\boldsymbol{\alpha}_2+0\boldsymbol{\alpha}_3$.

(8)极大无关组为$\boldsymbol{\alpha}_1,\boldsymbol{\alpha}_2,\boldsymbol{\alpha}_4$时,$\boldsymbol{\alpha}_3=3\boldsymbol{\alpha}_1+\boldsymbol{\alpha}_2$, $\boldsymbol{\alpha}_5=\boldsymbol{\alpha}_1+\boldsymbol{\alpha}_2+\boldsymbol{\alpha}_4$

(9) 极大无关组为 $\boldsymbol{\alpha}_1,\boldsymbol{\alpha}_2$ 时,$\boldsymbol{\alpha}_3=2\boldsymbol{\alpha}_1-\boldsymbol{\alpha}_2$, $\boldsymbol{\alpha}_4=\boldsymbol{\alpha}_1+3\boldsymbol{\alpha}_2$,$\boldsymbol{\alpha}_5=2\boldsymbol{\alpha}_1+\boldsymbol{\alpha}_2$

11. (1)$t\neq5$　(2)$t=5$　(3)$\boldsymbol{\alpha}_3=-\boldsymbol{\alpha}_1+2\boldsymbol{\alpha}_2$

自测题三

一、选择题

1. B　**2.** C　**3.** D　**4.** B　**5.** D　**6.** D.

二、填空题

1. (19,10,1,1).　**2.** (3,0,2).　**3.** $3\boldsymbol{\varepsilon}_1-2\boldsymbol{\varepsilon}_2+\boldsymbol{\varepsilon}_3$.

4. 2.　**5.** $-11\boldsymbol{\alpha}_1+14\boldsymbol{\alpha}_2+9\boldsymbol{\alpha}_3$.　**6.** 3.

三、计算题

1. $(-7,4,7,2)^{\mathrm{T}}$.

2. (1) 当 $t=5$ 时,向量组 $\boldsymbol{\alpha}_1,\boldsymbol{\alpha}_2,\boldsymbol{\alpha}_3$ 线性相关;

(2) 当 $t\neq5$ 时,向量组 $\boldsymbol{\alpha}_1,\boldsymbol{\alpha}_2,\boldsymbol{\alpha}_3$ 线性无关;

(3)$\boldsymbol{\alpha}_3=-\boldsymbol{\alpha}_1+2\boldsymbol{\alpha}_2$.

3. $\boldsymbol{\beta}_3=(2,2,2)^{\mathrm{T}}$.

4. (1)$\boldsymbol{\alpha}_1,\boldsymbol{\alpha}_2$ 为一个极大无关组,$\boldsymbol{\alpha}_3=\dfrac{3}{2}\boldsymbol{\alpha}_1-\dfrac{7}{2}\boldsymbol{\alpha}_2$,$\boldsymbol{\alpha}_4=\boldsymbol{\alpha}_1+2\boldsymbol{\alpha}_2$;

(2)$\boldsymbol{\alpha}_1,\boldsymbol{\alpha}_2$ 为一个极大无关组,$\boldsymbol{\alpha}_3=2\boldsymbol{\alpha}_1-\boldsymbol{\alpha}_2$,$\boldsymbol{\alpha}_4=\boldsymbol{\alpha}_1+3\boldsymbol{\alpha}_2$.

四、证明题

1. 证明(略).　**2.** 证明(略).

第四章　线性方程组

练习一(A)

1. 有解,解不唯一,有无穷多解.　**2.** 无解.　**3.** 无穷多解.

练习一(B)

1. 提示:利用定理 2 说明,即观察系数矩阵的秩与增广矩阵的秩的关系.

2. (1) 当 $a\neq1$ 时,方程有唯一解;

(2) 当 $a=1,b\neq-1$ 时,方程组无解;

(3) 当 $a=1,b=-1$ 时,方程组有无穷多组解.

练习二(A)

1. (1)C;(2)B.

2. (1)$\boldsymbol{x}=c_1\left(-\frac{3}{2}\quad\frac{1}{2}\quad 1\quad 0\right)^{\mathrm{T}}+c_2\left(-\frac{1}{2}\quad\frac{1}{2}\quad 0\quad 1\right)^{\mathrm{T}}$,其中 c_1,c_2 为任意常数;

(2)$\boldsymbol{x}=c(-3\quad 7)^{\mathrm{T}}$,其中 c 为任意常数.

练习二(B)

1. 基础解系为:$\boldsymbol{\eta}_1=(-1,1,0,0,0)^{\mathrm{T}}$,$\boldsymbol{\eta}_2=(0,0,1,0,1)^{\mathrm{T}}$;原方程组的通解为:$\boldsymbol{x}=c_1(-1,1,0,0,0)^{\mathrm{T}}+c_2(0,0,1,0,1)^{\mathrm{T}}$,其中 c_1,c_2 为任意常数.

2. (1)$a=-2$ 或 $a=1$ 时方程组有非零解;

(2)$a=-2$ 时,基础解系为 $\boldsymbol{v}_1=\begin{pmatrix}1\\1\\1\end{pmatrix}$,全部解为 $x=k\begin{pmatrix}-3\\1\\12\end{pmatrix}$,$k\in\mathbf{R}$;

$a=1$ 时,基础解系为 $\boldsymbol{v}_1=\begin{pmatrix}1\\-1\\0\end{pmatrix}$,$\boldsymbol{v}_2=\begin{pmatrix}1\\0\\-1\end{pmatrix}$,

全部解为 $\boldsymbol{x}=k_1\begin{pmatrix}1\\-1\\0\end{pmatrix}+k_2\begin{pmatrix}1\\0\\-1\end{pmatrix}$,$k_1,k_2\in\mathbf{R}$.

练习三(A)

1. $\begin{bmatrix}x_1\\x_2\\x_3\\x_4\end{bmatrix}=\begin{bmatrix}\frac{12}{5}\\\frac{6}{5}\\0\\0\end{bmatrix}+c_1\begin{bmatrix}-\frac{7}{5}\\\frac{4}{5}\\1\\0\end{bmatrix}+c_2\begin{bmatrix}1\\0\\0\\1\end{bmatrix}$,其中 c_1,c_2 为任意常数.

2. 当 $a=-1,b=0$ 时,方程组有无穷多解,且解为 $\begin{bmatrix}x_1\\x_2\\x_3\\x_4\end{bmatrix}=\begin{bmatrix}0\\1\\0\\0\end{bmatrix}+c_1\begin{bmatrix}-2\\1\\1\\0\end{bmatrix}+c_2\begin{bmatrix}1\\-2\\0\\1\end{bmatrix}$,其中 c_1,c_2 为任意常数.

练习三(B)

1. $\boldsymbol{x}=\begin{pmatrix}\frac{5}{4} & -\frac{1}{4} & 0 & 0\end{pmatrix}^{\mathrm{T}}+k\begin{pmatrix}\frac{3}{2} & \frac{3}{2} & 1 & 0\end{pmatrix}^{\mathrm{T}},k\in\mathbf{R}.$

2. 提示：方程组 $\boldsymbol{Ax}=\boldsymbol{b}$ 的导出组的基础解系含 $4-3=1$ 个解向量，于是导出组的任何一个非零解都可作为其基础解系. 则 $\boldsymbol{\eta}_1-\frac{1}{2}(\boldsymbol{\eta}_2+\boldsymbol{\eta}_3)=\begin{pmatrix}1\\-7\\-3\\2\end{pmatrix}$ 是导出组的非零解，可作为其基础解系；

方程组 $\boldsymbol{Ax}=\boldsymbol{b}$ 的通解为 $\boldsymbol{x}=\begin{pmatrix}3\\-4\\1\\2\end{pmatrix}+C\begin{pmatrix}1\\-7\\-3\\2\end{pmatrix}$，$C$ 为任意常数.

3. $\boldsymbol{x}=\boldsymbol{\eta}_1+c_1(\boldsymbol{\eta}_3-\boldsymbol{\eta}_1)+c_2(\boldsymbol{\eta}_2-\boldsymbol{\eta}_1).$

练习四(A)

解答：(略)

练习四(B)

建在甲处；$\frac{1}{2}$，$\frac{1}{6}$.

提示：游船检修站应建立在拥有船只最多的那个出租点. 但由于租船与还船的随机性，故只需确定经过长时间的经营后拥有船只最多的那个出租点. 若以 x_1,x_2,x_3 分别表示甲、乙、丙处经过长时间的经营后拥有的船只数，其一般解为 $\begin{pmatrix}x_1\\x_2\\x_3\end{pmatrix}=c\begin{pmatrix}\frac{3}{2}\\\frac{1}{2}\\1\end{pmatrix}$，$c\in\mathbf{R}$.

复习题四

一、填空题

1. $\boldsymbol{X}=(2,3,1)^{\mathrm{T}}$　2. $n,m<n$　3. $\lambda\neq-1$ 且 $\lambda\neq4$　4. $\lambda=-1$ 或 $\lambda=5$

5. $\boldsymbol{X}=c\begin{pmatrix}-1\\0\\0\end{pmatrix}+\begin{pmatrix}1\\0\\2\end{pmatrix}$（$c$ 为任意常数）

6. 3,3　**7.** $r(\boldsymbol{A})<5$　**8.** 2　**9.** $\lambda=2,\lambda\neq 2$

二、计算题（以下 c,c_1,c_2,c_3 为任意常数）

1. (1)$\begin{cases}x_1=1\\x_2=2\\x_3=1\end{cases}$　(2)$\begin{cases}x_1=\frac{10}{7}\\x_2=-\frac{1}{7}\\x_3=-\frac{2}{7}\end{cases}$　(3) 方程组无解　(4)$\begin{cases}x_1=-2c-1\\x_2=c+2\\x_3=c\end{cases}$

(5)$\begin{cases}x_1=-\frac{13}{7}c\\x_2=0\\x_3=\frac{4}{7}c\\x_4=c\end{cases}$　(6) 方程组无解　(7)$\begin{cases}x_1=-2c_1-c_2\\x_2=3c_1-2c_2\\x_3=c_1\\x_4=c_2\end{cases}$　(8)$\begin{cases}x_1=3-2c_1+c_2\\x_2=c_1\\x_3=1\\x_4=c_2\end{cases}$

(9) 方程组无解　(10)$\begin{cases}x_1=1-2c_1\\x_2=2-6c_1-2c_2\\x_3=4-7c_1-5c_2\\x_4=c_1\\x_5=c_2\end{cases}$　(11)$\begin{cases}x_1=2c_1+\frac{2}{7}c_2\\x_2=c_1\\x_3=-\frac{5}{7}c_2\\x_4=c_2\end{cases}$

2. (1)$r(\widetilde{\boldsymbol{A}})=r(\boldsymbol{A})=3$，$\begin{cases}x_1=-5\\x_2=6\\x_3=2\end{cases}$　(2)$r(\widetilde{\boldsymbol{A}})=r(\boldsymbol{A})=2$，$\begin{cases}x_1=-5-2c_1-7c_2\\x_2=3+c_1+2c_2\\x_3=c_1\\x_4=c_2\end{cases}$

(3)$r(\widetilde{\boldsymbol{A}})=r(\boldsymbol{A})=2$，$\begin{cases}x_1=\frac{1}{2}+c_1\\x_2=c_1\\x_3=\frac{1}{2}+c_2\\x_4=c_2\end{cases}$　(4)$r(\widetilde{\boldsymbol{A}})=3\neq r(\boldsymbol{A})=2$，无解

(5)$r(\mathbf{A})=2$,$\begin{cases}x_1=c_3\\x_2=c_1+c_2-5c_3\\x_3=c_1\\x_4=c_2\\x_5=3c_3\end{cases}$　(6)$r(\mathbf{A})=2$,$\begin{cases}x_1=-2c_1-c_2+2c_3\\x_2=c_1-3c_2+c_3\\x_3=c_1\\x_4=c_2\\x_5=c_3\end{cases}$

3. 当$\lambda\neq 0$且$\lambda\neq\pm 1$时方程组有唯一解;当$\lambda=0$时方程组无解;当$\lambda=1$或$\lambda=-1$时方程组有无穷多个解.

4. 当$a=-3$时,方程组无解;当$a\neq 2$且$a\neq -3$时,方程组有唯一解;当$a=2$时,方程组有无穷多个解,其一般解为$\begin{cases}x_1=5c\\x_2=1-4c\\x_3=c\end{cases}$,($c$为任意常数)

5. (1)$\boldsymbol{\eta}=\begin{pmatrix}1\\0\\1\end{pmatrix}$;通解为$\begin{pmatrix}x_1\\x_2\\x_3\end{pmatrix}=c\begin{pmatrix}1\\0\\1\end{pmatrix}$

(2)$\boldsymbol{\eta}_1=\begin{pmatrix}8\\-6\\1\\0\end{pmatrix}$,$\boldsymbol{\eta}_2=\begin{pmatrix}-7\\5\\0\\1\end{pmatrix}$;通解为$\begin{pmatrix}x_1\\x_2\\x_3\\x_4\end{pmatrix}=c_1\begin{pmatrix}8\\-6\\1\\0\end{pmatrix}+c_2\begin{pmatrix}-7\\5\\0\\1\end{pmatrix}$

(3)$\boldsymbol{\eta}_1=\begin{pmatrix}-2\\1\\1\\0\\0\end{pmatrix}$,$\boldsymbol{\eta}_2=\begin{pmatrix}-1\\-3\\0\\1\\0\end{pmatrix}$,$\boldsymbol{\eta}_3=\begin{pmatrix}2\\1\\0\\0\\1\end{pmatrix}$;通解为$\begin{pmatrix}x_1\\x_2\\x_3\\x_4\\x_5\end{pmatrix}=c_1\begin{pmatrix}-2\\1\\1\\0\\0\end{pmatrix}+c_2\begin{pmatrix}-1\\-3\\0\\1\\0\end{pmatrix}+c_3\begin{pmatrix}2\\1\\0\\0\\1\end{pmatrix}$

(4)$\boldsymbol{\eta}_1=\begin{pmatrix}-\frac{9}{7}\\\frac{1}{7}\\1\\0\end{pmatrix}$,$\boldsymbol{\eta}_2=\begin{pmatrix}\frac{1}{2}\\-\frac{1}{2}\\0\\1\end{pmatrix}$;通解为$\boldsymbol{x}=c_1\begin{pmatrix}-\frac{9}{7}\\\frac{1}{7}\\1\\0\end{pmatrix}+c_2\begin{pmatrix}\frac{1}{2}\\-\frac{1}{2}\\0\\1\end{pmatrix}$

(5)$\boldsymbol{\eta}_1=\begin{pmatrix}1\\1\\0\\0\end{pmatrix}$,$\boldsymbol{\eta}_2=\begin{pmatrix}-2\\0\\-3\\1\end{pmatrix}$;通解为$\boldsymbol{x}=c_1\begin{pmatrix}1\\1\\0\\0\end{pmatrix}+c_2\begin{pmatrix}-2\\0\\-3\\1\end{pmatrix}$

6. (1) 无解

(2) $\begin{pmatrix} x_1 \\ x_2 \\ x_3 \\ x_4 \end{pmatrix} = \begin{pmatrix} 0 \\ 0 \\ 1 \\ 1 \end{pmatrix} + c_1 \begin{pmatrix} 1 \\ 0 \\ -3 \\ 0 \end{pmatrix} + c_2 \begin{pmatrix} 0 \\ 1 \\ -4 \\ 0 \end{pmatrix}$

(3) $\begin{pmatrix} x_1 \\ x_2 \\ x_3 \\ x_4 \\ x_5 \end{pmatrix} = \begin{pmatrix} -5 \\ 0 \\ 0 \\ -4 \\ 0 \end{pmatrix} + c_1 \begin{pmatrix} -3 \\ 1 \\ 0 \\ 0 \\ 0 \end{pmatrix} + c_2 \begin{pmatrix} 3 \\ 0 \\ 0 \\ 2 \\ 1 \end{pmatrix}$

7. $t = 4, \boldsymbol{x} = \begin{pmatrix} 0 \\ 4 \\ 0 \end{pmatrix} + c \begin{pmatrix} -3 \\ -1 \\ 1 \end{pmatrix}$ (c 为任意常数)

8. (1) 特解 $\boldsymbol{\xi} = \begin{pmatrix} 1 \\ -2 \\ 0 \\ 0 \end{pmatrix}$, 导出组的基础解系 $\boldsymbol{\eta}_1 = \begin{pmatrix} -\frac{9}{7} \\ \frac{1}{7} \\ 1 \\ 0 \end{pmatrix}$, $\boldsymbol{\eta}_2 = \begin{pmatrix} \frac{1}{2} \\ -\frac{1}{2} \\ 0 \\ 1 \end{pmatrix}$ 通解 $\boldsymbol{x} = \boldsymbol{\xi} + c_1 \boldsymbol{\eta}_1 + c_2 \boldsymbol{\eta}_2$

(2) 特解 $\boldsymbol{\xi} = \begin{pmatrix} 13 \\ 0 \\ 4 \\ 0 \end{pmatrix}$, 导出组的基础解系 $\boldsymbol{\eta}_1 = \begin{pmatrix} -1 \\ 1 \\ 0 \\ 0 \end{pmatrix}$, $\boldsymbol{\eta}_2 = \begin{pmatrix} 7 \\ 0 \\ 2 \\ 1 \end{pmatrix}$ 通解 $\boldsymbol{x} = \boldsymbol{\xi} + c_1 \boldsymbol{\eta}_1 + c_2 \boldsymbol{\eta}_2$

自测题四

一、单项选择题

1. D　**2.** C　**3.** D　**4.** A　**5.** C　**6.** D　**7.** C　**8.** B　**9.** B　**10.** D.

二、填空题

1. $\frac{1}{2}$.　**2.** $t = -1$.　**3.** 1.　**4.** 1.　**5.** $\boldsymbol{x}_1 - \boldsymbol{x}_2$ 或 $\boldsymbol{x}_2 - \boldsymbol{x}_1$.

6. b.　**7.** $\boldsymbol{Ax} = \boldsymbol{b}$.　**8.** $(-1 \quad 1)^{\mathrm{T}}$.　**9.** 零解.

10. $(1\quad 2\quad 3\quad 0)^T + k(-2\quad 1\quad -2\quad 1)^T$（$k$ 任意常数）.

三、解答题

1. 基础解系：$\boldsymbol{\xi}_1 = [2\quad -2\quad 1\quad 0]^T$，$\boldsymbol{\xi}_2 = [5\quad -4\quad 0\quad 3]^T$.

2. 原方程组的通解为 $\boldsymbol{x} = \begin{pmatrix} 0.5 \\ 0 \\ 0.5 \\ 0 \end{pmatrix} + k_1 \begin{pmatrix} 1 \\ 1 \\ 0 \\ 0 \end{pmatrix} + k_2 \begin{pmatrix} 1 \\ 0 \\ 2 \\ 1 \end{pmatrix}$，$k_1, k_2 \in \mathbf{R}$.

四、讨论题

当 $\lambda = 1$ 时，原方程组有解，其通解为 $\begin{pmatrix} x_1 \\ x_2 \\ x_3 \end{pmatrix} = \begin{pmatrix} 1 \\ -1 \\ 0 \end{pmatrix} + k \begin{pmatrix} -1 \\ 2 \\ 1 \end{pmatrix}$，其中 k 任意常数.

模拟试卷

一、填空题：（每空 3 分，共 39 分，在以下各小题中画有____处填上答案.）

1. -2　**2.** $x = 3$　**3.** $\boldsymbol{A}^{-1} = \boldsymbol{BC}$.

4. $\boldsymbol{A} + \boldsymbol{B} = \begin{pmatrix} 3 & 0 \\ 2 & 4 \end{pmatrix}$，$\boldsymbol{B} - \boldsymbol{A}^T = \begin{pmatrix} -1 & -1 \\ 1 & -2 \end{pmatrix}$，$\boldsymbol{A} \cdot \boldsymbol{B} = \begin{pmatrix} 4 & -1 \\ 6 & 1 \end{pmatrix}$，$\boldsymbol{A}^{-1} = \dfrac{1}{6} \begin{pmatrix} 3 & -1 \\ 0 & 2 \end{pmatrix}$.

5. $r(\boldsymbol{A}) = 3$.

6. $\widetilde{\boldsymbol{A}} = \begin{pmatrix} 2 & 1 & -5 & 1 & 8 \\ 1 & -3 & 0 & -6 & 9 \\ 0 & 2 & -1 & 2 & -5 \\ 1 & 4 & -7 & 6 & 0 \end{pmatrix}$　$\begin{cases} x_1 = 3 \\ x_2 = -4 \\ x_3 = -1 \\ x_4 = 1 \end{cases}$

7. (1) 无解　(2) 无穷多解　(3) 唯一解

二、单项选择题

1. D　**2.** B　**3.** D　**4.** A　**5.** D

三、是非判断题

1. ×　**2.** √　**3.** ×　**4.** ×　**5.** ×

四、计算题

1. 解：$\boldsymbol{AB} = \begin{pmatrix} -2 & 4 \\ 1 & -2 \end{pmatrix} \begin{pmatrix} 2 & 4 \\ -3 & -6 \end{pmatrix} = \begin{pmatrix} -16 & -32 \\ 8 & 16 \end{pmatrix}$；$\boldsymbol{BA} = \begin{pmatrix} 2 & 4 \\ -3 & -6 \end{pmatrix} \begin{pmatrix} -2 & 4 \\ 1 & -2 \end{pmatrix}$

$= \begin{pmatrix} 0 & 0 \\ 0 & 0 \end{pmatrix}$ 发现：$\boldsymbol{AB} \neq \boldsymbol{BA}$，不满足交换律；$\boldsymbol{A} \neq \boldsymbol{0}$；$\boldsymbol{B} \neq \boldsymbol{0}$，但 $\boldsymbol{BA} = 0$.

2. 解：$\boldsymbol{B}^{\mathrm{T}} = \boldsymbol{A}^{-1}\boldsymbol{C}^{\mathrm{T}} = \begin{pmatrix} -1 & 0 \\ 0 & 1 \\ 1 & 1 \end{pmatrix}^{-1} \begin{pmatrix} 23 \\ 40 \\ 42 \end{pmatrix} = \begin{pmatrix} 0 & -1 \\ -1 & 2 \\ 1 & -1 \end{pmatrix} \begin{pmatrix} 23 \\ 40 \\ 42 \end{pmatrix} = \begin{pmatrix} 2 \\ 15 \\ 25 \end{pmatrix}$

所以，原信号 $\boldsymbol{B} = (2 \quad 15)$，翻译成英文为 boy

五、专业应用题

解：$\widetilde{\boldsymbol{A}} = \begin{pmatrix} 1 & -1 & 0 & 0 & 160 \\ 0 & 1 & -1 & 0 & -40 \\ 0 & 0 & 1 & -1 & 210 \\ -1 & 0 & 0 & 1 & -330 \end{pmatrix} \to \begin{pmatrix} 1 & 0 & 0 & -1 & 330 \\ 0 & 1 & 0 & -1 & 170 \\ 0 & 0 & 1 & -1 & 210 \\ 0 & 0 & 0 & 0 & 0 \end{pmatrix}$

对应的方程组为 $\begin{cases} x_1 = 330 + x_4 \\ x_2 = 170 + x_4 \\ x_3 = 210 + x_4 \end{cases}$，令 $x_4 = 0$，得特解 $\begin{pmatrix} 330 \\ 170 \\ 210 \\ 0 \end{pmatrix}$，再令 $x_4 = 1$，得 $\begin{pmatrix} 331 \\ 171 \\ 211 \\ 1 \end{pmatrix}$

所以方程组的通解为：$\boldsymbol{x} = \begin{pmatrix} 330 \\ 170 \\ 210 \\ 0 \end{pmatrix} + c \begin{pmatrix} 1 \\ 1 \\ 1 \\ 1 \end{pmatrix}$，$c \in \mathbf{R}$.

六、体会题

“线性代数”课程结束了，你能否写出最能反映这门课程本质特征的几个基本概念？你能告诉我们你选它们的理由吗？

解：矩阵的秩——关系到方程组的解的判定，无关向量组中极大无关组的个数，方程组中有效方程的个数.

矩阵的初等变换——求解方程组、求矩阵的秩、求逆矩阵都要用到它.

基础解系：对于无穷多解的齐次线性方程组，要表示无穷多解的情况，必须借助基础解系.

行列式：应用行列式是解方程组的一个方法，也是判别方阵秩是否存在的关键，同时也是后续内容的基本工具.

等等，只要学生写出两个，并给予适当的解释就给分. 主要考核学生对核心概念的理解.